建筑火灾安全技术

李炎锋　李俊梅　编著
刘朝贤　审

中国建筑工业出版社

图书在版编目（CIP）数据

建筑火灾安全技术/李炎锋，李俊梅编著. —北京：中国建筑工业出版社，2009

ISBN 978-7-112-10622-6

Ⅰ. 建… Ⅱ. ①李…②李… Ⅲ. 建筑物-防火系统-安全技术 Ⅳ. TU892

中国版本图书馆 CIP 数据核字（2009）第 009864 号

本书结合作者在建筑火灾安全领域的研究成果以及国内外现行的建筑防火设计规范的发展，全面系统地介绍了有关建筑防火与消防工程的理论、技术以及研究进展。具体内容涵盖了建筑火灾动力学基础以及主要研究方法、建筑火灾中烟气扩散规律、性能化消防设计等。本书重点放在描述大空间建筑和地下建筑火灾特点、烟气扩散规律、相应的通风和防排烟系统的设计要求。简要介绍了建筑火灾的被动防治和主动防治技术，重点分析了水喷淋系统和细水雾系统的原理以及工程应用。本书还系统介绍了性能化防火设计与火灾中人员疏散等内容。

本书可以作为建筑防火设计相关专业包括安全工程与技术、建筑环境与设备工程专业（暖通）、给水排水、建筑学、建筑工程专业的研究生和高年级的本科教学、科研使用，可以作为以上专业及其相近专业进行注册工程师和继续教育的培训资料，也可供建筑防火设计、火灾安全咨询与评估、防火安全检查与管理方面的技术人员参考。

* * *

责任编辑：朱首明　齐庆梅
责任设计：赵明霞
责任校对：安　东　陈晶晶

建筑火灾安全技术
李炎锋　李俊梅　编著
刘朝贤　审
*
中国建筑工业出版社出版、发行（北京西郊百万庄）
各地新华书店、建筑书店经销
北京嘉泰利德公司制版
北京市铁成印刷厂印刷
*
开本：787×1092 毫米　1/16　印张：12½　字数：305 千字
2009 年 4 月第一版　2009 年 4 月第一次印刷
定价：**28.00** 元
ISBN 978-7-112-10622-6
（17553）

前　言

随着我国国民经济和城市化建设的快速发展，建筑行业已成为主要的经济产业领域，如雨后春笋，方兴未艾。但随着建筑业的发展和建筑功能形式的多样化，大型复杂的现代建筑物越来越多地涌现，地下建筑和城市交通隧道（地铁、城市地下快速路）得到快速发展。建筑防火安全面临很多新的问题。近年来，我国的火灾形势比较严峻，重大和特大火灾连续发生。如何采取有效的消防措施以减少火灾造成的人员伤亡和财产损失已成为社会关注的重大课题。近年来，国内外在火灾安全科学和消防工程方面的研究非常活跃，不断有新的研究成果公布。目前，国内出版的标准建筑的防火以及防排烟研究设计的书籍较多。但对于大空间建筑以及地下建筑的火灾安全技术，则缺少系统全面地介绍这类建筑火灾规律研究的书籍。在吸收学习国外最新研究成果的基础上，结合自己多年来的研究心得撰写了本书。

本书从火灾科学应用基础理论出发，介绍火灾动力学基础和火灾研究模型及其相关理论，对建筑（主要针对大空间建筑和地铁系统）火灾中烟气扩散规律研究进行了系统而详细的阐述。总结了建筑防排烟系统的设计、火灾防治技术（主动和被动防治技术）。重点介绍目前卤代烷灭火剂的替代技术细水雾灭火系统的研究。作为一门应用科学，火灾科学的根本目的是解决工程中存在的主要问题，而性能化设计、人员疏散以及火灾风险评估研究对于采取合理有效的防灭火措施，防治火灾发生发展，降低火灾造成的人员伤亡和财产损失的社会需求具有重大意义。

本书共分七章。第一章主要讨论了当前的建筑火灾的特点以及分类，建筑火灾安全体系的构成、建筑火灾安全学科发展的趋势。第二章具体描述了建筑室内火灾的发展阶段特征，不同形式烟气羽流和火焰高度的计算表达式、建筑火灾研究区域模型和场模型的理论。第三章重点研究建筑火灾烟气的扩散规律。重点介绍大空间建筑发展以及烟气在大空间建筑内的扩散模式，同时介绍地铁车站发生火灾的危害特点以及火灾场景中的烟气扩散规律。第四章介绍了大空间建筑（以中庭和体育场馆为主）、地铁系统的防排烟设计。第五章简要阐述了建筑火灾的防治技术，首先介绍被动防治火灾技术，然后从控制火灾发展的角度简要分析了主动消防对策的作用。重点说明了火灾自动报警系统、水喷淋系统和细水雾系统研究和发展情况。第六章讨论性能化防火设计发展，介绍性能化防火设计概念、国外相关建筑防火规范的比较。讨论人员在火灾中的安全疏散。第七章对我国火灾安全科学研究以及发展性能化设计的工作进行了讨论。本书还在对国内外防火设计规范比较的基础上提出了大空间以及地下建筑火灾安全、细水雾灭火系统的研究一些看法，希望与业内人士进行讨论，以便通过交流，共同提高认识。

本书由李炎锋教授负责撰写第一、三、五、七章并负责全书统稿，李俊梅副教授负责撰写第二、四、六章。在第四章第四节地铁车站火灾烟气扩散规律和第四章第四节地铁车站内防排烟系统设计与分析撰写中得到樊洪明副教授的指导。在本书的撰写过程中引用了国内外同行的相关研究成果，北京工业大学建筑工程学院建筑环境与设备工程系研究生石勃伟、赵德朝、蔡娜、孙成雷、牛满坡、黄槐荣、王鲁鹏、端木祥玲、侯丛兰、杨超、付成云、刘叶、甘莉斯、朴春君、胡世阳、赵明星、王超、隋婧等还参加了部分章节的撰写、校核和修改工作，在此一并向他们表示感谢。本书是所有作者在香港理工大学期间进行火灾研究和近几年开展防火科研项目研究成果的结晶，得到北京工业大学“211 工程”专项经费资助（2005 年度）、科技部“十一五”支撑项目“城市地下空间建设技术研究与工程示范”（2006BAJ27B04）、“村镇防火和抗火技术与示范”（2006BAJ06B06）、北京市自然科学基金项目（8082004）和国家自然科学基金面上项目（50878012）的资助，在此表示衷心感谢。

中国建筑西南设计研究院的刘朝贤教授在本书审稿过程中提出了宝贵的意见和建议，对于提高本书的水平大有裨益。作者进行了认真的修改，在此对刘朝贤教授表示衷心感谢。

虽然作者在撰写过程中尽了最大的努力，但由于水平有限、时间仓促，错误和疏漏在所难免，敬请读者及同行不吝指教，以臻完善。

目　　录

第一章　总论 …… 1
　　第一节　建筑火灾的特点与分类 …… 1
　　第二节　建筑火灾安全学科研究的发展形势 …… 4
　　第三节　本书的主要内容 …… 7
第二章　火灾动力学基础及火灾研究 …… 9
　　第一节　室内火灾发展的基本过程 …… 9
　　第二节　烟气羽流和火焰高度 …… 12
　　第三节　烟气在通风良好建筑内的流动 …… 18
　　第四节　火灾研究的基本模型 …… 25
第三章　建筑火灾中烟气扩散规律的研究 …… 49
　　第一节　烟气扩散守恒方程和烟气填充描述 …… 49
　　第二节　烟气在多房间的扩散过程 …… 59
　　第三节　大空间建筑烟气扩散规律的研究 …… 64
　　第四节　地铁车站内烟气扩散规律的研究 …… 80
第四章　建筑防排烟设计 …… 92
　　第一节　建筑防排烟系统分类和要求 …… 92
　　第二节　大空间建筑防排烟系统的特点 …… 99
　　第三节　大空间建筑防排烟系统研究 …… 110
　　第四节　地铁车站防排烟系统设计与分析 …… 117
第五章　建筑火灾防治技术 …… 130
　　第一节　建筑火灾被动防治技术 …… 130
　　第二节　建筑火灾主动防治技术 …… 135
　　第三节　水系统在建筑灭火中的应用 …… 146
第六章　性能化防火设计与火灾中人员逃生研究 …… 162
　　第一节　性能化设计的基本概念与基本要求 …… 162
　　第二节　国内外建筑防火规范的比较 …… 166
　　第三节　建筑火灾中人员的疏散 …… 172
第七章　建筑火灾安全技术研究展望 …… 181
参考文献 …… 184

第一章 总论

第一节 建筑火灾的特点与分类

火灾是一种由失去控制的燃烧所造成的危害。相对于水灾、风灾、旱灾、地震而言，火灾显然是危害面最广、发生几率最高的一个灾种。近年来，在全球范围内，每年发生的火灾有600万~700万起，每年有7万人左右死于火灾。火灾防治是人类社会的一项长期而重要的任务。根据发生的场合火灾可以分为建筑火灾、森林火灾、工矿火灾和交通运输工具火灾等。各类建筑物是人们生产、生活主要场所，同时建筑物也是财产集中处，因此建筑设计考虑的重要问题之一是如何保证发生火灾时建筑物内人员和财产的安全。

一、建筑火灾的特点

建筑火灾与其他火灾相比，具有火势蔓延迅速、扑救困难、容易造成人员伤亡事故和经济损失严重等特点。

1. 火势蔓延迅速

由于烟气流的流动和风力的作用，建筑火灾的火势蔓延速度是非常快的。发生火灾时产生的大量烟和热会形成炽热的烟气流，烟气流的流动方向往往就是火势蔓延的方向，烟气流的流动速度往往就是火势蔓延速度。烟气的流动主要与火灾现场的发热量有关。发热量越大，烟气温度越高，流动的速度也就越快；发热量越小，烟气温度越低，流动的速度也就越慢。另外，烟气的流动还和建筑高度、建筑结构形式、周围温度、建筑内有无通风空调系统等因素有关。

2. 火灾扑救困难

由于建筑物的面积较大，垂直高度较高，一旦着火，扑救难度较大。从总体上讲，目前城市的消防力量是有限的，尤其是中小城市，消防的整体力量还难以满足大型建筑重大火灾的扑救。另外，消防设备的供水能力、登高工作高度也难以满足高层建筑的消防要求。我国目前使用较多的解放牌消防车能直接供水扑救的最大工作高度约为24m，大多数登高消防车的最大工作高度均在24m以内，这些设备和器材难以保证高层建筑的消防需要。

3. 容易造成人员伤亡事故

建筑物一旦着火，火灾现场就会产生大量的烟尘和各种有毒有害的气体，这些烟尘和有毒有害的气体对人体危害很大，而且，流动的速度很快，一旦充满安全出口，就会严重阻碍人们的疏散，进而造成人员伤亡。火灾案例表明，在火灾伤亡事故中，被烟气熏死的人数占死亡人数的半数左右，有时甚至可以高达70%~80%。

4. 经济损失严重

在各种火灾中，发生概率最高、损失最为严重的当属建筑火灾。建筑火灾所造成的损失不仅是建筑本身的价值，而且还包括建筑内各种物质的经济损失。

二、建筑火灾的分类[1]

对于建筑火灾，可以按燃烧对象、火灾损失严重程度或起火直接原因等进行分类。通常采用美国国家消防协会（National Fire Protection Association 简称 NFPA）按燃烧对象分类方法。即将火灾划分为 A 类火灾、B 类火灾、C 类火灾和 D 类火灾。

（1）A 类火灾　是指普通固体可燃物燃烧而引起的火灾。这类火灾燃烧对象的种类极其繁杂，包括木材及木制品、纤维板、胶合板、纸张、棉织品、化学原料及化工产品、建筑材料等。A 类火灾的燃烧过程非常复杂，其燃烧模式一般可分为四类：①熔融蒸发式燃烧，如蜡的燃烧；②升华式燃烧，如萘的燃烧；③热分解式燃烧，如木材、高分子化合物的燃烧；④表面燃烧，如木炭、焦炭的燃烧。

（2）B 类火灾　是指油脂及一切可燃液体燃烧而引起的火灾。油脂包括原油、汽油、煤油、柴油、重油、动植物油等；可燃液体主要有酒精、乙醚等各种有机溶剂。这类火灾的燃烧实质上是液体的蒸气与空气混合进行燃烧。根据闪点的大小，可燃液体被分为三类：闪点小于 28℃ 的可燃液体为甲类火险物质，如汽油；闪点大于及等于 28℃，小于 60℃ 的可燃液体为乙类火险物质，如煤油；闪点大于及等于 60℃ 可燃液体为丙类火险物质，如柴油、植物油。

（3）C 类火灾　是指可燃气体燃烧而引起的火灾。按可燃气体与空气混合的时间，可燃气体燃烧分为预混燃烧和扩散燃烧。可燃气体与空气预先混合好后的燃烧称预混燃烧；可燃气体与空气边混合边燃烧称扩散燃烧。根据爆炸下限（可燃气体与空气组成的混合气体遇火源发生爆炸的可燃气体的最低浓度）的大小，可燃气体被分为两类：爆炸下限小于 10% 的可燃气体为甲类火险物质，如氢气、乙炔、甲烷等；爆炸下限大于及等于 10% 的可燃气体为乙类火险物质，如一氧化碳、氨气、某些城市煤气。可燃气体绝大多数是甲类火险物质，只有极少数才属于乙类火险物质。

（4）D 类火灾　是指可燃金属燃烧而引起的火灾。可燃的金属有锂、钠、钾、钙、锶、镁、铝、钛、锌、锆、钍、铀、铪、钚等。这些金属在处于薄片状、颗粒状或熔融状态时很容易着火，而且燃烧热很大，为普通燃料的 5 ~ 20 倍，火焰温度也很高，有的甚至达到 3000℃ 以上。另外，在高温条件下，这些金属能与水、二氧化碳、氮、卤素及含卤化合物发生化学反应，使常用灭火剂失去作用，必须采用特殊的灭火剂灭火。正是因为这些特点，才把可燃金属燃烧引起的火灾从 A 类火灾中分离出来，单独作为 D 类火灾。应该指出，虽然建筑物中钢筋、铝合金在火灾中不会燃烧，但受高温作用后，强度会降低很多。在 500℃ 时，钢材抗拉强度会降低 50% 左右，铝合金几乎失去抗拉强度，这一现象在火灾扑救时应给予足够的重视。

对于各类火灾，均有适用于不同可燃物性质的灭火方法。例如 A 类火灾需用水冷却加以扑灭。但因水具有导电性，故对于 C 类火灾即不适用。对 C 类火灾，应采用气体系统等不具导电性的灭火剂为宜。对于 B 类火灾，则应设法将空气与燃烧物质隔离，以抑制可燃性气体从燃烧物质中释出。至于 D 类火灾，则应采用不至于与燃烧金属起化学反应的吸热式灭火剂加以抑制。

此外，按火灾损失严重程度可分为特大火灾、重大火灾和一般火灾。

（1）特大火灾。死亡10人以上（含10人），重伤20人以上；死亡、重伤20人以上；受灾50户以上；烧毁财物损失100万元以上。

（2）重大火灾。死亡3人以上，受伤10人以上；死亡、重伤10人以上；受灾30户以上；烧毁财物损失30万元以上。

（3）一般火灾。不具备重、特大火灾的任意一项指标。

三、我国目前的建筑火灾严峻形势

我国建筑火灾一直比较严重，这与我国的建筑结构形式、人民的生产和生活特点、我国的地理位置、气候条件、社会习俗等诸多因素有关。建筑物发生火灾时产生大量的烟雾，烟雾中有毒有害气体是火灾伤亡的最主要原因。在火灾中，材料分解产生大量的热量，引起建筑物内温度升高，混凝土在一定温度下将分解成无粘结力的石灰和二氧化碳，从而造成了楼层坍塌，使建筑物遭受灾难性的毁坏。造成当前建筑火灾比较突出的因素是多方面的。应当注意，其中有不少因素与目前我国经济快速发展的状况有着密切关系。

近年来，随着我国经济建设的快速发展，导致火灾的因素也大量增加，火灾形势日趋严峻。据统计，1998～2002年的五年内，全国共发生火灾986565次，造成死亡12881人，受伤21076人，直接财产损失73.3亿人民币（以上统计数字均不包括港、澳、台地区和森林、草原、军队、矿井地下发生的火灾，下同），火灾次数逐年增多，火灾损失也呈日趋上升趋势。仅2002年，全国就发生火灾258315次，死亡2393人，受伤3414人，直接财产损失15.4亿元。2004年发生火灾25.3万起，死2558人，伤2969人。2005年，火灾23.6万起，死2496人，伤2506人。最近一二十年来，我国处于火灾形式严峻的时期，建筑火灾次数和损失居高不下，容易出现群死群伤事件。如2001年12月20日的洛阳东都商厦火灾造成309人丧命。2003年11月3日湖南衡阳特大火灾导致衡州大厦坍塌，14名消防员死亡，另有6人失踪。2004年2月15日吉林中百商厦火灾，造成54人死亡，70多人受伤。2005年12月15日辽宁辽源市中心医院火灾事故，39人死亡，数百人受伤。这些事故引起政府和社会的高度关注。如何防止建筑火灾的发生已经成为目前迫切需要认真研究的课题。

四、未来我国火灾的发展趋势

随着我国城市化水平的迅速提高，建筑业得到了突飞猛进的发展，不仅各种建筑物的数量大大增加，而且出现了许多新型、大型、高层的特殊类型建筑，如高层建筑、地下建筑、体育场馆及大型商场、剧场、仓库、车间、候车厅等。这些建筑的使用功能和所使用的建筑材料也发生了巨大的变化，由于建筑物内使用的电力、热力设施大大增加，从而使火灾危险程度发生了很大变化。在城市（镇）迅速膨胀过程中，容易出现规划上的缺陷，这主要表现在城市的市政工程、安全防灾设计和设施、环境保护等方面存在先天不足，或严重滞后于城市的发展；在经济起步时期，企业的经营者容易滋生片面追求利润而忽视安全的思想，另一方面保证正常生产与生活的安全设施不足，加上人们的安全意识薄弱，这便为火灾的发生开了方便之门。因此，需更加重视火灾安全科学的发展、开发新型建筑消防技术手段。同时，非常有必要对危险场合进行火灾风险评估，并开展性能化防火分析和设计，以降低其危险性，从而达到减少火灾发生次数及降低火灾损失的目的。

第二节　建筑火灾安全学科研究的发展形势

一、火灾科学研究的任务和内容[2]

火灾安全科学的任务就是科学地认识火灾系统的复杂行为，并发展相应的技术原理以对这种复杂性行为加以合理的控制与利用。

火灾过程是一种涉及物质、动量、能量和化学组分在复杂多变的环境条件下相互作用的三维、多相、多尺度、非定常、非线性、非平衡态的动力学过程。火灾的孕育、发生和发展包含着湍流流动、相变、传热传质和复杂化学反应等物理化学作用。该动力学过程还与作为外部因素的人、材料、环境及其他干预因素等发生相互作用。火灾的复杂性包括火灾确定性动力学系统的复杂性以及火灾的随机性。

火灾科学研究的最终目标是为社会服务。经过科学家和工程师们的共同努力，火灾科学的应用研究目前已经成为火灾科学体系的一个重要领域，它包括火灾防治技术学和火灾安全工程学两个方面的内容。

1. 火灾防治技术学

火灾防治技术学有两种研究类型。一类是针对具体的火灾防治要求所提出的单项技术研究；另一类是针对火灾过程全面防治所提出的防治系统研究。火灾防治技术学是研究如何将火灾科学基础理论与现代技术科学完善结合，达到有效防治火灾之目的。具体分解目标是：如何有效防止火灾的发生；如何早期发现并及时有效控制火灾；如何有效扑灭火灾。

火灾防治技术学研究有两个终极目标：其一是“火灾的智能探测与扑救”，主要针对火灾的突发性和危害性。其二是“洁净化灭火”，主要针对环境的保护。如含卤聚合物虽可阻燃，但在高温下会产生大量浓烟及有毒、有害气体，并且其中的卤化氢遇水后极易形成酸性物，腐蚀物品，造成酸雨。为了保护大气的臭氧层，卤代烷系列气体灭火剂已经逐步被淘汰。

2. 火灾安全工程学

火灾安全工程学研究如何将火灾科学基础理论及火灾防治技术与社会经济有机结合，以期达到火灾防治的科学性、有效性和经济性的完美统一。它包括：火灾安全工程设计、火灾系统科学管理和火灾防治方案决策。火灾安全工程学的主要目标是：在进行建筑物的设计、使用和管理时，应优先保证人员在火灾中的安全，同时考虑如何减少火灾的发生和火灾造成的损失，防止火灾大面积蔓延，并最大限度地降低火灾对财产、环境和文化遗产的破坏等。

火灾安全工程设计着重研究火灾科学基础理论与工程设计的结合，其最终目标是将公共消防工作建立在性能化火灾设计（以火灾风险评估和火灾过程模拟为依据）的基础上。也就是说，根据可燃物分布情况、火灾系统环境情况等有关因素，就能预报火灾发生时财产与人员的损失及火灾的严重程度。如：新建筑尚在设计阶段，就有预报居住者的安全和预估火灾损失程度的能力。火灾系统科学侧重研究火灾科学基础理论与消防安全行政管理的结合，其目标是建立科学合理的火灾安全日常管理体系。火灾防治方案决策侧重研究火灾科学基础理论、火灾防治技术与经济的结合，其目标是消防安全工程投资方案、火灾扑救方案的决策。

二、建筑防火安全系统的构成

大量事实证明，最常见、最危险、对人类生命和财产造成损失最大的是建筑火灾。人类在同火灾的斗争中发现，一场火灾的燃烧过程被终止有以下三种方式。

（1）火灾在某一局部生成，但整个环境不具备可充分燃烧的条件，于是火灾自动终止。

（2）火灾出现并可继续蔓延，此时由人通过一定的消防设备去终止燃烧。

（3）火灾由于天气的变化（如雨、雪等）被终止。

由此，可以概括地说，人类的防火工作首先就是创造一个使火不容易充分燃烧的设计空间，继而就是生产出一些有效的防火与灭火专用的高效能设施。

建筑物的防火性能是房屋设计、建造和使用者十分关心的问题。在建筑设计中考虑防火功能始于19世纪末期。1900年，德国人公布了第一批研究成果，但一直到20世纪四五十年代，由于新工艺学的发展，才使人们有可能在建筑设计中系统地引入防火工程。一般来说，建筑防火设计主要考虑以下三个原则[3]。

（1）从设计上保证建筑物内的火灾隐患降到最低点。

（2）最快地知晓火情，最及时地依靠固定的消防设施自动灭火。

（3）保证建筑结构具有规定的耐火强度，以利于建筑内的居住者在相应的时间内，有效地安全疏散。

而所谓的建筑防火安全系统，就是根据上述基本原则建立起来的一整套用于防范建筑火灾的建筑设计构造和各类自动与手动设施。

从理论上，又可以将建筑防火安全系统分成主动防火安全系统和被动防火安全系统两大部分。

主动防火安全系统的基本功能是早期发现和扑灭火灾、保障人员安全疏散和减少烟气的伤害。它主要由以下设备组成[4]。

（1）消防给水系统。包括消防水池、消火栓和消防水泵等。

（2）火灾自动报警系统。包括各类火灾探测器和控制器等设备。

（3）自动灭火系统。包括气体、水、泡沫和水喷雾等多种形式的灭火设备。

（4）消防电源和安全疏散诱导系统。包括消防电源、应急照明、事故广播和疏散线路指示等设施。

（5）防、排烟系统。由防、排烟管道，各类阀门，送、排风机等组成。

被动防火安全系统的基本功能包括：①需尽量将火势及烟气蔓延限制在起火居室内，以减少生命及财产损失；②需防止建筑物结构体提前崩塌；③需防止火势蔓延至邻近区域或防止火势从邻近区域延烧过来；④与主动防火系统实现有机的互补。主要技术包括采用阻燃或者难燃材料；采用防火涂料；设置防火分区和防烟分区；划分建筑物耐火等级；使用各种管道孔洞的封堵与防火封堵材料；合理设计安全疏散线路。

三、建筑火灾安全学科的发展[5~9]

在新型、大型与特殊建筑防火实践中反映出来的问题要求人们更加深入地了解火灾的发生、发展的规律和特点，尤其要求人们能够对火灾的发展过程给出定量的描述。这种重大的社会需求大大推动了火灾科学与消防技术研究的发展。从20世纪中叶起，很多发达国家越来越重视依靠科技来防治火灾，许多国家还建立了国家级的火灾防治研究机构，在很多企业和大学中也建立了不同形式的火灾科研组织，大批与火灾防治相关学科领域的科技人员纷纷加入到火灾研究的行列。火灾防治亦逐渐开始了从单纯着眼于火灾扑救向系统探讨火灾机理和规律，并根据科学理论指导火灾防治工作的转变。通过系统而深入的实验研究和理论研究，人们已经取得了大量新成果。

火灾模化技术是定量研究火灾发展规律、发展防灭火新技术的一种新的基本手段，也是火灾安全工程学的重要组成部分。一般说，模化可分为物理模化和数学模化两种基本形式。物理模化指的是通过各种实验来认识火灾规律，包括全尺寸实验、缩小尺寸实验及水力模拟实验等。应该注意到，火灾实验是一种毁坏性实验，许多物品一旦燃烧便完全丧失使用功能，尤其是全尺寸实验，其花费相当大。数学模化则是从流体流动、传热与传质的基本定律出发，建立火灾发展和烟气流动的数学方程，其中有代数方程，也有微分方程，可通过计算机求解一些重要参数在火灾过程中的变化。火灾安全工程学既重视物理模型（即重视火灾模化实验的结果），也重视数学模型（即重视利用计算机进行火灾过程模拟计算的结果）。

从20世纪60年代起，日本东京理科大学的川越邦雄（Kawagoe）教授等人对单个房间火灾过程进行了系统研究。他们提出了一种简化的室内火灾单层区域模型，自此开创了火灾过程数学模化的先河。此后随着计算机的快速发展，火灾数学模化得到了迅速发展，并可联立求解复杂的微分方程。美国哈佛大学的埃蒙斯（Emonse）教授等在发展火灾过程数学模化方面作出了突出贡献。自20世纪80年代初起，他领导的研究小组发展了一系列的火灾模型，通称HARVARD系列模型，其中有的模型可描述单个房间的火灾发展，有的也可描述多个房间的随时间变化的火灾。此后，其他科研人员也陆续开发出若干独具特色的火灾模型。

火灾过程的计算机模化是根据基本数理定律来定量算出特定火灾的发展过程，因而有助于人们全面、深入地认识火灾的性能。近几十年来，火灾过程的计算机模化一直是火灾科学基础研究的前沿，并逐渐成为定量分析建筑物火灾发展特征的重要工具。

随着20世纪高强建筑材料与先进的建筑体系等高新技术高速发展，人们提出“智能化”建筑的概念，并开始关注智能建筑防火系统这样的一些子系统的问题。所谓的智能防火系统就是在建筑中采用一种完全综合的方式控制防火安全系统的各种功能。火势的发展与蔓延、消防队的反应以及安全疏散的状态等都将由相应的传感器来警戒。最初的智能防火系统是1984年应用于日本一个叫Tokyo Dome的大型棒球馆中。该系统包括红外线火灾扫描仪和水炮，这两种仪器都由计算机锁定，计算机可以计算测量火情的大小并自动决定水枪喷水的多少。之后，人们开始应用视觉纤维传感系统，它是用硬的金属线传播信号给传感器。由于金属线传播的资料有限，尚无法包容整栋建筑的信息。随着信息多媒体技术的发展，人们已经不再满足于只是文字数据和声音的信息传输，人们更渴望看到实时的图像传输，众多美、欧、日电子生产厂家，纷纷生产出大量的多媒体产品，多媒体信息的传输是未来信息传输的主要发展趋势。人们正在等待更精密的智能防火系统的出现。

2001 年 9 月 11 日美国世界贸易中心的倒塌是唯一以火灾为主要诱因导致大型建筑倒塌的案例。这使得人们开始注重大型建筑物热—力耦合作用的基础研究。近三年来，中国火灾研究机构的实验室与美国建筑与火灾研究实验室（National Institute of Standard and Technology - Building and Fire Research Laboratory）合作开展了建筑防火设计规范、建筑火灾模拟、结构的火响应以及人员疏散模拟等专题研究，这方面研究仍将是未来火灾基础研究的重点。

经过我国火灾科技工作者的共同努力，火灾科学的研究虽然发展迅速，但仍满足不了社会的要求，需要火灾科研工作者继续深入地开展研究、探索与交流。与此同时，作为多层次和综合性的火灾科研体系，它的研究成果的推广和应用，也需要各方的有效协调。

第三节　本书的主要内容

随着国民经济和城市建设的迅速发展，建筑火灾问题引起人们的广泛关注。目前在我国建筑防火设计工作中，存在大量的工程问题需要研究解决。目前，防火设计规范主要是由国家有关行政主管部门组织编制的，但火灾科研人员和消防安全工程师有责任对如何发展规范提出意见和建议。国内外许多建筑火灾的经验教训告诉我们，如果在建筑设计中，对建筑防火设计以及运行管理阶段缺乏考虑或者考虑不周密，一旦发生火灾，就会造成严重的伤亡和财产损失。

目前，虽然已经出版许多关于普通建筑火灾安全技术的著作，但是缺少对特殊建筑中火灾规律、消防安全设计进行详细系统介绍的文献。因此，本书结合作者多年的研究成果，主要围绕两类特殊建筑（大空间建筑以及以地铁系统为代表的地下建筑）的防火安全分析和设计展开论述。本书的撰写思路是从火灾动力学基础理论入手，利用相关理论模型研究分析建筑火灾中烟气扩散规律，相应提出对应的防排烟系统设计和运行策略，进而扩展到建筑防火的所有技术措施（包括主动防治和被动防治）。根据前面建筑火灾的特点引出建筑防火设计性能化问题，最后对火灾安全科学研究以及发展性能化设计工作今后的发展进行分析和展望。

第一章简要讨论了当前的建筑火灾的特点以及分类，建筑火灾安全体系的构成、建筑火灾安全学科发展的趋势。指出有关研究机构应当密切关注有关研究进展，积极推进和发展以科学理论指导火灾防治工作的理念。

第二章具体描述了建筑室内火灾的发展阶段特征，不同形式烟气羽流和火焰高度的计算表达式。着火房间的空气的压力分布，描述单室火灾研究的区域模型和场模型的基本理论。指出对于单室火灾，利用区域模型来估算建筑开口处烟气流率可以为工程的初步设计提供参考。另外，目前性能化防火设计中经常采用的手段是场模型。

第三章重点研究建筑火灾烟气的扩散规律。火灾烟气是危害人们生命安全的主要因素，在此讨论如何根据计算出火灾过程的参数来确定火灾烟气的临界危险状况。对于人员在火灾中的行为特点也做了简要介绍，进而讨论了如何进行人员疏散时间的计算。对于单室内火灾估算烟气层的沉降有利于分析排烟系统的效果。烟气在相邻房间内扩散规律有助于分析与设计控制烟气扩散途径。本章重点介绍大空间建筑基本概念以及烟气在大空间建筑内的扩散模式。最后介绍地铁车站发生火灾的危害特点，在总结现有的研究成果基础上，综合分析得出地铁车站火灾烟气扩散规律。

第四章介绍了大空间建筑（重点是中庭类建筑和体育场馆）的防排烟设计。基于大空间建筑特点，防排烟系统与普通建筑的消防系统的设计思路有较大区别。比较了自然排烟以及机械排烟两种排烟方式在大空间的应用场合和效果，提出采用性能化防火设计思路。最后介绍了地铁系统防排烟设计的要求和国内外相关的设计规范。

第五章简要阐述了建筑火灾的防治技术，首先介绍被动防治火灾技术，然后从控制火灾发展的角度简要分析了主动消防对策的作用。重点说明了火灾自动报警系统、水喷淋系统和细水雾系统，强调后者是替代卤代烷技术的重要手段，具有广阔的应用前景。

第六章讨论性能化防火设计发展，介绍性能化防火设计概念、国外相关建筑防火规范的比较。讨论人员在火灾中的安全疏散。在性能化防火安全设计中，一般均应以保证人员安全作为建筑防火设计的最主要的目的。

第七章对我国火灾安全科学研究以及发展性能化设计的工作进行了讨论。强调建筑火灾研究结合建筑设计理念的发展，火灾研究要以服务社会为最终目标。考虑到我国人口众多、经济水平和建筑业的发展状况，发展性能化防火设计应当循序渐进。迫切需要建设和完善设计规范和标准，规范从业人员资质，建立合理、有效的评审机制。

此外，本书还在对国内外防火设计规范比较基础上提出了大空间以及地下建筑火灾安全研究的一些看法，希望与业内人士进行讨论，以便通过交流，共同提高认识，为更好地改进我国建筑物的防火设计方法，提高其对火灾的综合防御能力并为最终减少建筑火灾损失作出贡献。

第二章　火灾动力学基础及火灾研究

建筑火灾中最重要的方面是火灾的热释放速率，火灾中的烟气的温度和产烟量与热释放率直接相关。当人们描述火灾有多大时，通常指的是热释放率的大小，在一些火灾预测模型中，热释放率通常作为火灾大小的输入参数。当然也有用火源的尺寸以及火源的周长来描述，但它们在火灾模型中描述火灾大小时都不及热释放率有更高的接受度。火灾大小的确定是防排烟系统设计的关键。本章将就有关火灾的大小以及火灾的蔓延的基本知识进行介绍，以对火灾有更深入的了解。

设计火灾可以是稳态火灾也可以是非稳态火灾，稳态火灾在现实中是不存在的，但使用稳态火灾作为设计火灾可以得到相对保守的设计，同时会大大简化设计分析。

第一节　室内火灾发展的基本过程

一、火灾发展的阶段描述[1,2]

室内火灾通常用火灾的发展阶段来描述。一般整个火灾过程大体上可以概括为起火阶段（ignition）、增长阶段（growth）、轰燃阶段（flashover）、充分发展阶段（fully - developed）和衰退阶段（decay）。火灾的发展阶段的划分在讨论分析火灾时非常重要，但由于燃料燃尽或者是灭火系统动作，许多火灾并不能经历所有的火灾发展阶段。

1. 起火阶段

起火过程可以认为是一个温度快速增加的放热反应过程。它可以通过引燃或自燃发生，伴随的燃烧过程可以是有焰燃烧或阴燃。一般防排烟系统的设计只关心起火后火灾发展的情况，对起火的原因并不关心。

2. 增长阶段

火灾发生后，火势以较慢或较快的速度增长，增长的速度取决于燃烧的类型、燃料的类型、周围的环境状况以及是否有足够的氧气供给。如果发生的是阴燃火灾，则可能会产生大量的有毒气体，但其释放的能量相对比较低，这种火灾的增长阶段可能非常长，也可能会由于通风不足而逐渐熄灭。但如果发生的是有焰燃烧时，则火灾的增长过程可能会非常快，初始燃烧所释放的热流足以引燃相邻的燃烧物，如果燃烧物充足且通风良好，火灾将迅速增大，起火房间内的温度也随之迅速上升。通风充足条件下发生的燃烧称为燃料控制的燃烧。

3. 轰燃阶段

当起火房间温度达到一定值时，室内所有的可燃物都可发生燃烧，这种现象通常称为轰燃。轰燃是火灾从成长阶段到充分发展阶段的过渡，它标志着火灾充分发展阶段的开始。此后室内温度可升高到1000℃以上。火焰和高温烟气能够从房间的门、窗窜出，致使火灾蔓延到其他区域。在轰燃之前还没有从建筑物中逃出的人员将会有生命危险。

确定发生轰燃的临界条件对火灾防治具有重要的意义。目前，判断轰燃是否发生的临界条件主要包括：着火房间内的烟气层的温度是否到达500~600℃；或着火房间的地板所接受到的辐射热通量是否达到15~20kW/m^2；或着火房间的开口处是否有火焰喷出。影响轰燃发生的主要因素包括燃烧物的种类，燃烧物的方位、位置，着火房间的几何结构，房间的顶部状况等。当然，目前有关轰燃的判定条件仍存在许多争论，相关的研究也在不断地进行中，读者有兴趣自己可以去查阅相关的最新研究成果[3,4]。

4. 充分发展阶段

在充分发展阶段，火灾中释放的能量达到某一最大值，同时室内温度也升至某一最大值，通常可达700~1200℃。在中小规模的着火房间，该阶段的释热量取决于房间的通风状况，此时的燃烧为通风控制的燃烧。与氧气充足时发生的燃烧相比，通风控制的燃烧中可能会产生更多的挥发性气体，由于进入室内的空气量不足以支持充分燃烧，这些未燃的气体积聚于室内的上部空间，当其从开口处流出时，遇到新鲜的空气则会发生燃烧，使得开口处有火焰窜出。对于非常大的房间而言，通风控制的燃烧可能从来都不会发生。充分发展阶段的火灾通常的表现为不充分的燃烧和高的CO产生量。

5. 减弱阶段

随着可燃物的消耗，火灾的燃烧强度逐渐减弱，释热量和房间的温度逐渐降低，在该阶段内，燃烧从通风控制的燃烧逐渐转变为燃料控制的燃烧。

在消防安全工程中，将火灾的发展阶段简单地分为轰燃前阶段（pre-flashover）和轰燃后阶段（post-flashover）。轰燃通常被用作区分轰燃前阶段和轰燃后阶段的分界点。将火灾控制或扑灭在初期增长阶段即轰燃前阶段是减少火灾损失最有效的途径。在轰燃前阶段，消防安全的重点在于人员安全，此时火灾负荷通常用热释放率曲线来表示。为了有针对性地采取防治措施，应当清楚地了解火灾的早期特征。在轰燃后阶段，消防安全的目标在于确保建筑结构的稳定性以及消防人员的安全，一般给出的火灾负荷为温度随时间的变化曲线，此时了解充分发展阶段火场温度随时间的变化至关重要。

着火区的平均温度是反映火灾燃烧状况的重要参数。一般用着火区温度随时间的变化来表示上述这几个阶段，图2-1给出了一个火灾曲线示例。

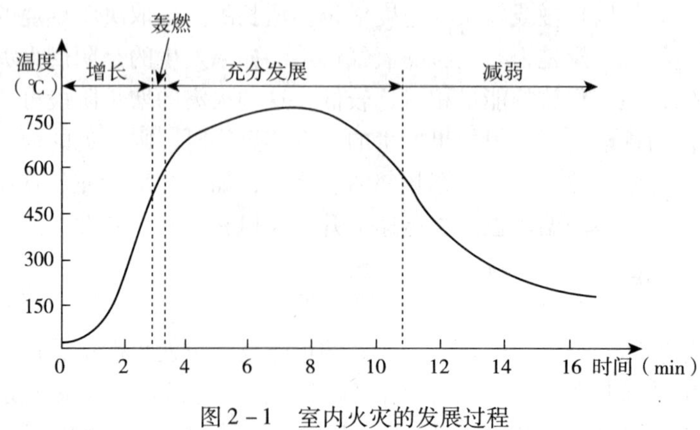

图2-1　室内火灾的发展过程

以上描述的是火灾的自然发展过程。实际上人们是不会听任火灾自由发展的，总会采取各种可行的措施来控制或扑灭火灾。不同的措施可以在火灾的不同阶段发挥作用。例如，在火灾早期，启动喷水灭火装置可以有效控制温度的升高，使得室内不能发生轰燃，并且火灾也会较快地被熄灭。图 2－2 给出了喷水灭火情况下的着火房间温度变化示意图。

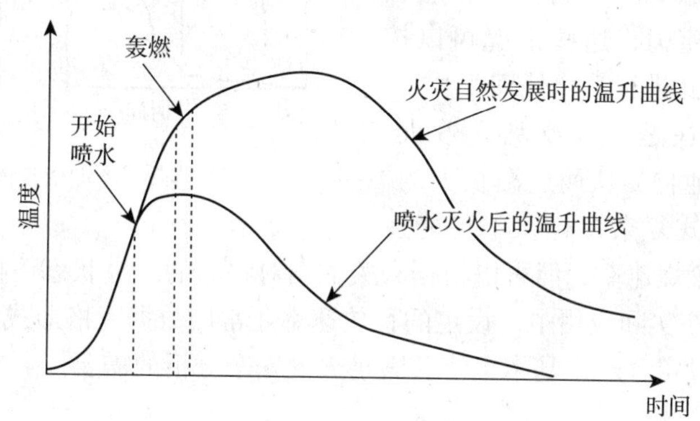

图 2－2　启动喷水灭火系统后对火灾过程的影响

将火灾控制或扑灭在初期增长阶段是减少火灾损失最有效的途径。为了有针对性地采取防治措施，应当清楚地了解火灾的早期特征。同时，了解火灾的早期特征对于组织人员安全疏散也具有重要意义。

二、影响室内火灾发展的因素

影响室内火灾发展的主要因素可以分为两大类：与建筑结构有关的因素；与可燃物有关的因素。这些因素主要包括：

（1）引火源的位置和尺寸；

（2）燃烧物的类型、数量、位置、间距、方位以及表面积；

（3）着火房间的几何结构；

（4）着火房间开口的位置和尺寸；

（5）着火房间围护结构的材料特性。

三、建筑火灾热释放率的设定[5]

在设计建筑或者分析现有建筑火灾安全状况时，建筑物内可能发生火灾的热释放率是决定火灾发展以及火灾危害的主要参数，也是采取消防对策的重要依据。由于这些建筑物内没有发生火灾，所以释放热量状况是人们根据火灾燃烧的认识尤其是对可燃物特性的认识假定。因此，热释放率假定越合理，所用的消防实施的有效性和经济性越好。这项工作称为设定火灾功率或者火源场景设定（Design Fire）。

根据前面的分析过程，火灾初期的热释放率是控制火灾的主要关心问题之一。根据目前试验的多种物品的热释放速率曲线可见，从起火到充分燃烧阶段，热释放速率大体按指数规律增长。Heskestad 提出利用二次方程描述，其模型示意图见图 2－3。图中 α 为火灾增长系数（kW/s^2），t 为点火后的时间（s），t_0 为开始有效燃烧所需要的时间。在不考虑

t_0的情况下，Neslon 进一步指出，火灾的初期增长可分为满速、中速、快速和超快速等四种类型。对应的火灾增长系数 α 依次为 0.002931、0.01127、0.04689、0.1878。有些物品按照规律燃烧一段时间后，热释放率便趋于某一确定值，这些情况可以按照图 2-4 所示的方式进行简化处理。

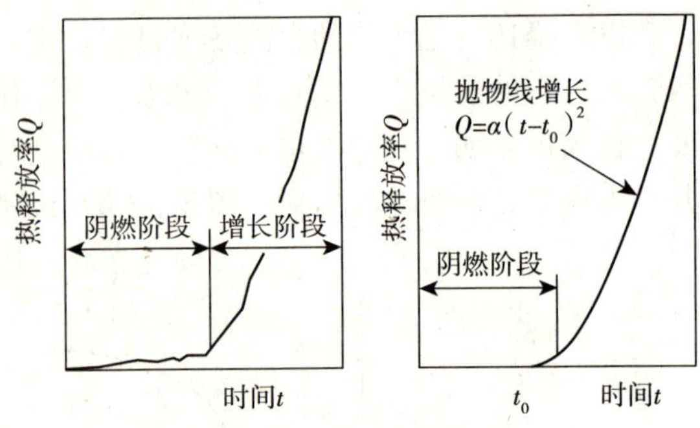

图 2-3　火灾增长的 t^2 模型

建筑火灾中往往是一件物品先着火，再引燃其周围的其他物品从而逐渐扩大的，室内物品的搭配形式复杂多样，不可能逐一通过试验确定其燃烧速率，但可以根据有关数据对物品的组合状态下的热释放速率作出估计，见图 2-5。在实际应用中，设定的释放速率还常用数据表格形式给出，这种简化处理比较粗糙，但若设定合理，基本上能够满足火灾安全分析的需要。

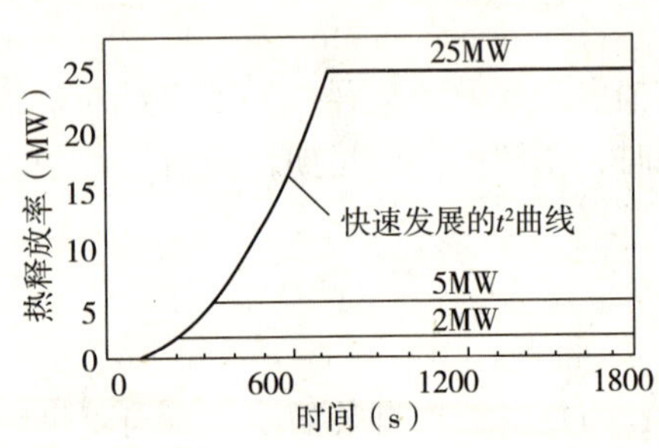

图 2-4　火灾由快速增长到稳定燃烧的曲线

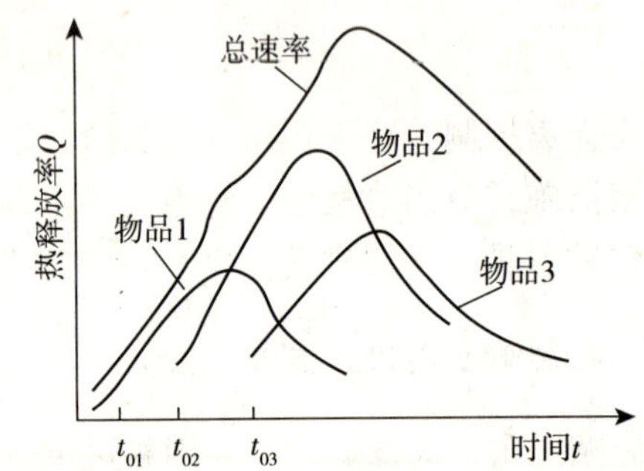

图 2-5　三件物品一次着火的总热释放速率曲线

第二节　烟气羽流和火焰高度

火灾中，燃烧产生的热烟气由于浮力的作用上升，烟羽流在上升的过程中不断卷吸火源上方的空气。火源上方的火焰及燃烧生成的烟气流动称为火羽流（Fire Plume）。火羽流的火焰多为自然扩散火焰，纯粹的动量射流火焰在火灾燃烧中并不多见。图 2-6 显示了羽流的结构形态，它大体分为火焰与烟气两个部分。羽流的火焰大多数为自然扩散火焰，当可燃液体或固体燃烧时，蒸发或热分解产生的可燃气体从燃烧表面升起的速度很低，可以忽略不计，因此这种火焰中的气体流动是浮力控制的。随着高度的增加，烟羽流水平断面的直径和质量流量逐渐增加，这些热烟气在屋顶形成一个热烟层，随着烟气的聚集烟层高度逐渐下降。这样，烟羽流、烟气层和周围的空气构成了火灾分析模型中的三个不同的区域[6]。

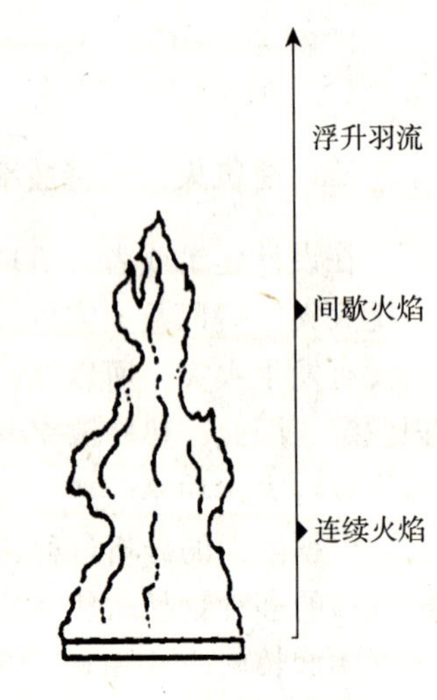

图 2-6　火羽流的结构形态

羽流在烟气的流动与蔓延过程中具有重要的作用，进行火灾危险分析时需要了解羽流的重要特性。羽流火焰部分的温度很高，通常可达到1000℃左右。这种火焰可以烧坏与其接触的物品和建筑构件。因此需要控制羽流火焰的高度。

针对烟羽流的特性、烟层的厚度、烟层温度、密度、能见度等特性，研究人员进行了大量的试验，依据质量和能量守恒方程和从试验中总结出的试验数据，推导出了一套应用于工程设计的经验公式。根据烟气蔓延的不同形态，将烟羽流分为对称羽流、阳台羽流和窗口羽流三种情况进行讨论。

一、对称羽流[1,7,8]

火灾中烟气的生成量主要由火焰上方烟羽流卷吸的空气量决定。空气的卷吸量与火源的直径、热释放速率以及距离火源燃烧面的高度有关。目前主要烟气羽流模型有 Heskestad 模型，Thomas 模型以及改进的 Thomas 模型。下面以 Heskestad 模型为主对几种因素进行讨论。

1. 火焰的平均高度

前面已经讲过，火焰的平均高度可以用式（2－1）预测。

$$L = -1.02D + 0.235Q^{2/5} \tag{2-1}$$

式中 L——平均火焰高度，m；

D——有效燃烧直径，m；

Q——总热释放速率，kW。

2. 虚火源点

图2－7给出浮力羽流的简化模型示意图。可以用简化的虚火源点表示烟羽流的有效源点，火焰上方的烟羽流认为是从这个点开始形成的。它是描述烟羽流的一个重要参数。虚火源点可能位于燃烧面的上方也可能在下方，可以由式（2－2）计算得出。

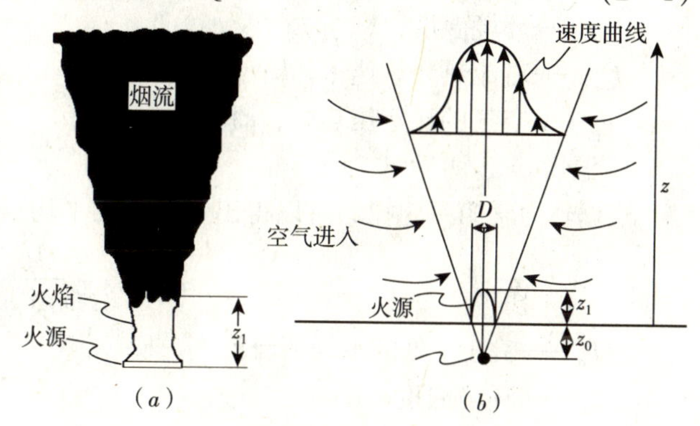

图2－7 对称羽流简化模型示意图

（a）实际的火源烟流；（b）理想化的轴对称火源烟流

$$z_0 = 0.083Q^{2/5} - 1.02D \tag{2-2}$$

式中 z_0——虚火源点距离燃烧面的高度，m；

Q——总热释放速率，kW；

D——有效燃烧直径，m。

3. 羽流流量

火焰高度是低于烟层分界面还是高于烟层分界面与火羽流中的质量流量有直接关系。当平均火焰长度 L 低于分界面，并且 z 位于火焰的高度或火焰高度之上且低于分界面的高度，则烟羽流的质量流速可以由式（2－3）计算。

$$m_p = 0.071Q_c^{1/3}(z - z_0)^{5/3} + 0.00192Q_c^{1/3} \tag{2-3}$$

式中 m_p——羽流的质量流速，kg/s；

Q_c——对流热释放速率（约0.7Q），kW；

z——距离燃烧表面之上的高度，m；

z_0——虚点距离燃烧底面之上的高度（当低于燃烧底面时为负值），m。

当平均火焰长度 L 低于分界面，并且 z 位于分界面以下时烟羽流的质量流速可以由式（2-4）计算。

$$m_p = (0.0056Q_c)\frac{z}{L} \tag{2-4}$$

式中 m_p——羽流的质量流速，kg/s；

Q_c——对流热释放速率，kW；

z——距离燃烧表面之上的高度，m；

L——平均火焰高度，m。

羽流的体积流量可以用式（2-5）计算。

$$V = \frac{m_p}{\rho_0} + \frac{Q_c}{\rho_0 T_0 c_p} \tag{2-5}$$

式中 V——羽流的体积流量，m^3/s；

m_p——羽流的质量流速，kg/s；

ρ_0——环境空气的密度；

T_0——环境温度，K；

Q_c——对流热释放速率，kW；

c_p——空气的比定压热容，kJ/（kg·K）。

4. 温度

根据热力学第一定律，可以得出烟羽流的平均温度为：

$$T_p = T_0 + \frac{Q_c}{m_p c_p} \tag{2-6}$$

式中 T_p——高度 z 处的平均羽流温度，K；

T_0——环境温度，K；

Q_c——对流热释放速率（约 $0.7Q$），kW；

m_p——羽流的质量流速，kg/s；

c_p——空气的比定压热容，kJ/（kg·K）。

烟羽流的中心温度可用式（2-7）预测。

$$T_1 = T_0 + 9.1\left(\frac{T_0}{g c_p^2 \rho_0^2}\right)^{1/3} \frac{Q^{2/3}}{z^{5/3}} \tag{2-7}$$

式中 T_1——高度 z 处的羽流中心线绝对温度，K；

T_0——环境温度，K；

g——重力加速度，$9.8m/s^2$；

c_p——空气的比定压热容，kJ/（kg·K）；

ρ_0——环境空气密度，$1.2kg/m^3$；

Q——燃烧的热释放速率，kW；

z——距离燃烧面的高度，m。

羽流半径的表达式为：

$$b = 0.12\left(\frac{T_1}{T_0}\right)^{1/2} (z - z_0) \tag{2-8}$$

式中　b——羽流的半径，m。

需要注意的是，上述公式是根据火源远离周围壁面的情况下得出的。在不受限的或很高的空间内，羽流将一直向上扩展，直到其浮力变得相当微弱以至无法克服黏性阻力的高度，越到上方，羽流的速度越低。而且随着烟气温度的降低，那些不再上升的烟气将发生弥散性沉降。在较高的中庭内生成的烟气就很容易发生这种现象。

如果火源靠近墙壁或者墙角，则固体壁面边界将对空气卷吸状况产生限制。由于空气只能从没有固体壁面的方向进入羽流，火焰将向壁面一侧偏斜。这可加强火焰在竖直壁面上的扩展，就是说这种情况下的火焰比不受限情况下的火焰高。由于羽流与空气的混合速率比不受限情况下弱，因而随着羽流高度的增加，其温度的下降亦将变慢。若壁面材料是可燃的，还可以形成竖直于壁面的燃烧，从而大大加强火势。

二、阳台羽流

当火源上方存在短挡板（类似阳台）时，火源产生的烟气在挡板底下流动并蔓延，直到从开口处向上流出所形成的烟羽流，称为阳台羽流（Balcony Spill Plume）。如图 2－8 所示，阳台羽流中烟气的流动包括烟气从火焰上方上升到达屋顶，水平蔓延到阳台边缘，然后流出阳台三个部分。关于阳台喷射羽流，目前常用的模型有 NFPA 模型、BRE 模型、Thomas 模型（1998），Poreh 模型等。这里主要介绍 NFPA 模型。

在 NFPA 模型中阳台羽流的流量可以由式（2－9）计算。

$$m = 0.36\ (QW^2)^{1/3}\ (z_b + 0.25H) \tag{2-9}$$

式中　m——羽流质量流速，kg/s；

Q——热释放速率，kW；

W——阳台下溢出羽流的宽度，m；

z_b——阳台以上的高度，m；

H——阳台距离燃烧面的高度，m。

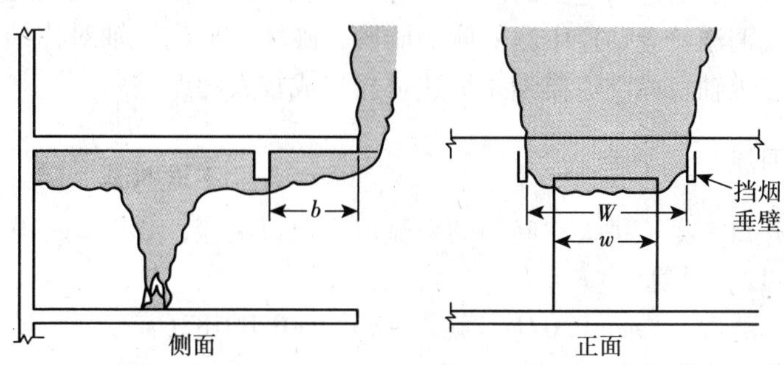

图 2－8　阳台羽流示意图

当 Z_b 大于 13W 时，阳台羽流的流量与对称羽流近似，因此烟气生成量可以采用对称羽流的计算方法。羽流宽度 W 可以是挡烟垂壁或其他任何存在的限制羽流水平蔓延的障碍物之间的距离。如果阳台下面没有任何障碍物，则可以由式（2－10）进行计算。

$$W = w + b \tag{2-10}$$

式中 W——羽流宽度，m；

w——火源于阳台之间的开口的宽度，m；

b——阳台边缘到开口之间的距离，m。

在大空间建筑中，如果裙房或者中庭内的小房间起火，火灾烟气将会在起火房间内充填。当烟气层的高度下降到房间开口的上沿时，将会从房间中溢出到中庭内，从而形成烟气的溢流，见图2－9。

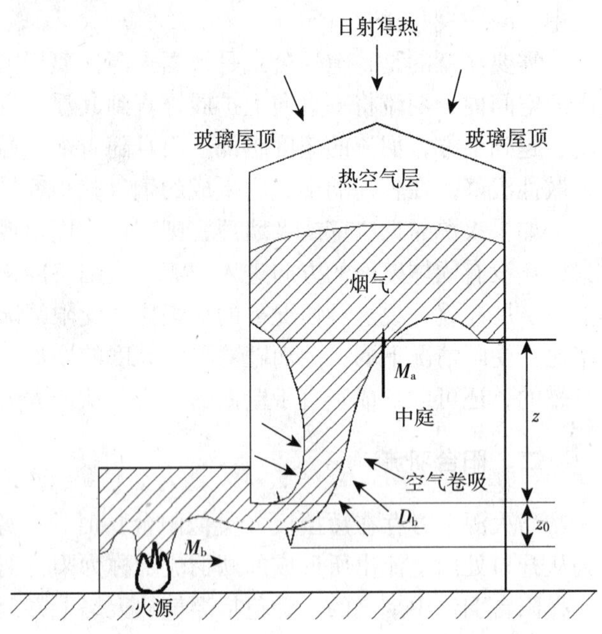

图2－9 裙房起火时的烟气溢流

从图2－9中可以看出，烟气从起火房间溢出后开始在中庭内沉降，并进入与中庭相连的其他楼层。对于这种烟气溢流，可以采用二维轴对称羽流模型来进行描述；其中高度 z 处羽流的质量流率可以通过烟气从起火房间溢出的质量流率来表示[2,8]：

$$m_a = C\left[z + D_b + m_b/(CQ^{1/3})\right]Q^{1/3} \tag{2-11}$$

式中 m_a——高度 z 处的质量流率，kg/s；

Q——为火源功率，kW；

C——与中庭形状及空气密度有关的系数；

D_b——从起火房间溢出的烟气的厚度，m；

m_b——从起火房间溢出的烟气的质量流率，kg/s。

上述模型是有一定的适用范围的。当火源功率较小的时候，烟气从起火房间溢出的流速较小，这样烟气羽流就会贴近中庭一侧的墙壁，破坏了羽流的轴对称结构，因此中庭内的烟气羽流采用二维轴对称羽流模型来描述将会造成较大的误差。

三、窗口烟羽流

从门或窗等开口直接流进大空间内的羽流成为窗口羽流，如图2－10所示。此时羽流流量可用式（2－12）计算：

$$m = 0.071Q_c^{1/3}(z_w + a)^{5/3} + 0.00182Q_c \tag{2-12}$$

式中 m——羽流的质量流速，kg/s；

Q_c——对流热释放速率（约0.7Q），kW；

z_w——距离窗户顶的高度，m；

a——有效高度，m；

有效高度用式（2－13）确定。

$$a = 2.40 A_w^{2/5} H_w^{1/5} - 2.1 H_w \qquad (2-13)$$

式中 a——有效高度，m；

A_w——开口的面积，m^2；

H_w——开口的高度，m。

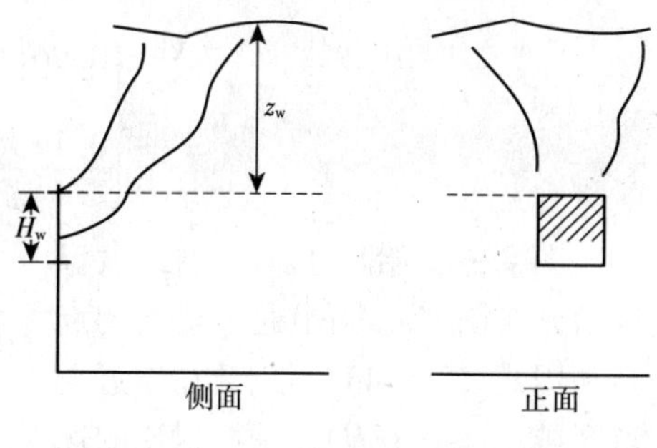

图 2－10 窗口羽流示意图

上述三种烟气羽流模型适用于对建筑空间比较高，烟气羽流能充分发展的情况。当房间的顶棚较低，或者火源的强度较大，则扩散火焰可以直接撞击到顶棚上。如果浮力羽流受到顶棚的阻挡，则热烟气将形成沿顶棚下表面水平流动的顶棚射流。

四、顶棚射流[6,9~12]

顶棚射流（Ceiling Jet）是一种半受限的重力分层流。当烟气在水平顶棚下积累到一定的厚度时，便发生水平流动。由于温度较高的烟气在温度较低的空气之上流动，两者的结构形式稳定，导致顶棚射流对其下方空气的卷吸速率较低，从而使烟气中的可燃气体经过较长的距离才能烧完。图 2－11 为这种射流的发展过程示意图。试验发现，当烟气的水平流动不受限且热烟气不会在顶棚下积累时，在离开羽流轴线的任意径向距离 r 处，竖直分布的温度最大值在顶棚之下的 $Y \leqslant 0.01H$ 的区域内，但并不紧贴顶棚壁面；在 $Y \leqslant 0.125H$ 区域内，温度急剧下降到环境值 T_0。

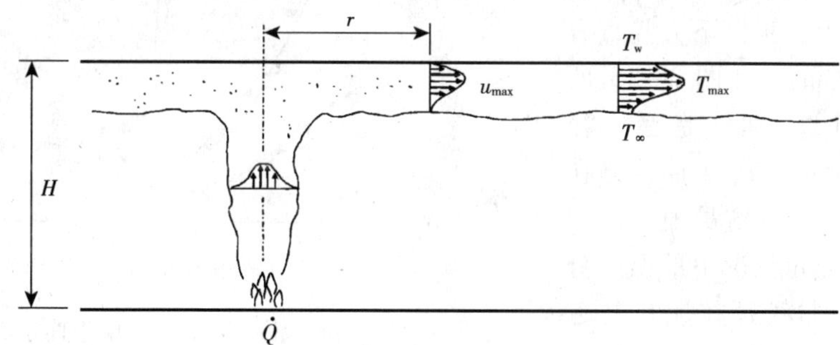

图 2－11 浮力羽流与顶棚的相互作用

如果 $r \leqslant 0.18H$，即表示处于羽流撞击顶棚所在区域内，其中心最高温度用下式计算：

$$T_{max} - T_\infty = \frac{16.9 Q^{2/3}}{H^{5/3}} \qquad (2-14)$$

当 $r > 0.18H$ 任意径向范围内，最高温度可以用下式描述：

$$T_{max} - T_\infty = \frac{5.38 \, (Q/r)^{2/3}}{H} \qquad (2-15)$$

式中 Q——火源热释放速率，kW；

H——顶棚高度，m；

r——顶棚射流的半径，m。

顶棚射流的最大速度表达式为：

$$u_{max}=\begin{cases}0.96\left(\dfrac{Q}{H}\right)^{1/3} & r/H<0.15\\ \dfrac{0.195Q^{1/3}H^{1/2}}{r^{5/6}} & r/H>0.15\end{cases} \tag{2-16}$$

图 2-12 给出了无量纲最大温度值分布图[10]。图中通过实线的点是利用式（2-14）得出，在靠近羽流区域（$r\leqslant 0.18H$），顶棚射流的速度、温度的计算值与测量值一致。应该注意，尽管羽流的上升是靠火源热释放热量的对流换热部分，但是式（2-14）~式（2-16）中的 Q 仍采用整个热释放量。这是因为试验数据的关联和拟合是用整个热释放量得到的。

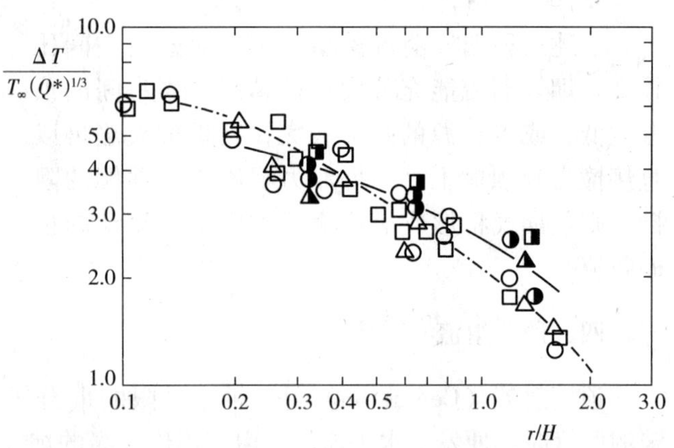

图 2-12　顶棚射流最高温度无量纲值的变化

Hinkey 等人在 1968 年进行了顶棚射流火焰的实验，用向下槽代表走廊，空气供给足量，进而研究槽高和燃气流量对顶棚射流、伸展范围和射流内部温度分布影响。根据实验结果，得到顶棚下方竖直方向的温度分布，如图 2-13 所示[12]。图中 1、3 曲线是在半径 $r=3$m处的测量值，2、4 曲线是在半径 $r=5.2$m 处的测量值。1、2 曲线表示燃料充足情况下的温度分布情况，3、4 曲线是在燃料贫乏情况下的温度分布情况。

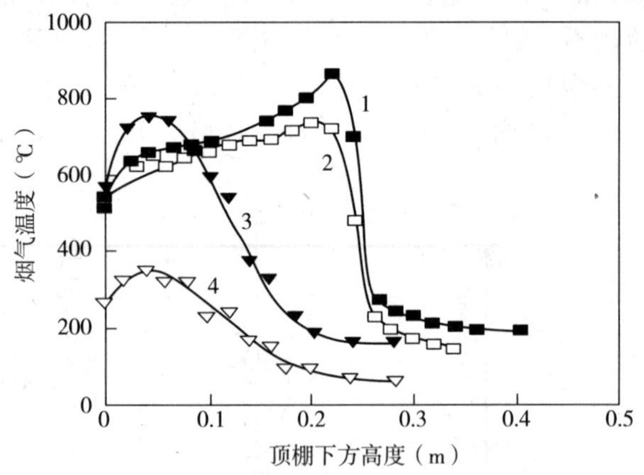

图 2-13　走廊顶棚下方火焰温度竖直分布示意图

目前，在建筑中的许多火灾自动探测报警和自动喷水灭火装置都安装在顶棚的下方。由于顶棚射流的作用，使安装在顶棚的感烟探测器、感温探测器和洒水喷头产生响应，进而发出报警和启动喷水灭火。因此在这些系统的设计与选型中，为了保证其有效工作，应当了解顶棚射流的温度分布和速度分布的特点。

第三节　烟气在通风良好建筑内的流动

烟气流动的基本规律为：气流由压力高的地方向压力低处流动，如房间为负压，则烟气会通过各种孔口流入。相反，就会迫使烟气无法进入。封闭着火空间的气体流动取决于着火空间与周围环境的压差，建筑中的正常压差主要可分为以下三类：

（1）由建筑内外空气密度不同或温度不同引起的压差（热压）。

（2）由空气或风的流动引起的压差（风压）。它对烟气流动和基于浮力的屋顶通风设计有很大的影响。

（3）由机械通风产生的压差。在烟气控制系统的设计中，用机械通风系统进行防烟和排烟。

发生火灾引起的压差可进一步分为两类：

（1）封闭空间气体的热膨胀引起的压差。在一个封闭空间中，气体受热膨胀，就表现为压力的上升。然而，在所有的建筑物中，都会存在很多的小孔或缝隙，使得这种压力的上升可以忽略，因而工程计算中，并不考虑这种压力的变化。但在封闭性非常好的场所，如舰艇的动力室，这种压力变化是明显的，不能忽略。

（2）热气体产生的浮力，或者说冷热气体间的密度差引起的压差。这是建筑火灾中烟气流动的主要原因（热压）。

一、烟气运动以及压力变化

1. 烟气的密度与压力

大量测量结果表明：即使非常浓的烟气，与同温同压的空气密度相比，差别只有百分之几，所以可以近似认为烟气的密度与空气密度相同。

在建筑物的防烟设计中，烟气流动的动力，是建筑内与外界的气压差。该值与大气压相比很小，因此假定烟气密度不随高度变化，而近似将烟气密度看作绝对温度的函数。

$$\rho = 353/T \tag{2-17}$$

假设某一基准高度处的绝对压力为 P_0，离开基准高度在 z 上方的一点的压力 P 为：

$$P = P_0 - g\int_0^z \rho(z)\,\mathrm{d}z \tag{2-18}$$

假定密度不随高度变化：

$$P = P_0 + \rho g z \tag{2-19}$$

2. 压力差与中性面

假设相邻的充满静止空气的两个房间，如图2－14所示，在两个房间内高度为 z 处的室内压力，P_1 和 P_2 的表达式如下：

$$P_1 + \rho_1 g z = P_{01} \tag{2-20}$$

$$P_2 + \rho_2 g z = P_{02} \tag{2-21}$$

式中 P_0——基准高度处的压力，下标1、2分别代表房间的编号。

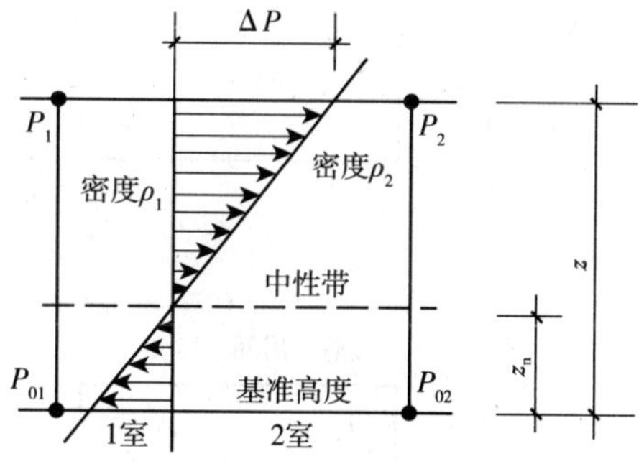

图2－14 压力差与中性面

两个房间压力差为：

$$\Delta P = P_1 - P_2 = (P_{01} - P_{02}) - (\rho_1 - \rho_2) g z \tag{2-22}$$

某一基准高度处的静压力，可以用高度表示。在此，两个房间的压力相同（$\Delta P = 0$）之高度，称为中性带（又称为中性面），在两个房间之间有开口的情况下，根据在中性带上下的位置关系，其烟气流动方向是相反的。中性面的高度 z_n（m）由下式求出：

$$z_n = \frac{P_{01} - P_{02}}{(\rho_1 - \rho_2) g} \tag{2-23}$$

3. 建筑火灾不同阶段下室内的压力分布[6,13]

烟在建筑物内的流动，在不同阶段呈现不同差异。用合成的压力项来描述受限空间的火灾发展过程，可以得到四个阶段的发展过程，或压力分布的四个阶段。图2－15（*a*）～(*d*）说明了当火在房间内部增长时，着火房间与外部环境的压差的变化情况。分为四个阶段描述：

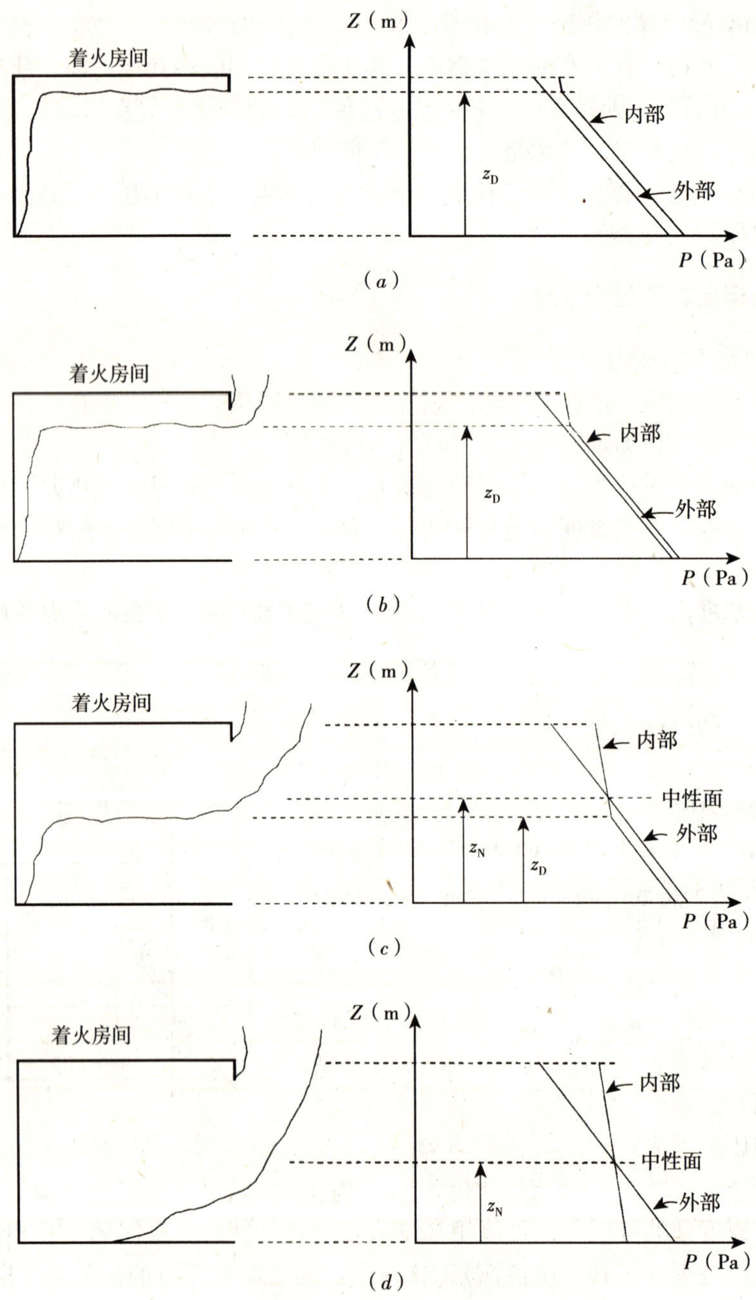

图2－15　受限空间火灾发展中不同阶段的压力分布

（*a*）烟气流出房间开口前的压力分布；（*b*）烟气刚开始流出开口的压力分布；
（*c*）具有两层区域分布的压力分布；（*d*）房间烟气充分混合情况下的压力分布

阶段 A：如图 2－15（a）所示，第一阶段是火灾发生的起始阶段，热烟气还没有达到房间顶棚。由于气体的热膨胀，室内压强有所升高，空气通过开口被排出。因为热烟气比冷空气轻，在压力分布的顶部有一个小的回旋。

阶段 B：在第二阶段中，烟气层已经到达开口的顶部并通过开口流出，如图 2－15（b）所示。因热膨胀，冷空气继续被挤出，整个房间相对于外部环境来说有一个正压。然而，这个阶段只能存在几分钟。因为通过开口流出的热气体的质量是很大的，根据质量守恒，损失的质量要由外部的空气进行补偿，外部空气开始进入火灾空间。

阶段 C：在第三阶段中，气体流动开始发生变化，热烟气通过开口的上部流出，新鲜的冷空气通过下部流入，如图 2－15（c）所示。当热烟气在上部空间聚集而冷空气集中在下部空间时，两区域环境就逐渐稳定下来。在特定的高度，如 z_N，完全没有气体流动。在这一高度上，压差由正变为负，此高度为中性面高度。图中热烟气层高度为 z_D。整个房间的压强比外部环境略高。当计算房间烟气的流入和流出量时，必须确定 z_N 和 z_D。

阶段 D：在第四阶段中，房间中的火灾充分发展，热烟气层已经或多或少到达地面，因此，两条压力线呈现线性变化，如图 2－15（d）所示。房间的上部是正压而下部是负压。在这种情况下，未知量只是 z_N，可以相对容易地求得压强和质量流率，这个阶段常称为后轰燃阶段。

在上述四个阶段中，开始两个阶段中的压差是由热气体的膨胀引起的。这两个阶段持续的时间比较短。火灾初期，热烟密度下，烟气上升到顶棚后转化为水平方向流动，其特点是呈现层流状态流动。如果遇到建筑物内的梁或者挡烟垂壁，烟气受阻，烟气会倒折回来，聚集在空间上空，直到烟气层厚度超过梁高时，继续前进占满另外的空间。此阶段烟气扩散速度约 0.3m/s。后两个阶段分别为层化阶段和充分混合阶段。轰燃前，烟气扩散速度为 0.5～0.8m/s。轰燃时，烟被喷出的速度达每秒数十米，烟几乎降到地面。

二、烟气在不同部位的流动特性

火灾中的烟气流动，可以按照通风计算方法进行计算。在分析建筑物内气体流动时，流体能量守恒，在完全流体的稳定流动中，取某一流线或者流管来分析，对于任意两个从外部垂直作用于流管的截面，有下式成立：

$$\frac{1}{2}\rho v_1^2 + P_1 + \rho g z_1 = \frac{1}{2}\rho v_2^2 + P_2 + \rho g z_2 \tag{2-24}$$

式中 v——气流速度，m/s；

z——从基准面算起的高度，m；

g——重力加速度，m/s^2；

P——高度 z 处的绝对压力，Pa。

1. 气流在开口处的流动

当开口处的两侧有压力差就会发生气流流动。开口面积与开口壁的厚度相比很大的孔洞气体流动，叫孔口流动（Orifice Flow）。如图 2－16 所示，从开口 A 喷出的气流发生缩流现象，流体截面变成 A'。若设 $A'/A = a$，则流量 m 可以表示为：

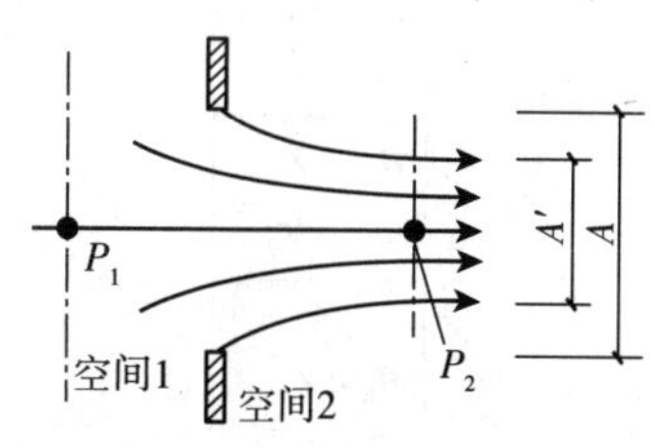

图 2－16 开口处的气流

$$m = (\alpha A)\ \rho v \tag{2-25}$$

根据伯努利方程：

$$P_1 = P_2 + \frac{1}{2}\rho v^2 \tag{2-26}$$

开口处压力差：

$$\Delta P = P_1 - P_2 \tag{2-27}$$

则开口处的流量：

$$m = \alpha A\sqrt{2\rho\Delta P} \tag{2-28}$$

式中　α——流量系数，αA 称为有效面积。

对于门、窗等开口，一般 α 取为 0.7。

2. 门口处的烟气流动

在门洞等纵长形的开口处，当两个房间有温差时，其压力差是不同的，烟气流动随着高度不同而不同。图 2－17 给出了纵长形的开口处有温差时烟气流动压力分布。以中性带为基准面，测定高度 h 处的压力差 ΔP_h 为：

$$\Delta P_h = |\rho_1 - \rho_2|gh \tag{2-29}$$

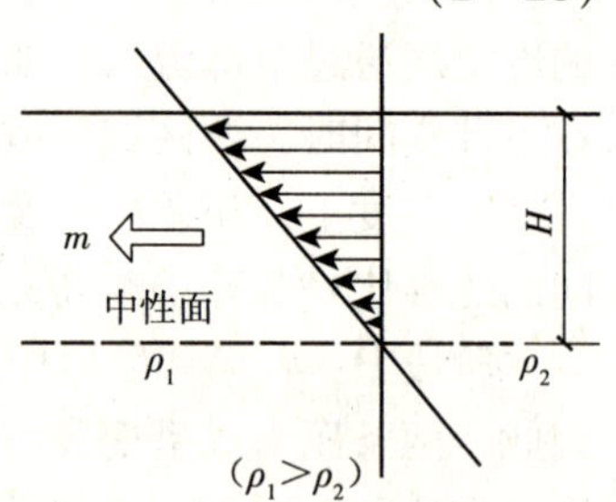

图 2－17　有温差时烟气流动

当开口宽度为 B，$\rho_1 > \rho_2$，中性带以上的 H 范围内房间 2 向房间 1 的流量 m，取微小区间 dh，有 $A_h = Bdh$，则：

$$\begin{aligned} m &= \int_0^H \alpha A_h\sqrt{2\rho_2\Delta P}dh = \alpha B\sqrt{2\rho_2(\rho_1 - \rho_2)g}\int_0^H h^{1/2}dh \\ &= (2/3)\alpha B\sqrt{2g\rho_2(\rho_1 - \rho_2)}H^{1.5} \end{aligned} \tag{2-30}$$

在实际计算中，可以将气流量与中性带、开口高度以及位置的关系进行分类，根据相邻两个房间的密度差与压力差，整理出开口处流量的计算结果如表 2－1 所示[14]。

开口两侧有温差时的流量计算　　　　**表 2－1**

判别条件		模型	流量计算式
$\rho_i = \rho_j$	$P_j \leq P_i$		$m_{ij} = \alpha B\ (H_u - H_L)\sqrt{2\rho_i\Delta P}$ $m_{ji} = 0$
	$P_j > P_i$		$m_{ij} = 0$ $m_{ji} = \alpha B\ (H_u - H_L)\sqrt{2\rho_j\Delta P}$
$\rho_i < \rho_j$	$Z_n \leq H_L$		$m_{ij} = (2/3)\ \alpha B\sqrt{2g\rho_i\Delta P}$ $\times\{(H_u - Z_n)^{1.5} - (H_L - Z_n)^{1.5}\}$ $m_{ji} = 0$
	$H_L < Z_n \leq H_u$		$m_{ij} = (2/3)\ \alpha B\sqrt{2g\rho_i\Delta P}\ (H_u - Z_n)^{1.5}$ $m_{ji} = (2/3)\ \alpha B\sqrt{2g\rho_i\Delta P}\ (Z_n - H_L)^{1.5}$
	$H_u < Z_n$		$m_{ij} = 0$ $m_{ji} = (2/3)\ \alpha B\sqrt{2g\rho_i\Delta P}$ $\times\{(Z_n - H_L)^{1.5} - (Z_n - H_L)^{1.5}\}$

续表

判别条件		模型	流量计算式
$\rho_i > \rho_j$	$Z_n \leqslant H_L$	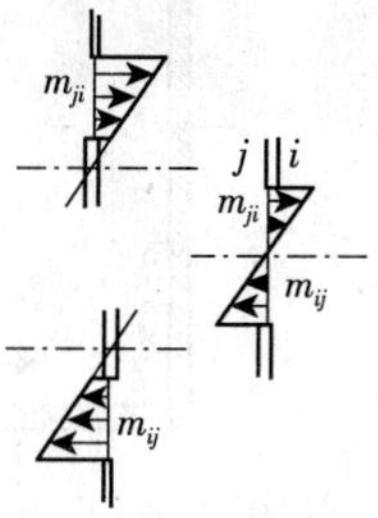	$m_{ij}=0$ $m_{ji}=(2/3)\ \alpha B\sqrt{2g\rho_i\Delta P}$ $\times\{(H_u-Z_n)^{1.5}-(H_L-Z_n)^{1.5}\}$
	$H_L<Z_n<H_u$		$m_{ij}=(2/3)\ \alpha B\sqrt{2g\rho_i\Delta P}\ (Z_n-H_L)^{1.5}$ $m_{ji}=(2/3)\ \alpha B\sqrt{2g\rho_i\Delta P}\ (H_u-Z_n)^{1.5}$
	$H_u \leqslant Z_n$		$m_{ij}=(2/3)\ \alpha B\sqrt{2g\rho_i\Delta P}$ $\times\{(Z_n-H_L)^{1.5}-(Z_n-H_L)^{1.5}\}$ $m_{ji}=0$

注：Z_n——中性带高度，m；　$Z_n=(P_i-P_j)/\{(\rho_i-\rho_j)\ g\}$；
α——流量系数通常取 0.7；　H_u，H_L——开口的上端及下端高度，m；
P——压力，Pa；　ρ——密度，kg/m^3。

三、建筑物内烟气流动特性[15]

1. 烟囱效应

建筑物发生火灾产生的烟气充满建筑物，室内温度高于室外温度时，就会引起烟囱效应。建筑物下部压力较低，外部冷空气进入；与此相反，上部压力较高，高温烟气流向外部。对于电梯竖井或者楼梯竖井等竖向高度很大的空间，尤其突出。

如图 2－18 所示，对只有上下两处开口的空间，假设内部充满了烟气。这时，流入内部空气质量流量 m_a，流出的空气质量流量 m_s。根据伯努利方程：

$$m_a=\alpha A_1\sqrt{2g\rho_s(\rho_a-\rho_s)z_n} \tag{2-31}$$

$$m_s=\alpha A_2\sqrt{2g\rho_s(\rho_a-\rho_s)(H-z_n)} \tag{2-32}$$

式中　H——上下开口之间的垂直距离，m；

z_n——下部开口与中性带的垂直距离，m。

在稳定状态下，空间内的压力满足质量守恒，即：

$$m_a=m_s \tag{2-33}$$

因此可以得到：

$$\frac{z_n}{H-z_n}=\frac{(\alpha A_2)^2\rho_s}{(\alpha A_1)^2\rho_a} \tag{2-34}$$

中性面位置与流量的关系，可以由下式求得：

$$z_n=\frac{(\alpha A_2)^2\rho_s}{(\alpha A_1)^2\rho_a+(\alpha A_2)^2\rho_s}H \tag{2-35}$$

$$m_a^2=m_s^2=2g\ (\rho_a-\rho_s)\ \frac{(\alpha A_1)^2(\alpha A_2)^2\rho_a\rho_s}{(\alpha A_1)^2\rho_a+(\alpha A_2)^2\rho_s} \tag{2-36}$$

对于从顶部到底部通过连续的、宽度相同的开缝与外界连通的竖井，由烟囱效应而引起的该竖井的流动和压力分布见图 2－19，中性面以下流过微元高度 dh 的质量流率 dm_a 为：

$$\mathrm{d}m_a=\alpha A'\sqrt{2\rho_0\Delta P_{so}\mathrm{d}h}=\alpha A'\sqrt{2\rho_0 bh}\mathrm{d}h \tag{2-37}$$

式中　A'——单位高度的开缝面积。

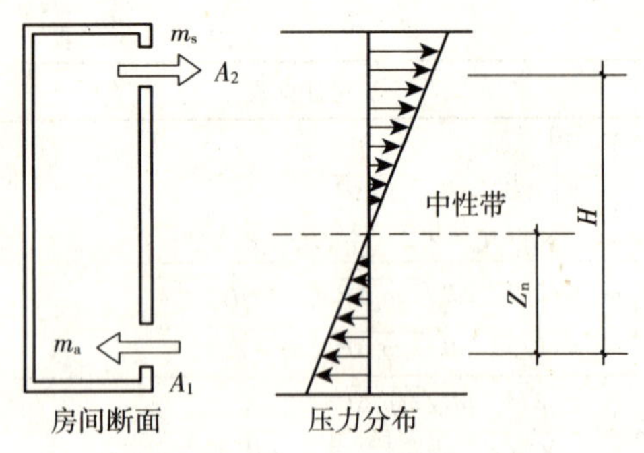

图 2－18　烟囱效应

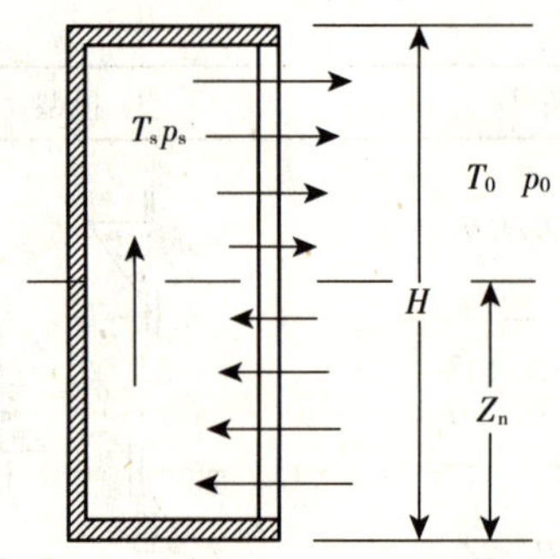

图 2－19　与外界有连续开缝的竖井的烟囱效应

$$b=gP_{\text{atm}}[1/T_0-1/T_s]/R$$

为了得到流进竖井内的流量，可以对方程在中性面（$h=0$）到井底（$h=-z_n$）之间进行积分，得：

$$m_a=\frac{2}{3}\alpha A' z_n^{3/2}\sqrt{2\rho_0 b} \tag{2-38}$$

类似可以得到流出竖井的质量流率。

$$m_s=\frac{2}{3}\alpha A'(H-z_n)^{3/2}\sqrt{2\rho_s b} \tag{2-39}$$

式中　ρ_0、ρ_s——外界空气和竖井内气体的密度；

z_n——中性面到竖井底的距离，m；

H——竖井的高度，m。

对于稳定情况，流出与流进的质量流率相等，联立式（2－38）、式（2－39），消去相同的项，使用理想气体定律并重新整理得到：

$$\frac{z_n}{H}=\frac{1}{1+(T_s/T_0)^{1/3}} \tag{2-40}$$

2. 竖井开口条件与中性面的位置

当竖井底部和顶部开口面积相等，室内外温差不大时，中性面位置在建筑物的中间，当中性面上下的门窗洞口均匀分布时，结论同样成立。若上部开口面积比下部开口面积大时，中性面就会向上移动；上部开口比下部开口小时，中性面向下移动。当下部开口较大，即使压差很小，也会出现大量的烟气流。

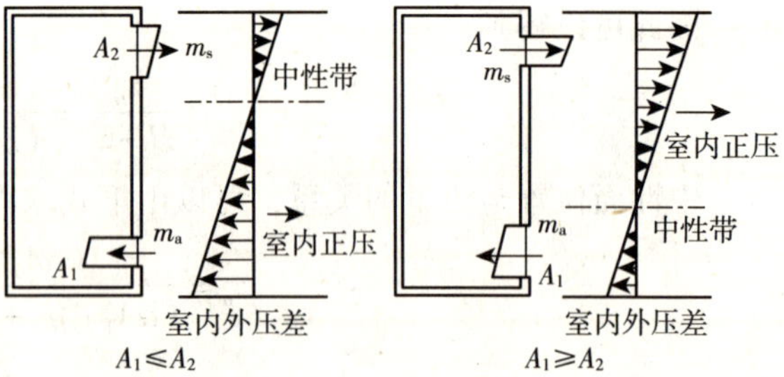

图 2－20　烟囱效应与开口大小

3. 高层建筑的烟囱效应[16,17]

建筑物高度越大，烟囱效应就越突出。因此竖井对烟气的传播将产生巨大的影响。建筑低层火灾产生的烟气会乘着上升的气流向顶部流动。在进行高层建筑设计时，研究烟囱效应对于防排烟系统、人员逃生通道的设计具有重要的理论指导意义。

图 2－21 为通过试验研究高层建筑竖井内烟气流动的情况。为了研究方便，忽略外部

风的影响，在竖井的下部，压力低于室外气压，而在上部压力却高于室外。各个房间处于大气压和竖井压力之间，从整体上看，以建筑高度的中部为界，新鲜空气从下部流入，而烟气从上部排出。假设房间的窗户受火灾作用而破坏，出现大量的通风口后，火灾房间的压力就与大气压相近，其窗口也有部分烟气排出。而且火灾房间与竖井压差变大，因而竖井的烟气更加剧烈。

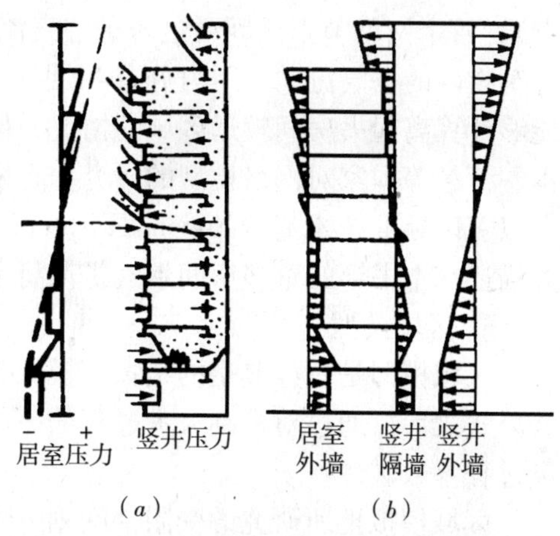

图 2－21 高层建筑的烟气扩散与压力分布

(a) 以大气压为基准的压差；

(b) 作用在壁面上的压差

在楼梯间、消防电梯间等竖井处设置的前室是供疏散人员临时躲避烟气威胁的场所。它具有抑制烟气向竖井侵入等作用，而从建筑物内部的烟气的流动来看，可以减缓大气与竖井之间的压差，使烟囱效应减弱，从而削弱烟气的竖向流动。当火灾层或者普通楼层的排烟口打开时，由于前室的压力接近大气压力，故前室与竖井之间的压力差变大。因而低层部分，烟气进入前室后就比较容易涌入竖井。在顶部楼层，烟气从竖井易于侵入前室。但是，由于火灾房间与前室的压差减小，故从火灾流向前室的烟气就相当少。此外，对于一般楼层，由于前室与居室压力差减小，由竖井进入前室的烟气，也难以流入一般居室。所以，前室对于防止烟的扩散是很有效的。

第四节　火灾研究的基本模型

作为火灾科学的研究对象，火灾的发生、发展所遵循的规律具有确定性和随机性的双重特性。不仅火灾的发生如此，火灾的蔓延及其所造成的损失同样如此。只有既研究其确定性，又研究其随机性，进而研究两者的综合，才能完整地认识其规律并建立反映客观规律的火灾科学。研究火灾时采用的模型主要分为确定性模型和随机性模型。在本章所述的内容中，主要涉及研究火灾发生、发展以及烟气传播的确定性模型，对于随机性模型的研究，可以参考火灾概率论研究的文献[2,18,19]。确定性模型中主要有经验模型、区域模型、网络模型、场模型等。下面主要介绍几种目前常用的火灾发展模型：

1. 经验模型[20]

经验模型是以现有的经验公式和计算机技术相结合，有关火灾过程的经验公式来自于人们对火灾的现场观测、模拟试验研究和理论分析计算。目前经验模拟的形式是专家系统。人们通过搜集、测量和分析实际建筑物火场和模拟试验数据，用计算机对这些数据进行处理，归纳总结经验公式，借助计算机的数据库功能、图形和图像功能，便可以方便而形象地认识火灾的各个分过程乃至整个火灾过程。这是火灾模拟的第一个层次。经验方法基于宏观概念的经验外推，通过反复调试、对比以及各种“集总”参数的经验或半经验分析、试凑等，其投资大、周期长，效果不够明显。

2. 网络模拟[21]

网络模拟把整个建筑物作为一个系统，而其中的每个房间为一个控制体（或称网络节点），各个网络节点之间通过各种空气流通路径相连，利用质量、能量等守恒方程对整个建筑物内的空气流动、压力分布和烟气传播情况进行研究。网络模型可以考虑多个房间，能够计算离起火房间较远区域的情况，但其计算结果比较粗糙。美国、英国、加拿大、日本、荷兰等国家对网络模型的研究和开发起步较早，而且已经发展到较成熟的阶段，其中尤以美国标准技术局（National Institute of Standards and Technology，NIST）为代表。该部分描述在本书第三章多房间烟气扩散将予以介绍。

3. 区域模型[22,23]

区域模型是一种典型的半物理模拟手段。即在引入一些假设和利用一些经验数据及经验公式之后，通过对控制火灾过程的一组常微分方程进行数值求解来获得人们感兴趣的火灾过程参数。

区域模拟把所研究的受限空间划分为不同的控制体，通常把房间分为两个控制体，即上层的热烟气区和下层的冷空气区。通常称之为层，假设在每一层内温度、烟气浓度等状态参数都是均匀的，通过求解每层质量和能量守恒方程能够得出上述参数的变化。能量交换除了由质量交换带来的能量传递以外，还考虑辐射和导热损失。

区域模型的程序主要有 FIRST、CFAST、CCFM、VENTS 等。以 CFAST 为例，它是一种计算火灾与烟气在建筑物内蔓延的区域模拟程序，通常把房间分为两个控制体，即上部热烟气层与下部冷空气层。可以采用两区域模型描述。目前，国外学者还提出多区域模型进行建筑火灾时烟气扩散[24]。此外，在轰燃状态下，房间内空气与烟气充分混合，可以将房间作为一个区域，采用单区域模型描述。

4. 场模拟

场模拟是一种物理模拟手段，其理论依据是质量守恒、动量守恒和能量守恒以及化学反应规律等。模拟火灾场景时，场模拟是利用计算机求解火灾烟气流动过程中状态参数空间分布及随时间变化的模拟方式。场是指状态参数如温度、速度、压力、各组分浓度等的空间。场模型将空间划分为大量的、互相关联的小单元，在每个单元中要解质量方程、动量方程和能量方程，包括浮力、热辐射和扰动等。从原理上讲，场模型能给出烟气流动的精确值，但实际计算结果的正确与否还取决于适当的输入假设，而且此方法也要耗费更多的计算时间。目前与之相关的学科包括计算流体力学（Computational Fluid Dynamics 简称 CFD）和计算传热学（Numerical Heat Transfer 简称 NHT）。

总体说来，相比于区域模型与网络模型，场模型可以更加细致地模拟预测隧道的火灾的特性，预测火灾时隧道内的速度场和温度场，特别是能够很好地模拟大规模火灾试验的烟气回流现象。但是场模型也有其不足的地方，如：相比区域模型，不能形象地给出烟气层的分布以及流向；对计算机的硬件要求较高，计算时间较长；计算结果不易收敛等等，都需要克服。

一、火灾研究的单区域模型

在发生火灾轰燃后的阶段，热烟气充斥整个空间，热烟气在空间充分混合即整个空间可以假定具有单一温度，该温度高于外界气体温度。

（一）质量流率和中性面的高度[6,25]

热烟气充分混合的场景如图 2－22 所示。图中各参数如下：T_g、ρ_g 分别为封闭空间内气体的温度、密度，通风口的高度为 H_o，中性面的离地高度 H_N；T_a、ρ_a 分别为外部空间气体的温度、密度，流入和流出空间的质量流量为 $\dot{m}_a$ 和 $\dot{m}_g$；开口上下的两个最大速度分别为 $v_{a,max}$ 和 $v_{g,max}$；最大压差分别为 $\Delta P_{u,max}$ 和 $\Delta P_{l,max}$；以中性面为参考面，通过通风口流出气体的高度和流进的高度分别为 h_u 和 h_l。

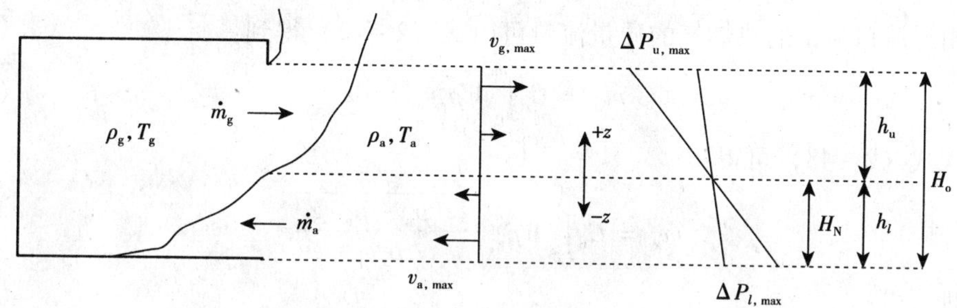

图 2-22　热烟气充分混合的场景（$T_g > T_a$）

因为气体流动速度随着距离中性面的高度而变化，要求出通过通风口的总的质量流量必须在高度方向上积分。对于任意高度 z，以中性面为基准，在此高度上，速度和压差都为零。以从中性面竖直向上的 z 方向为正方向，流出的质量流量，$\dot{m}_g$，为正值。

通过通风口的质量流量为 $\dot{m} = C_d \rho v A$，此处速度 v 在其整个开口区域上是常量。一般情况下，当速度不是常量时，质量流量可写成下式：

$$\dot{m} = C_d \int_A \rho v \mathrm{d}A \tag{2-41}$$

现在，令 $\mathrm{d}A = W \cdot \mathrm{d}z$，$W$ 是通风口的宽度。在距离中性面任意高度 z 的位置处，通过通风口的质量流量通过在 z 上积分可得：

$$\dot{m} = C_d \int_0^z W \rho_g v(z) \mathrm{d}z \tag{2-42}$$

通风口顶部的最大压差为：

$$\Delta P_{u,max} = h_u(\rho_a - \rho_g) g \tag{2-43}$$

同样，通风口底部的最大压差为：

$$\Delta P_{l,max} = h_l(\rho_a - \rho_g) g \tag{2-44}$$

式中各量皆为正值 $\Delta P_{u,max}$，为正值表示从通风口流出房间，$\Delta P_{l,max}$ 为正值表示从通风口流入房间。一般地，压差作为高度的函数可写为：

$$\Delta P(z) = z(\rho_a - \rho_g) g \tag{2-45}$$

通风口上部和下部的最大速度可由下式表示：

$$v_{g,max} = \sqrt{\frac{2h_u(\rho_a - \rho_g) g}{\rho_g}} \tag{2-46}$$

$$v_{a,max} = \sqrt{\frac{2h_l(\rho_a - \rho_g) g}{\rho_a}} \tag{2-47}$$

中性面上作为高度 z 的函数的速度可写成：

$$v_g(z)=\sqrt{\frac{2z(\rho_a-\rho_g)g}{\rho_g}} \tag{2-48}$$

而中性面以下作为高度 z 的函数的速度可写成：

$$v_a(z)=\sqrt{\frac{2z(\rho_a-\rho_g)g}{\rho_a}} \tag{2-49}$$

经由通风口流出的热烟气的质量流量可由式（2－42）得到：

$$\dot{m}_g = C_d\int_0^{h_u} W\rho_g v_g(z)\,dz \tag{2-50}$$

代入式（2－48）可得：

$$\dot{m}_g = C_d\int_0^{h_u} W\rho_g\sqrt{\frac{2z(\rho_a-\rho_g)g}{\rho_g}}dz \tag{2-51}$$

整理可得：

$$\dot{m}_g = C_d W\rho_g\sqrt{\frac{2(\rho_a-\rho_g)g}{\rho_g}}\int_0^{h_u}\sqrt{z}dz \tag{2-52}$$

积分可得：

$$\dot{m}_g=\frac{2}{3}C_d W\rho_g\sqrt{\frac{2z(\rho_a-\rho_g)g}{\rho_g}}h_u^{3/2} \tag{2-53}$$

经由通风口流入的冷空气的质量流量为：

$$\dot{m}_a = C_d\int_0^{h_l} W\rho_g v_a(z)\,dz \tag{2-54}$$

代入式（2－49）积分可得：

$$\dot{m}_a = \frac{2}{3}C_d W\rho_g\sqrt{\frac{2z(\rho_a-\rho_g)g}{\rho_g}}h_l^{3/2} \tag{2-55}$$

中性面的位置是未知的，所以两个高度 h_u 和 h_l 也是未知的。因此，在用式（2－53）和式（2－55）计算质量流量之前要先确定中性面的位置。

由前面讨论可知，$H_o=h_u+h_l$。由质量守恒可得：

$$\dot{m}_a=\dot{m}_g \tag{2-56}$$

把式（2－53）和式（2－55）代入式（2－56），可得：

$$\frac{{h_u}^{3/2}}{h_l}=\left(\frac{\rho_a}{\rho_g}\right)^{1/3} \tag{2-57}$$

消去 h_u：

$$\frac{H_o-h_l}{h_l}=\left(\frac{\rho_a}{\rho_g}\right)^{1/3} \tag{2-58}$$

因此，h_l 的表达式为：

$$h_l=\frac{H_o}{1+\ (\rho_a/\rho_g)^{1/3}} \tag{2-59}$$

中性面的高度，H_N 从一些参考点上可确定。如果参考点在开口的底部，则有 $h_1=H_N$。

结合式（2－55）和式（2－59）可得：

$$\dot{m}_a = \frac{2}{3} C_d W \rho_g \sqrt{\frac{2z(\rho_a - \rho_g) g}{\rho_g}} \left(\frac{H_o}{1 + (\rho_a / \rho_g)} \right)^{3/2} \tag{2-60}$$

将 $A = W \cdot H_o$ 带入，A 是开口面积，上式可变为：

$$\dot{m}_a = \frac{2}{3} C_d W \rho_g \sqrt{H_o} \sqrt{2g}\, \rho_a \sqrt{\frac{(\rho_a - \rho_g)\ \rho_a}{[1 + (\rho_a / \rho_g)^{1/3}]^3}} \tag{2-61}$$

图 2－23 显示了式（2－61）中密度系数 $\sqrt{\frac{(\rho_a - \rho_g)\ \rho_a}{[1 + (\rho_a / \rho_g)^{1/3}]^3}}$ 随着室内空气的温度与环境温度的比值，T_g / T_a 的变化情况。

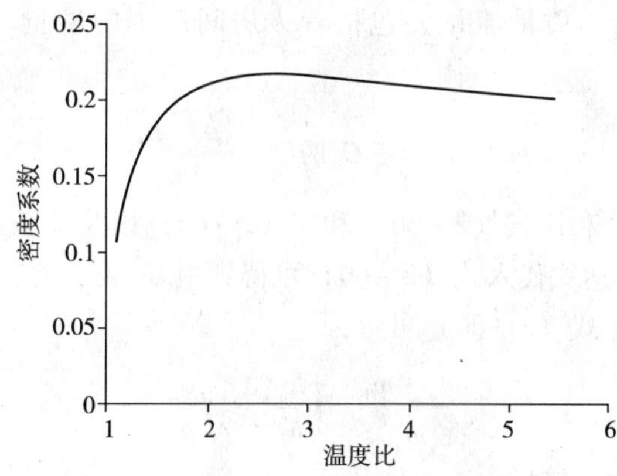

图 2－23　式（2－61）中的密度系数随温度比的变化

由图可以看出，当烟气温度是环境温度的两倍时，密度因素基本保持不变。当温度比值为 2.72 时，气体密度达到最大值 0.214kg/m^3。如果环境温度设为 293K，相应的气体温度约为 800K。因此，可以假设，当烟气温度是环境温度的两倍或更高时，烟气的密度为一常量，其值约等于 0.214。则式（2－61）可写成：

$$\dot{m}_a = \frac{2}{3} C_d W \rho_g \sqrt{h_o} \sqrt{2g}\, \rho_a 0.214 \tag{2-62}$$

当取标准值时，$C_d = 0.7$，$g = 9.81\text{m/s}^2$，$\rho_a = 1.2\text{kg/m}^3$，上式中的常量约等于 0.5。由此可得到一个很简单、实用又著名的计算经开口流入的质量流量的关系式：

$$\dot{m}_a = 0.5 \cdot A \sqrt{H_o} \tag{2-63}$$

到现在为止，只需知道通风口的面积和高度就可以计算流出的质量流量。在烟气温度是环境温度两倍和封闭空间内的假定温度分布均匀分布的条件下，利用式（2－63），可以确定火在烟气的质量流率。在实际应用中，这意味着烟气的温度应该要高于 300℃（即 573K，比环境温度 293K 的两倍略小）。火灾轰燃发生后的烟气温度常高于 800K，因此，式（2－63）在分析后轰燃阶段的火灾时非常重要。

（二）考虑室内燃烧产生物的质量流量确定

在前面的讨论中，应用的质量守恒由式（2－56）表示，即流入封闭空间的质量流量等于流出空间的质量流量。

为了更精确地计算烟气流量，应该考虑室内燃烧的物体会释放少量的物质，其量值等于质量损失率或燃烧率，$\dot{m}_b$。因此，根据质量守恒，排出的气体的质量应等于进入室内的空气的质量再加上室内产生的气体的质量，可用下式表示：

$$\dot{m}_g = \dot{m}_a + \dot{m}_b \tag{2-64}$$

对许多燃料而言，每平方米燃料的燃烧率值的范围一般在 0.01 ~ 0.05kg/s。质量燃烧率一般是通过通风口的质量流率 1% ~ 10%。因此，在大多数情况下，着火空间内产生的质量可以忽略。

通过通风口进入的质量流量为：

$$\dot{m}_a = \frac{2}{3} C_d W \rho_a \sqrt{\frac{2(\rho_a - \rho_g) g}{\rho_a}} h_l^{3/2} \tag{2-65}$$

而通过通风口流出的质量流量要包括着火房间产生的质量，由式（2-53）和式（2-64）可得：

$$\dot{m}_g = \dot{m}_a + \dot{m}_b = \frac{2}{3} C_d W \rho_a \sqrt{\frac{2(\rho_a - \rho_g)\ g}{\rho_a}} h_u^{3/2} \tag{2-66}$$

既然 h_u 和 h_l 未知，利用式（2-60）和式（2-66）以及关系式 $H_o = h_u + h_l$，可以得到 h_l 的表达式。将此表达式代入式（2-60）可得到用 H_o 表示的质量流量的关系式。

把式（2-66）除上式（2-60）可得：

$$\frac{\dot{m}_a + \dot{m}_b}{\dot{m}_a} = \left(\frac{h_u}{h_l}\right)^{3/2} \sqrt{\frac{\rho_g}{\rho_a}} \tag{2-67}$$

令 $h_u = H_o - h_l$，整理可得：

$$\frac{H_o - h_l}{h_l} = \left(\frac{1 + \dot{m}_b / \dot{m}_a}{\sqrt{\rho_g / \rho_a}}\right)^{2/3} \tag{2-68}$$

因此，可得：

$$\frac{H_o}{h_l} = \left(\frac{1 + \dot{m}_b / \dot{m}_a}{\sqrt{\rho_g / \rho_a}}\right)^{2/3} + 1 \tag{2-69}$$

这就可得到 h_l 的表达式：

$$h_l = \frac{H_o}{1 + \left(\dfrac{1 + \dot{m}_b / \dot{m}_a}{\sqrt{\rho_g / \rho_a}}\right)^{2/3}} \tag{2-70}$$

为了得到不用未知量 h_l 表示的一般的表达式，把上式代入式（2-62）可得：

$$\dot{m}_a = \frac{\dfrac{2}{3} C_d W \rho_a \sqrt{\dfrac{2(\rho_a - \rho_g) g}{\rho_a}} \cdot H_o^{3/2}}{\left[1 + \left(\dfrac{1 + \dot{m}_b / \dot{m}_a}{\sqrt{\rho_g / \rho_a}}\right)^{2/3}\right]^{3/2}} \tag{2-71}$$

分析式（2-71）中的密度项，发现它温度变化很小。在 600 ~ 1200℃ 的范围内，$1/(\sqrt{\rho_a/\rho_g})^{2/3}$ 变化值从 1.44 到 1.71，平均值为 0.6。上式分子中的密度项 $\sqrt{(\rho_a - \rho_g) \cdot \rho_a}$ 变化值范围为 0.97 ~ 1.07，平均值为 1.0。在轰燃后的很大的范围内，当取标准值时，$C_d = 0.7$，$g = 9.81\text{m/s}^2$，$\rho_a = 1.2\text{kg/m}^3$，式（2-71）可被写成：

$$\dot{m}_a = \frac{2.1 \cdot A \cdot \sqrt{H_o}}{[1 + 1.6 \cdot (1 + \dot{m}_b / \dot{m}_a)^{2/3}]^{3/2}} \tag{2-72}$$

注意到 $\dot{m}_a$ 出现在上式的两端，因此该式只能用迭代方法求解，可以利用（2-63）先假设一个式 $\dot{m}_a$ 的初值，然后进行迭代。

二、火灾研究的双区域模型

区域模拟理论基础是由美国哈佛大学埃蒙斯（H. W. Emmons）教授在 80 年代初期运用质量、动量和能量守恒原理，用数学分析方法描述了火灾过程而奠定的。目前，区域模拟在建筑火灾的计算机模拟中有着非常重要的地位，已经发展了模拟单室以及多室火灾的区域模型。区域模拟基本思想是把所研究的受限空间划分为不同的控制容积（即区域），并且假定各个控制容积内参数均匀。区域模型中，区域之间的质量交换认为主要由羽流和通风口的掺混作用造成的。能量交换除了由质量交换带来的能量传递外，还要考虑辐射和导热损失。

在前面第三节内，建筑火灾中烟气扩散可分为四个阶段。在轰燃发生之前，会形成烟气分层。即热烟气部分聚集在顶棚下，封闭空间被部分填充。研究中，将室内分为上层的热烟气区域和下层的冷空气区域。这种火灾模型常称为两区域模型或层化现象。对于很大范围的封闭空间和火灾场景，这种描述是合理的[20,26]。当然，可以根据室内火灾的不同情形，采用更为复杂的多区域模型。本节主要介绍双区域模型。

（一）双区域模型中热烟气层及简化关系式[27~29]

区域模拟的依据是针对每个区域的质量和能量守恒。区域模型中的主要关系式包括：

$$\rho_i = \frac{m_i}{V_i} \tag{2-73}$$

$$E = C_v m_i T_i \tag{2-74}$$

$$P = R \rho_i T_i \tag{2-75}$$

式中，ρ，E，P 分别表示气体的密度、内能和压力。V，T 表示区域的体积以及区域内气体温度，R 为理想气体常数，下标 i 表示区域，对于双区域模型，分别用下标 u 和 l 表示上部区域和下部区域。C_v 为气体的定容比热，它和定压比热 C_P 关系有：

$$\gamma = C_p / C_v \tag{2-76}$$

$$R = C_p - C_v \tag{2-77}$$

对于确定的房间，其体积不变且为上、下层区域体积之和：

$$V = V_L + V_u \tag{2-78}$$

对于工程应用的范围内，燃烧产生的烟气可按理想气体处理，一般认为其热物性参数与空气相同，由理想气体定律可以得到：

$$\rho_u T_u = \rho_L T_L \tag{2-79}$$

$$\frac{dm_L}{dt} = \dot{m}_L \tag{2-80}$$

$$\frac{dm_U}{dt} = \dot{m}_U \tag{2-81}$$

$$\frac{dE_i}{dt}+P=h_i \tag{2-82}$$

$$\dot{h}=C_P\dot{m}_u T_u+\dot{E}_u+C_p\dot{m}_L T_L+\dot{E}_L \tag{2-83}$$

在区域模型中，压力是一个值得注意的问题。若以地板处的压力作为参考值，则总压力可以表示为：$P(z)=P_0-\int_0^z \rho g dz$。一般而言，静压力 $\rho g dz$ 相对于参考压力 P_0（地板处压力）是很小的。通常这一项只在计算通风口两侧的压差以及确定中性面位置时才加以考虑。在近似情况下，可以认为整个房间压力各处一致，即：

$$P_u=\rho_u RT_u\approx\rho_L RT_L=P_L\equiv P \tag{2-84}$$

在两区域模型中，一般认为在整个火灾过程中，下层的冷空气都处于室内原来的环境状态。区域模拟集中研究热烟气层的高度和状态随时间的变化。

注意到 $dV_u/dt=-dV_L/dt$，房间内压力变化可以表示为

$$\frac{dP}{dt}=\frac{\gamma-1}{V}\left(\dot{h}_L+\dot{h}_u\right) \tag{2-85}$$

各自区域的气体体积变化可以表示为：

$$\frac{dV_i}{dt}=\frac{1}{P\gamma}\left((\gamma-1)\ \dot{h}_i-V_i\frac{dP}{dt}\right) \tag{2-86}$$

$$\frac{dE_i}{dt}=\frac{1}{\gamma}\left(\dot{h}_i+V_i\frac{dP}{dt}\right) \tag{2-87}$$

区域内气体密度变化的微分方程可以通过$d\rho_i/dt=d\left(\frac{m_i}{V_i}\right)\Big/dt$ 并结合式(2-86)，得到：

$$\frac{d\rho_i}{dt}=-\frac{1}{C_p T_i V_i}\left((\dot{h}_i-C_p\dot{m}_i T_i)-\frac{V_i}{\gamma-1}\frac{dP}{dt}\right) \tag{2-88}$$

温度变化的微分方程可以通过$\frac{dT_i}{dt}=\frac{d}{dt}\left(\frac{P}{R\rho_i}\right)$表示为：

$$\frac{dT_i}{dt}=\frac{1}{C_p\rho_i V_i}\left((\dot{h}_i-C_p\dot{m}_i T_i)+V_i\frac{dP}{dt}\right) \tag{2-89}$$

能量方程式（2-89）中没有考虑热烟气的辐射，范维澄等根据区域内的能量守恒提出上层热空气的表达式[20]：

$$C_p m_u\frac{dT_u}{dt}=\dot{Q}_p-\dot{Q}_v-\dot{Q}_c-\dot{Q}_{u,R} \tag{2-90}$$

式中 $\dot{Q}_p$——羽流进入热气层的热流；

$\dot{Q}_v$——由通风口流出热气层的热流，$\dot{Q}_v=C_p T_u\dot{m}_g$，$\dot{m}_g$ 为经通风口流出热气层的质量流率；

$\dot{Q}_c$——热气层对壁面（屋顶和墙）的对流换热率；

$\dot{Q}_{u,R}$——单位时间内热气层通过热辐射净损失的能量，计算方法可以参考相关书。

羽流携带的热流为：

$$\dot{Q}_p=C_p T_l\dot{m}_e+\dot{Q}-\dot{Q}_r \tag{2-91}$$

式中　$\dot{m}_e$——羽流卷吸量；

$\dot{Q}$——可燃物燃烧的热释放率；

$\dot{Q}_r$——单位时间火源和羽流传给外界的热量。

如果考虑燃烧产物以及气体的组分，组分方程为：

$$\frac{dm_a}{dt} = \sum_p \dot{m}_e Y_{a,l} - \sum_v \dot{m}_v Y_a + \sum_p \dot{G}_a \quad (2-92)$$

式中　m_a——热烟气层中组分 a 的质量；

$\dot{m}_e$——羽流卷吸冷空气的质量；

Y_a——热烟气层中组分 a 的质量份数；

$Y_{a,l}$——冷空气层中组分 a 的质量份数；

$\sum_p \dot{G}_a$——各可燃物燃烧产生并通过羽流进入热气层的组分 a 的质量流率。

（二）双区域模型中流经通风口进出的质量流率的确定[6,30]

前面提到，在考虑建筑内整体烟气层扩散可以认为房间内气体压力一致。但在考虑流经通风口烟气质量流率时，则需要考虑通风口附近的压力分布。

对于室内通风，一类是强制通风，如排风扇，其排风量有一定的设计值，可以直接用于火灾区域的模拟计算。对于门窗和通气口的通风量需要加以分析计算。根据伯努利方程，并相应地影响可燃物的热解及燃烧速率。

由通风口流出热烟气层的热流质量流率为：

$$\dot{m} = \alpha A \sqrt{2\rho \Delta P} \quad (2-93)$$

式中，面积 $A = W \cdot \Delta h$，W 为通风口的宽度，Δh 为通风口的高度，ΔP 为通风口两侧的压差。

图 2－24 给出两区域模型下的压力分布。所有的高度都是以开口底部为基准测量，开口的总高度为 H_o。与充分混合的情形不同的是，中性面的高度和烟气层的高度都是未知的。因此，在开口高度方向上将压力分布划分为三个层次。

第一层，在中性面上方，气体以质量流率 $\dot{m}_g$ 由开口流出。第二层，是在中性面和烟层高度之间，气体以质量流率 $\dot{m}_{a1}$ 流入封闭空间。第三层，烟气层高度以下，气体以质量流率 $\dot{m}_{a2}$ 流入封闭空间。因此，经过通风口流入室内总的质量流率为 $\dot{m}_a = \dot{m}_{a1} + \dot{m}_{a2}$。

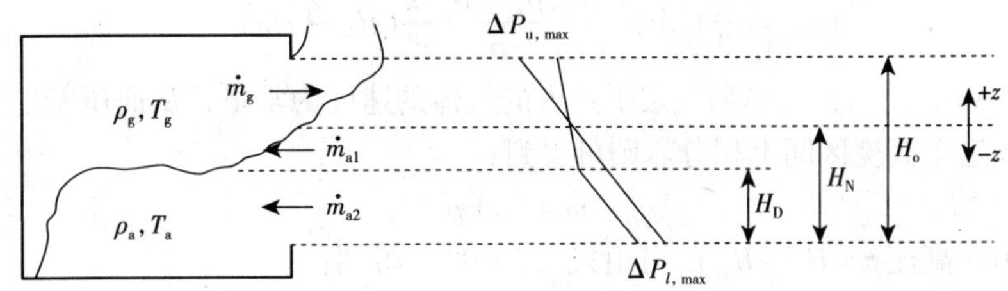

图 2－24　房间内烟气分层示意图

在前两个层次中，压差随着高度发生变化，因此要沿 z 方向积分，并且规定：从中性面向上为正，向下为负。当测量几何量 H_o、H_N 和 H_D 时，参考高度和零点在开口的底部。

但是，当在 z 方向积分时，以中性面为参考高度和零点。

从中性面到给定开口高度的质量流率可由在 z 方向上积分得到式：

$$\dot{m} = C_d \int_0^z W\rho_g v(z)\,dz \tag{2-94}$$

就会得到在下属高度范围内的质量流率：

(1) 中性面上方 H_N 到 H_o 之间的 $\dot{m}_g$，即 $H_N < z < H_o - H_N$；

(2) 中性面上方 H_D 到 H_N 之间的 $\dot{m}_{a1}$，即 $0 < z < H_N - H_D$；

(3) 中性面下方 0 到 H_D 之间的 $\dot{m}_{a2}$，即 $H_N - H_D < z < H_N$；

对高度 H_N 到 H_o 之间：离开通风口的速度是高度 z 的函数，根据式（2-48），速度可表示为：

$$v(z) = \sqrt{\frac{2z(\rho_a - \rho_g)\ g}{\rho_g}} \tag{2-95}$$

质量流率可由以中性面为零点向上到高度 $z = H_o - H_N$ 积分得到。用式（2-94），可得积分：

$$\dot{m}_g = C_d \int_0^{H_o - H_N} W\rho_g v(z)\,dz \tag{2-96}$$

结合式（2-95），可得：

$$\dot{m}_g = C_d W\rho_g \sqrt{\frac{2(\rho_a - \rho_g)g}{\rho_g}} \int_0^{H_o - H_N} \sqrt{z}\,dz \tag{2-97}$$

整理可得：

$$\dot{m}_g = \frac{2}{3} C_d W\rho_g \sqrt{\frac{2(\rho_a - \rho_g)g}{\rho_g}} (H_o - H_N)^{3/2} \tag{2-98}$$

对高度 H_D 到 H_N 之间，进入开口的流速为：

$$v_{a1}(z) = \sqrt{\frac{2z(\rho_a - \rho_g)g}{\rho_a}} \tag{2-99}$$

质量流率为：

$$\dot{m}_{a1} = C_d \int_0^{H_o - H_N} W\rho_a v(z)\,dz \tag{2-100}$$

代入式（2-99）并积分可得

$$\dot{m}_{a1} = \frac{2}{3} C_d W\rho_a \sqrt{\frac{2(\rho_a - \rho_g)g}{\rho_a}} (H_N - H_D)^{3/2} \tag{2-101}$$

在高度 $0 \sim H_D$ 之间，在热烟气层下进入的气体的速度为常量，从而压差也为常量。因此，不需要在这个高度区间上积分。则可得到：

$$\dot{m} = C_d A v\rho \tag{2-102}$$

速度可由在高度 $z = H_N - H_D$ 的可由式（2-99）得到：

$$v_{a2} = \sqrt{\frac{2(H_N - H_D)\ (\rho_a - \rho_g)\ g}{\rho_a}} \tag{2-103}$$

在此情况下，从通风口底部到烟气层速度保持不变，压差也保持不变：

$$\Delta P = (H_N - H_D)(\rho_a - \rho_g) \cdot g \tag{2-104}$$

由式（2-102）和式（2-103）得到该层次的质量流率为：

$$\dot{m}_{a2}=C_d W H_D \rho_a \cdot \sqrt{\frac{2(H_N-H_D)(\rho_a-\rho_g)g}{\rho_a}} \qquad (2-105)$$

经过通风口的总质量流量可用下式表示：

$$\dot{m}_a=\dot{m}_{a1}+\dot{m}_{a2}$$

代入式（2-99）和式（2-105），可得：

$$\dot{m}_a=\frac{2}{3}C_d W \rho_a \cdot \sqrt{\frac{2(\rho_a-\rho_g)g}{\rho_a}}\left[(H_N-H_D)^{3/2}+\frac{3}{2}H_D(H_N-H_D)^{1/2}\right] \qquad (2-106)$$

中括号内的部分可写成：

$$(H_N-H_D)^{1/2}\left[(H_N-H_D)+\frac{3}{2}H_D\right]=(H_N-H_D)^{1/2}\left(H_N+\frac{1}{2}H_D\right)$$

由此可得：

$$\dot{m}_a=\frac{2}{3}C_d W \rho_a \cdot \sqrt{\frac{2\cdot(\rho_a-\rho_g)g}{\rho_a}}(H_N-H_D)^{1/2}\left(H_N+\frac{1}{2}H_D\right) \qquad (2-107)$$

在前面的讨论中，通过质量守恒定律和通风口的高度与中性面的高度的关系式，就可得到中性面的表达式。这里，有两个与 H_o 有直接关系的未知量 H_N 和 H_D。因此，不能够给出中性面高度和烟气层高度的准确表达式。如果在烟气层高度 H_D 处的羽流的质量流率 m_p（由式（2-3）表示）已知，进入烟气层的质量流率一定和通过孔流出烟气层的质量流率 $\dot{m}_a$ 相等，根据式（2-107），利用迭代法就能得到高度 H_N 和 H_D 的表达式。这里的羽流质量流率决定了进入的热烟气的质量流率，该值一定等于通过通风口排出的质量流率。这种关系可用在差分方法或其他数值方法的计算程序中，以便求解中性面高度和烟气层高度。在手算方法中，通常给出烟气层的高度，然后确定中性面高度。

（三）通风口位于顶棚的烟气质量流率

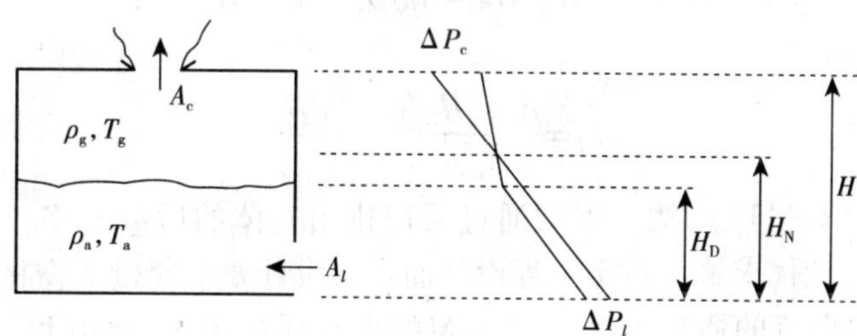

图 2-25　烟气从底部流入从顶棚流出的分层现象

如图 2-25 所示，封闭空间的高度、烟气层的高度和中性面的高度分别为 H、H_D 和 H_N，通过面积为 A_C 的天窗流出的质量流率和面积为 A_l 流入的质量流率是唯一的，其数值分别为 $\dot{m}_c$ 和 $\dot{m}_l$，且 $\dot{m}_c=\dot{m}_l$。天窗两侧压差是恒定的，为 ΔP_c；下部通风口的压差也是恒定的，为 ΔP_l。

为了得到流入合流处的质量流率的表达式，要先确定通风口的压差和速度。

天窗的压差表达式为：

$$\Delta P_c=(H-H_N)\cdot(\rho_a-\rho_g)\cdot g \tag{2-108}$$

而下部通风口的压差表达式为：

$$\Delta P_l=(H_N-H_D)\cdot(\rho_a-\rho_g)\cdot g \tag{2-109}$$

速度的一般表达式：

$$v=\sqrt{\frac{2\Delta P}{\rho}} \tag{2-110}$$

由式（2－108）和式（2－110），可得通过天窗的气体流动的速度表达式为：

$$v_c=\sqrt{\frac{2\cdot(H-H_N)\cdot(\rho_a-\rho_g)\cdot g}{\rho_g}} \tag{2-111}$$

由式（2－109）和式（2－110），得到下部通风口的表达式为；

$$v_l=\sqrt{\frac{2\cdot(H_N-H_D)\cdot(\rho_a-\rho_g)\cdot g}{\rho_a}} \tag{2-112}$$

质量流率的表达式——因为开口两侧的压差是恒定的，通过天窗的质量流率为：

$$\dot{m}_c=C_dA_c\rho_g\cdot\sqrt{\frac{2\cdot(H-H_N)\cdot(\rho_a-\rho_g)\cdot g}{\rho_g}} \tag{2-113}$$

和通过下部通风口的质量流率为：

$$\dot{m}_l=C_dA_l\rho_a\cdot\sqrt{\frac{2\cdot(H_N-H_D)\cdot(\rho_a-\rho_g)\cdot g}{\rho_a}} \tag{2-114}$$

在上面的表达式中，H_D 和 H_N 是未知的，因此，只有在给出一个值时才能够求解方程组。在实际应用中，烟气层的厚度是一个设计标准，所以，设计者必须要设计出一个足够大的天窗以保证设计标准的满足，即烟气层必须维持在距着火空间地面 2m 以上。

由质量守恒定律和中性面的高度，假定其余的各量是已知的，结合式（2－113）和式（2－114）可得：

$$A_c\sqrt{\rho_g}\sqrt{H-H_N}=A_l\sqrt{\rho_a}\sqrt{H_N-H_D} \tag{2-115}$$

上式两边都平方，可得：

$$H_N=\frac{A_l^{\,2}\rho_aH_D+A_c^{\,2}\rho_gH}{A_l^{\,2}\rho_a+A_c^{\,2}\rho_g} \tag{2-116}$$

把上式代入式（2－114）就可得到通过天窗排出气体的质量流率。当天窗面积未知时，方程组可以通过迭代求解。对于工程设计而言，设计要求通过天窗排出的质量流率常等于在高度 H_D 时的羽流的质量流率。当天窗的设计质量流率已知时，天窗的面积就可求得。

对于设计而言，更多应用的是使用温度表达的关系式，与上面所述的推导相似，通过天窗的质量流率为：

$$\dot{m}_c=\frac{C_dA_c\rho_a\sqrt{2g(H-H_D)(T_g-T_a)T_a}}{\sqrt{T_g(T_g+A_c^{\,2}T_a/A_l^{\,2})}} \tag{2-117}$$

把压差用速度表示可得 $\Delta P_c=\frac{1}{2}\rho_gv_c^{\,2}$ 和 $\Delta P_l=\frac{1}{2}\rho_av_l^{\,2}$，则总的压差为：

$\Delta P_{tot}=(H-H_D)(\rho_a-\rho_g)g=\Delta P_c+\Delta P_l$。联立这些关系式，可得到这两个速度与两个未知量的关系式：

$$\frac{1}{2}\rho_g v_c{}^2+\frac{1}{2}\rho_a v_l{}^2=(H-H_D)(\rho_a-\rho_g)g \tag{2-118}$$

如果通风进口面积 A_l 比通风出口面积 A_C 大得多，则式（2－117）即可简化为：

$$\dot{m}_c=\frac{C_d A_c \rho_a \sqrt{2g(H-H_D)(T_g-T_a)T_a}}{T_g} \tag{2-119}$$

（四）区域模型相关软件（表2－2）

区域模型既可以在一定程度上了解火焰的成长过程，也可以分析火灾烟气的扩散过程。目前，区域模型在建筑室内火灾的计算机模拟中具有重要地位。如果无需了解各种物理量在空间上的详细分布以及随时间演化的过程，模型中的假设十分趋近于火灾过程的实际情况，对于工程应用，这种模型可以满足需要。由于存在假设，这种模型对计算房间数都有一定限制[31]。

区域模型相关软件　　**表2－2**

序号	软件	国家	编程语言	说明
1	ARGOS	丹麦	—	多室
2	ASET	美国	FORTRAN	单室
3	ASET-B	美国	BASIC	单室
4	BRANZFIRE	新西兰	VB6.0	多室
5	BRI-2	日本	—	多室
6	CCFM. VENTS	美国	FORTRAN 77	多室
7	CFAST	美国	FORTRAN/C	多室
8	CFIRE-X	德国/挪威	FORTRAN 77	单室
9	CiFi	法国	FORTRAN	多室
10	COMPBRN-Ⅲ	美国	FORTRAN 77	单室
11	COMPF2	美国	FORTRAN 66	轰燃后火灾过程
12	DACFIR-3	美国	—	飞机舱室
13	DSLAYV	瑞典	Pascal	单室
14	FAST	美国	FORTRAN	多室
15	FASTLITE	美国	FORTRAN	多室
16	FIRAC	美国	—	FIRIN 核心
17	FIRM_ QB/VB	美国	QBASIC/VB	单室
18	FIREWIND	澳大利亚	C	多室
19	FIRIN	美国	—	多室
20	FIRST	美国	FORTRAN 77	单室

续表

序号	软件	国家	编程语言	说明
21	FISBA	法国	—	单室
22	FPETOOL	美国	FORTRAN	单室
23	HARVARDMARK VI	美国	FORTRAN 77	多室
24	HAZARD I	美国	FORTRAN 77	FAST 核心
25	IMFE	波兰	—	单室
26	MAGIC	法国	FORTRAN/C	多室
27	NRCC1	加拿大	FORTRAN 77	单室
28	NRCC2	加拿大	FORTRAN 77	办公空间
29	OSU	美国	—	单室
30	Ozone	比利时	FORTRAN/VB	单室
31	R-VENT	挪威	Pascal	单室
32	SFIRE-4	瑞典	FORTRAN 77	轰燃后火灾过程

三、火灾研究的场模型

（一）场模型（Field Model）简介

场模拟是利用计算机求解流动过程中状态参数空间分布及随时间变化的模拟方式。场是指状态参数如温度、速度、压力、各组分浓度等的空间。其理论依据是质量守恒、动量守恒和能量守恒以及化学反映规律等。场模型将空间划分为大量的、互相关联的小单元，在每个单元中要解质量方程、动量方程和能量方程，包括浮力、热辐射和扰动等。从原理上讲，场模型能给出烟气流动的精确值，但实际计算结果的正确与否还取决于输入假设的适当与否，此方法也要耗费更多的计算时间。

火灾的孕育、发生、发展和蔓延过程包含了流体流动、传热传质、化学反应和相变，涉及质量、动量、能量和化学成分在复杂多变的环境条件下相互作用，其形式是三维、多相、多尺度、非定常、非线性、非平衡态的动力学过程。涉及到的因素非常多，问题比较复杂[32]。对建筑火灾最直接的研究方法是进行全尺寸的试验研究，但是，要进行全尺寸的燃烧试验来研究特殊建筑（如大空间建筑、隧道建筑、超高层建筑）的火灾情况需要花费大量的费用，而且实际火灾情况千差万别，并不是所有的测量数据都可以用作防排烟系统的设计。因此一种合理选择手段就是用计算机技术进行大空间的火灾情况的数值模拟研究。

随着计算流体动力学技术的不断成熟以及计算机性能的提升，场模型被逐渐应用到火灾研究领域。火灾烟气运动场模拟研究是伴随着湍流理论研究的深入和计算机性能的提高而不断发展的。

（二）湍流的数值模拟方法

目前用场模型方法来研究湍流问题主要有三种途径：直接数值模拟法（Direct Numerical Simulation，DNS）、雷诺时均方程法（Reynolds Averaged Navier-Stokes Equation Modeling，RANS）和大涡模拟法（Large Eddy Simulation，LES）三种。直接模拟和大涡模拟又

被称为湍流的高级数值模拟。

1. 直接数值模拟

直接数值模拟是用三维非稳态的 Navier-Stokes 方程对湍流进行直接求解所有重要尺度湍流运动的方法。由于对湍流不需引入任何模型假设，要对高度复杂的湍流运动进行数值计算，必须采用很小的时间与空间步长，才能分辨出湍流中详细的空间结构及变化剧烈的时间特性。由于直接数值模拟对计算机的内存空间及计算速度要求非常高，在目前的条件下，直接数值模拟法仅能用于层流以及低雷诺数湍流运动的求解，很难用 DNS 模拟火灾下烟气流动。

2. 大涡模拟

大涡模拟的基本思想是把包括脉动在内的湍流瞬时运动通过某种滤波方法分成大尺度运动和小尺度运动两部分，大尺度运动要通过求解微分方程直接求出来，小尺度运动对大尺度运动的影响将在运动方程中表现为类似于雷诺应力一样的应力项，称为亚格子雷诺应力。需要通过亚格子（Subgrid）模型来模拟。大涡模拟与直接模拟相比，既考虑了湍流运动非均匀和各向异性的作用，又降低了对计算机性能的要求，是一种非常有前景的湍流数值模拟方法。最早出现的涡黏性亚格子模型是 Smagorinsky 模型。亚格子尺度运动用最常用的涡黏模型 Smagorinsky – Lilly 模型。

大涡模拟是介于直接数值模拟和 RANS 方程模拟之间的一种方法，可以通过相对较粗的网格划分来减少计算量，又可反映流体的瞬时特性。因此，大涡模拟在科学研究和工程实践中越来越受到重视。

3. 雷诺时均方程法

雷诺时均方程法在总体上可以划分为基于 Boussinesq 假设的湍流黏性系数法（或称涡黏性法，BVM）和雷诺应力方程法。前者又可以细分为混合长度、一方程及两方程模式；后者则有代数应力模式和 Reynolds 应力输运方程形式的雷诺应力输运方程。雷诺应力方程模型在湍流计算中应用日益广泛，其中随二阶矩建立微分方程，对三阶矩引入近似处理的方法（称为二阶矩模型，Second-Moment Closure）已经应用到工程数值计算中。

应当指出，湍流模拟理论的基本弱点是缺少健全的理论基础和物理基础，有很强的经验性和局限性，对于增进湍流机理的了解并没有更多的贡献，但对解决工程实际问题却发挥了极其重要的作用。

（三）湍流黏性系数法相关的模型[33~36]

尽管零方程模型（包括常系数模型、混合长度理论）、一方程模型在描述湍流流动中得到应用，但是由于建筑火灾场景中烟气流动情况的复杂性，目前很少有人应用这两类模型研究火灾中烟气流动情况。主要采用两方程模型进行烟气扩散的数值模拟。因此本节重点介绍两方程模型。

目前开发 RANS 的两方程模型很多，应用最广的是 $k-\varepsilon$ 模型，它是由 Patankar 与 Spalding 共同发展[33]，许多火灾模拟计算程序都采用了这种模型。

1. 湍流脉动动能以及耗散率的定义

单位质量流体湍流脉动动能：

$$k=\frac{1}{2}\left(\overline{u'^2}+\overline{v'^2}+\overline{w'^2}\right) \tag{2-120}$$

式中，u'，v'，w'表示脉动速度，脉动动能为各个方向上脉动速度的平均值的平方和。

湍流中单位质量流体脉动动能的耗散率，即各向同性的小尺度涡的机械能转化为热能的速率定义为：

$$\varepsilon = v\overline{\left(\frac{\partial u'_i}{\partial x_k}\right)\left(\frac{\partial u'_i}{\partial x_k}\right)} \tag{2-121}$$

式中，v 为流体的分子黏性，重复的下标代表求和。

在由三维非稳态 Navier－Stokes 方程出发推导 ε 方程的过程中，需要对推导过程中出现的复杂的项做出简化处理。此外，在引入下面关于 ε 的模拟定义式以将 ε 与 k 联系起来：

$$\varepsilon = c_D \frac{k^{3/2}}{l} \tag{2-122}$$

式中，c_D 为经验常数。得出这一模拟定义式理解如下：从较大的涡向较小的涡传递能量的速率对单位体积的流体正比于 ρk，而反比于传递时间。传递时间与湍流长度标尺 l 成正比，而与脉动速度成反比。于是可有：

$$\rho\varepsilon \propto \rho k/\left(\frac{1}{\sqrt{k}}\right) \propto \rho k^{3/2} l$$

采用 $k-\varepsilon$ 模型时，湍流黏性系数可以写为：

$$\eta_t = c'_\mu \rho k^{1/2} l = (c'_\mu c_D)\ \rho k^2 \frac{1}{c_D k^{3/2}/l} = c_\mu \rho k^2/\varepsilon \tag{2-123}$$

2. $k-\varepsilon$ 湍流两方程模型的控制方程组

研究火灾场景中烟气流动必须考虑到热浮升力作用。室内火灾场景一般考虑为三维空间的湍流运动。气流流动受到浮升力的支配，湍流运动促进质量、动量和热量的扩散。对于气流运动的预测是基于气流运动控制方程：

$$\frac{\partial}{\partial t}(\rho\Phi) + div\ (\rho\vec{V}\Phi) = div\ [\Gamma gad\ (\Phi)] + S \tag{2-124}$$

式中，ρ 为气流密度，t 为时间，$\vec{V}$ 为速度矢量。Φ 为变量，变量 $\Phi=0$ 时控制方程为质量守恒方程，Γ 为有效扩散系数，S 为源项。

为读者查阅的方便，三维直角坐标系中的湍流动量方程及 $k-\varepsilon$ 方程列于表 2－3 中[34]。表中 Γ 及 S 的下标 Φ 均已省去。在三种二维正交坐标系中的 $k-\varepsilon$ 模型的控制方程可由相应的三维控制方程删去与第三个坐标有关的项而得。表中，p 代表压力，Pr 代表普朗特数，g 表示重力加速度。层流与湍流应力的结合可以通过有效黏性系数 η_{eff} 来表达，其中 μ 是动力黏度，η_t 是湍流黏度。

由于浮升力在上升的烟气羽流和天花板顶棚射流中起着重要的作用，因此在 $k-\varepsilon$ 模型中，y 方向的动量方程中引入浮升力项是 $g\ (\rho-\rho_0)$ 非常重要的，而在产生项中除了剪切力外还要引入浮升力项 $-\beta g \frac{\eta_t}{\sigma_T}\frac{\partial T}{\partial y}$。对于气体浮升力而言，考虑气体体积膨胀系数 $\beta = -\frac{1}{\rho}\frac{\partial\rho}{\partial T}$，所以浮升力引起的产生项为：

$$G_B = -\beta g \frac{\eta_t}{\sigma_T}\frac{\partial T}{\partial y} = \frac{\eta_t}{\sigma_T}\frac{g}{\rho}\frac{\partial\rho}{\partial T} \tag{2-125}$$

在求解能量方程时，其源项与火灾场景的设计有密切的关系。在描述空间烟气填充时，通常火源采用有限体积的热源来代替，浮于高处的热空气用来表示烟气。一般认为火源热释放率中的70%用于对流换热，另外30%用于辐射换热。但对于大空间，辐射换热的比例要小一些，而对于小室火灾，辐射热的比例将有所加大。以体积热源法为例，能量方程中的源项 S 等于 $\dot{q}_{\mathrm{fire}}/c_{\mathrm{p}}$。$\dot{q}_{\mathrm{fire}}$ 是热源的能量密度，即火源的热量释放速率 $\dot{Q}_{\mathrm{fire}}$ 与热源体积 V 之比，c_{p} 是空气的比热。

采用 $k-\varepsilon$ 模型来求解湍流对流换热问题时，控制方程组在这一方程组中引入了三个系数（c_1，c_2，c_μ）及三个常数（σ_k，σ_ε，σ_{t}）。其中 c_μ 是与湍流黏度 η_{t} 有关的经验系数，c_1、c_2 是与湍流动能耗散率相关的系数，σ_{t} 为湍流普朗特数，σ_k 是脉动动能的普朗特数，σ_ε 是湍流动能耗散率的普朗特数，在近年发表的文献中，关于这六个经验常数的取值已经比较一致，其中与温度场有关的湍流 Pr 数以及 σ_{t} 与时均形式能量方程的广义扩散系数 Γ 有下列关系：

$$\Gamma=\frac{\lambda}{c_{\mathrm{p}}}+\frac{\eta_{\mathrm{t}}}{\sigma_{\mathrm{T}}}=\frac{\eta}{Pr}+\frac{\eta_{\mathrm{t}}}{\sigma_{\mathrm{t}}} \tag{2-126}$$

这里 η/Pr 是由分子扩散所造成的，而 $\eta_{\mathrm{t}}/\sigma_{\mathrm{t}}$ 则是由湍流脉动所造成的。在旺盛湍流区，分子扩散部分可以略而不计。Launder 和 Sharma 建议模型常数为：

$c_\mu=0.09$，$c_1=1.44$，$c_2=1.92$，$\sigma_k=1.0$，$\sigma_\varepsilon=1.3$，$\sigma_{\mathrm{t}}=1.0$。

目前，火灾科学研究中，有人提出根据不同火灾场景（射流、热羽流）等试验结果主要对系数 c_μ 和 σ_{t} 进行修改[36]，但目前并没有统一的结论。

虽然针对 $k-\varepsilon$ 模型的 k 方程中的浮力源项（$G_{\mathrm{B}}=-\beta g\dfrac{\eta_{\mathrm{T}}}{\sigma_k}\dfrac{\partial T}{\partial y}$）能够反映出浮力使湍流削弱，但为了进一步修正浮力的影响，有人提出对 ε 方程也需要进行修正，其中 c_1 修正为：

$$c_1=c_1\ \left[(G_k+G_{\mathrm{B}})(1+c_3R_{\mathrm{f}})\right] \tag{2-127}$$

式中，$R_{\mathrm{f}}=-G_{\mathrm{B}}/G_k$ 称为能量的 Richardson 数，$c_3=0.08$。上述修正由于增大了 ε 的产生项，突出了浮力的作用。

为了更仔细地区别水平、垂直浮力流，Rodi 给出以下修正式[37]：

$$R_{\mathrm{f}}=-\frac{1}{2}G_{\mathrm{v}}/(G_{\mathrm{B}}+G_k) \tag{2-128}$$

（1）对水平浮力流，即重力方向与流速方向平行，$g//u$：

$$\frac{1}{2}G_{\mathrm{v}}=G_k,\ R_{\mathrm{f}}=-G_{\mathrm{v}}/(G_k+G_{\mathrm{B}}) \tag{2-129}$$

（2）对垂直浮力流，即重力方向与流速方向垂直，$g\perp u$：

$$\frac{1}{2}G_{\mathrm{v}}=0,\ R_{\mathrm{f}}=0 \tag{2-130}$$

Rodi 给出这两个修正式的含义是，垂直浮力流中浮力使 ε 增大的程度比水平浮力流所产生的影响大。

各种湍流模型的开发实际上是要解决如何计算由于脉动所造成的湍流应力问题。采用 $k-\varepsilon$ 两方程模型后湍流应力就可以按以下公式计算：

$$(\tau_{i,j})_{\rm t} = -\frac{2}{3}\rho k\delta_{i,j} + \eta_{\rm t}\left(\frac{\partial u_i}{\partial x_j} + \frac{\partial u_j}{\partial x_j}\right) \tag{2-131}$$

三维直角坐标中 $k-\varepsilon$ 模型的控制方程 **表 2-3**

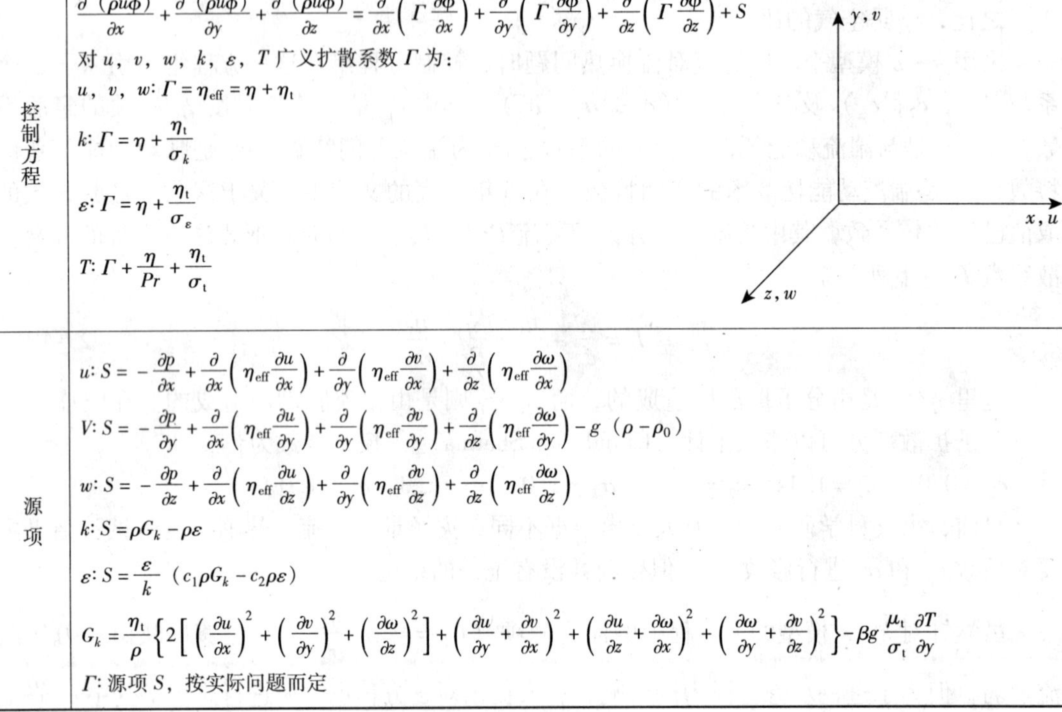

控制方程	$\frac{\partial(\rho u\phi)}{\partial x} + \frac{\partial(\rho u\phi)}{\partial y} + \frac{\partial(\rho u\phi)}{\partial z} = \frac{\partial}{\partial x}\left(\Gamma\frac{\partial\phi}{\partial x}\right) + \frac{\partial}{\partial y}\left(\Gamma\frac{\partial\phi}{\partial y}\right) + \frac{\partial}{\partial z}\left(\Gamma\frac{\partial\phi}{\partial z}\right) + S$ 对 u，v，w，k，ε，T 广义扩散系数 Γ 为： u，v，w: $\Gamma = \eta_{\rm eff} = \eta + \eta_{\rm t}$ k: $\Gamma = \eta + \frac{\eta_{\rm t}}{\sigma_k}$ ε: $\Gamma = \eta + \frac{\eta_{\rm t}}{\sigma_\varepsilon}$ T: $\Gamma + \frac{\eta}{Pr} + \frac{\eta_{\rm t}}{\sigma_{\rm t}}$ (坐标图: y, v; x, u; z, w)
源项	u: $S = -\frac{\partial p}{\partial x} + \frac{\partial}{\partial x}\left(\eta_{\rm eff}\frac{\partial u}{\partial x}\right) + \frac{\partial}{\partial y}\left(\eta_{\rm eff}\frac{\partial v}{\partial x}\right) + \frac{\partial}{\partial z}\left(\eta_{\rm eff}\frac{\partial \omega}{\partial x}\right)$ V: $S = -\frac{\partial p}{\partial y} + \frac{\partial}{\partial x}\left(\eta_{\rm eff}\frac{\partial u}{\partial y}\right) + \frac{\partial}{\partial y}\left(\eta_{\rm eff}\frac{\partial v}{\partial y}\right) + \frac{\partial}{\partial z}\left(\eta_{\rm eff}\frac{\partial \omega}{\partial y}\right) - g\ (\rho - \rho_0)$ w: $S = -\frac{\partial p}{\partial z} + \frac{\partial}{\partial x}\left(\eta_{\rm eff}\frac{\partial u}{\partial z}\right) + \frac{\partial}{\partial y}\left(\eta_{\rm eff}\frac{\partial v}{\partial z}\right) + \frac{\partial}{\partial z}\left(\eta_{\rm eff}\frac{\partial \omega}{\partial z}\right)$ k: $S = \rho G_k - \rho\varepsilon$ ε: $S = \frac{\varepsilon}{k}\ (c_1\rho G_k - c_2\rho\varepsilon)$ $G_k = \frac{\eta_{\rm t}}{\rho}\left\{2\left[\left(\frac{\partial u}{\partial x}\right)^2 + \left(\frac{\partial v}{\partial y}\right)^2 + \left(\frac{\partial \omega}{\partial z}\right)^2\right] + \left(\frac{\partial u}{\partial y} + \frac{\partial v}{\partial x}\right)^2 + \left(\frac{\partial u}{\partial z} + \frac{\partial \omega}{\partial x}\right)^2 + \left(\frac{\partial \omega}{\partial y} + \frac{\partial v}{\partial z}\right)^2\right\} - \beta g\frac{\mu_{\rm t}}{\sigma_{\rm t}}\frac{\partial T}{\partial y}$ Γ: 源项 S，按实际问题而定

当考虑烟气组分时，组分方程可以通过通用控制方程中，Φ 为组分浓度 $C_{\rm s}$，即摩尔份额浓度。扩散系数 Γ 为 $\rho D_{\rm s}$，$D_{\rm s}$ 为质扩散率，源项 S 为$\frac{\dot{m}_{\rm s}}{M_{\rm s}}$，其中 $\dot{m}_{\rm s}$ 为该组成分源项的质量生成率，$M_{\rm s}$ 表该气体的摩尔质量。组分浓度方程可以描述为：

$$\frac{\partial\ (\rho C_{\rm s})}{\partial t} + \frac{\partial\ (\rho u_i C_{\rm s})}{\partial x_i} = \frac{\partial}{\partial x_i}\left(\rho D_{\rm s}\frac{\partial C_{\rm s}}{\partial x_i}\right) + \frac{\dot{m}_{\rm s}}{M_{\rm s}} \tag{2-132}$$

流体力学的基本方程组包括质量守恒定律、动量守恒定律、能量守恒定律和组分输运守恒定律，加上有浮力修正的 $k-\varepsilon$ 湍流两方程模型和辐射模型，即可构成描述火灾烟气运动的封闭方程组。

$k-\varepsilon$ 模型作为完全封闭的湍流模型得到了广泛地应用，现在的商用 CFD 软件大都包含两方程模型。在应用湍流模型计算贴壁流动时，所遇到的一个重要问题是如何考虑固体表面附近分子黏性对脉动的阻尼作用。由于传热与流动计算中，黏性支层内的场分布对结果表明有重要影响，因而靠近壁面处的湍流模拟问题得到广泛的重视，已经发展方法包括壁面函数法、各种低雷诺数 $k-\varepsilon$ 模型、二层与三层模型。为了克服各向同性湍流黏性等假设的缺点，已经发展出非线性 $k-\varepsilon$ 模型，RNG $k-\varepsilon$ 模型，多尺度 $k-\varepsilon$ 模型，可实现 $k-\varepsilon$模型与非线性 RNG $k-\varepsilon$ 模型。

（四）大涡模拟的数学模型[38~47]

大涡模拟方法直接求解表征流体流动特性的含能大涡，对随机性较强的小涡则用亚网格模型进行模拟。大涡模拟是介于直接数值模拟和 RANS 方程模拟之间的一种方法，由于大尺度运动为主要流动含能尺度，且各向异性效应主要表现在大尺度运动上，大尺度运动受边界条件和流动区域结构的影响；而小尺度流动性质从某种意义上说具有一致性和通用性，这就使 LES 具有坚实的理论基础。大尺度运动通过求解微分方程直接求出来，小尺度运动对大尺度运动的影响通过亚格子模型来模拟，可以大大减少计算量和对计算机内存的要求。

1. 大涡模拟的控制方程

1）质量守恒方程：

$$\frac{\partial \rho}{\partial t}+\nabla \cdot (\rho \boldsymbol{u})=0 \tag{2-133}$$

式中 ρ——密度，kg/m^3；

t——时间，s；

$\boldsymbol{u}$——速度矢量，m/s。

2）组分守恒方程：

$$\frac{\partial}{\partial t}(\rho Y_i)+\nabla \cdot (\rho Y_i \boldsymbol{u})=\nabla \cdot (\rho D_i \nabla Y_i)+\dot{m} \tag{2-134}$$

式中 Y_i——第 i 种组分的质量分数；

D_i——第 i 种组分的扩散系数，m^2/s；

$\dot{m}$——第 i 种组分的质量生成率，$kg/(cm^3 \cdot s)$。

3）动量守恒方程：

$$\rho\left[\frac{\partial u}{\partial t}+(\boldsymbol{u} \cdot \nabla)\boldsymbol{u}\right]+\nabla p=\rho g+f+\nabla \cdot \tau \tag{2-135}$$

式中 p——压力，Pa；

g——自由落体加速度，m/s^2；

f——作用在流体上的外力（除重力外），N；

τ——黏性力张量，N。

4）能量守恒方程：

$$\frac{\partial}{\partial t}(\rho h)+\nabla \cdot (\rho h \boldsymbol{u})=\frac{\partial p}{\partial t}+\boldsymbol{u} \cdot \nabla p-\nabla \cdot q_r+\nabla \cdot (k \cdot \nabla T)+\sum_i \nabla \cdot (h_i \rho D_i \nabla Y_i) \tag{2-136}$$

式中 h——比焓，J/kg；

k——导热系数，W/（m·K）；

T——热力学温度，K；

q_r——辐射热通量，W/m^2。

5）状态方程：

$$p_0=\rho TR\sum_i \frac{Y_i}{M_i} \tag{2-137}$$

式中　p_0——背景压力，Pa；

R——气体常数，J/（mol·K）；

M_i——i 种组分的摩尔质量，kg/mol。

2. 湍流模型

当采用大涡模拟时，大尺度的涡流可以直接计算得到，因此只需要对随机小涡流建立湍流模型。其中，最常用的亚网络模型为 Smagorinsk 亚网络模型，流体的黏度 μ_l 可以表示为

$$\mu_l = \rho \ (C_s\Delta)^2 \left[2\mathrm{def}\boldsymbol{u} \cdot \mathrm{def}\boldsymbol{u} - \frac{2}{3} \ (\Delta \cdot \boldsymbol{u})^2 \right]^{\frac{1}{2}} \tag{2-138}$$

式中的 C_s 为 Smagorinsky 常数，Δ 为滤波宽度（m），def$\boldsymbol{u}$ 表示为速度矢量的变形张量，由下式表示：

$$\mathrm{def}\boldsymbol{u} = \begin{bmatrix} \frac{\partial u}{\partial x} & \frac{1}{2}\left(\frac{\partial u}{\partial y} + \frac{\partial v}{\partial x}\right) & \frac{1}{2}\left(\frac{\partial u}{\partial z} + \frac{\partial w}{\partial x}\right) \\ \frac{1}{2}\left(\frac{\partial v}{\partial x} + \frac{\partial u}{\partial y}\right) & \frac{\partial v}{\partial y} & \frac{1}{2}\left(\frac{\partial u}{\partial z} + \frac{\partial w}{\partial x}\right) \\ \frac{1}{2}\left(\frac{\partial w}{\partial x} + \frac{\partial u}{\partial z}\right) & \frac{1}{2}\left(\frac{\partial w}{\partial y} + \frac{\partial v}{\partial z}\right) & \frac{\partial w}{\partial z} \end{bmatrix} \tag{2-139}$$

式中 u，v，w 分别为速度在 x，y，z 方向上的分量。

相应的导热系数和扩散系数为：

$$k_{\mathrm{L}} = \frac{\mu_l C_{\mathrm{p}}}{Pr} \tag{2-140}$$

$$D_{\mathrm{L}} = \frac{\mu_l}{\rho_{\mathrm{L}} Sc} \tag{2-141}$$

式中　C_{p}——比定压热容，J/（kg·K）；

Pr——普朗特数；

Sc——施密特数。

3. 燃烧模型

在进行大涡模拟时，采用混合分率燃烧模型，此模型的燃烧反应可以简单表示为：

$$v_{\mathrm{F}}\mathrm{Fuel} + v_{\mathrm{O_2}}\mathrm{O_2} \longrightarrow \sum_i v_{\mathrm{p}.\,i}\mathrm{Products} \tag{2-142}$$

式中　v——当量反应系数；

Fuel——燃料；

Products——燃烧产物。

4. 辐射传热模型

辐射是火灾中重要的传热方式，对整个系统参数的影响体现在能量平衡方程中，根据辐射传热方程中物体辐射照度对立体角依赖关系的简化程度，可以把辐射传热数学模型分为通量模型，辐射离散传热模型和离散坐标模型；根据实际物体辐射照度对波长和温度的依赖关系，可以分成灰体辐射模型，窄带辐射模型和宽带辐射模型[38]。

（五）边界条件的设置[48]

为求解控制方程需要给出定解条件。对于非定常问题，定解条件包括初始条件和边界条件。边界条件是在求解区域的边界上所求解的变量或其一阶导数随地点及时间的变化规

律。起始条件往往需要人为根据实验给出。但一般计算表明，只要给出的初始值符合一定的要求，它对以后计算结果的统计平均量影响不大。

初始条件

对于定常流动来说，$\frac{\partial\phi}{\partial t}=0$，对于非定常流动，必须给定起始时刻流场中每一点的流动参数 ϕ。对于火灾发生后的非定常过程，假定在初始时刻计算区域内的流体参数与环境空气条件相同。

流场计算所需要的边界条件主要有：

（1）进口边界：一般要求给出进入计算域进口的速度，压力，密度或相应的相容条件，而对湍流计算还需给定湍流模型所要求的进口条件等。

（2）出口边界：一般取充分发展条件，或由上游的速度推算而得。当出口直接通向大气时一般取压力出口边界条件（Pressure Outlet），定义出口压力相对大气压力为0，即没有附加的压力作用。

（3）固壁边界：取壁面边界条件（Wall）。一般选择无滑移固壁边界条件，即壁面的流体速度与壁面该处的速度相同，当壁面静止时，壁面处速度为0；当壁面运动时，壁面处流体与壁面的相对速度为0。在近壁处，变量的输送性质会发生剧烈的变化，由于近壁质量，动量和能量的脉动迅速减少，湍流黏性并不严格有效，层流作用所带来的各向异性支配着变量的输送性质。如果要用数值方法计算出近壁处变量的分布特性，就要在近壁处加密网格，这不仅增加了布置网格点的困难，而且增加了计算费用。为了克服这些困难，通常是假定壁面网格内部的速度分布和其他变量的分布，将壁面影响转化为某一形式的源项（例如壁面应力），附加到差分方程中，这就是壁函数方法的基本思想。

壁函数从分析和实验中得到，其基本假定为：

1）邻近壁面而平行壁面的流体层速度分布服从修正的指数率。

2）垂直于壁面的湍流动能的扩散率为0。

3）湍流脉动的长度尺寸正比于到边界的垂直距离。

（4）对称面边界条件：对称面是根据实际物理问题具有对称特征而取的虚拟面，求解域内的各物理量关于对称面对称，该面上没有物理量穿过，于是对称面边界条件为：

$$\frac{\partial\phi}{\partial n}=0$$

实际应用中借助对称面可以减小计算区域，节约计算时间。

（六）计算室内火灾 CFD 软件的发展

表2－4列出一些模拟室内火灾烟气运动过程的场模拟软件。其中4种模型（CFX，FLOW3D，PHOENICS 及 STAR-CD）采用了通用流体计算程序作为模型的核心，这类软件提供丰富的计算方法处理湍流流动，具有强大的前后处理功能，但在选择湍流模型、方程的离散格式、设置源项、边界条件及确定各方程的松弛因子时需要反复尝试，才有可能获得满意的计算结果；其他场模型均针对火灾烟气运动过程编写，大多数采用有浮力修正的 $k-\varepsilon$ 湍流两方程模型，并且考虑了辐射换热作用，但这些模型基本上未处理火灾过程中的化学反应。所有场模型均需要性能强大的计算机来支持[49~51]。

场模型模拟软件 **表 2-4**

序号	软件	来源	获得方式	编程语言	说明
1	ALOFT-FT V3.0	美国 NIST	免费下载	FORTRAN77	计算大型室外火灾烟气的生成过程，外界风速不为0
2	CFX-4/CFX-5	英国	商业购买	根据协议形式提供程序接口	通用流体动力学软件，可模拟火焰蔓延、烟气运动过程，分析建筑构件耐火性能，评价消防系统
3	FDS V4.0	美国	免费下载	FORTRAN	低马赫数流体动力学模型，LES 及 DNS 求解技术，预测火、风及通风系统引起的烟及空气运动
4	FIRE V1.8	澳大利亚	未发行	FORTRAN	可预测固态及液态可燃物的燃烧率，模拟水雾喷射等现象
5	JASMINE V3.1	英国	学术交流或商业购买	FORTRAN	采用 PHOENICS 预测火灾过程，用于评价通风空调系统，喷淋系统及消防系统的性能
6	FLOW-3D	美国	商业购买	FORTRAN	通用流体动力学代码
7	FAC3	中国	未发行	—	能模拟定常或非定常、二维或三维、直角或圆柱坐标系、层流或湍流的，并能体现流体流动、传热传质、化学反应及其相互作用的火灾与燃烧过程，应用范围较广
8	RMFIRE	加拿大	未发行	ANSI FORTRAN77	—
9	KAMELEON FIREEX99	挪威	商业购买	—	求解受限/开放空间中温度场、浓度场及辐射场的分布；处理固体壁面的热力学响应；模拟喷淋水雾对烟、火的抑制作用
10	MEFE V1.0	葡萄牙	未发行	FORTRAN 77	模拟单/双室内的火灾烟气流动。采用有浮力修正的 $k-\varepsilon$ 湍流双方程模型，有限容积法（FVM）、交错网格求解技术
11	KOBRA-3D	德国	商业购买	C++	可模拟复杂几何空间中的烟气扩散及热量传递过程
12	PHOENICS	英国	商业购买	FORTRAN C++	可求解流动、传质、传热及燃烧问题，采用有限容积法，应用范围广
13	SOFIE V3.0	澳大利亚	商业购买	FORTRAN/C++	可模拟受限空间中的火灾过程
14	SOLVENT V1.0	美国	商业购买	FORTRAN/C++	模拟管道中流体流动、热交换及烟气扩散
15	SMARTFIRE V3.0	英国	商业购买	C++	工作站基于 SIMPLE 算法的火焰数值模拟软件，$k-\varepsilon$ 模型及流通量辐射模拟，可模拟多室火灾过程
16	STAR-CD V3100A	英国	商业购买	FORTRAN	求解流动、传热、燃烧的大型通用软件，对于复杂几何区域处理较好，包含模拟工业厂房内烟、火运动的标准模型
17	SPLASH	英国	系统内使用	FORTRAN77	准场模型，用于描述喷淋系统与火灾气体的相互作用
18	UNDSAFE	美国/日本	未发行	FORTRAN	预测围护结构内部开放空间火灾环境，利用三维有限差分格式

烟气运动场模拟研究是伴随着湍流理论研究的深入和计算机性能的提高而不断发展的。它提供了一条认识火灾过程参数的详细分布及其变化的途径，但场模拟还需要继续深入研究气相流动和燃烧过程尤其是湍流流动和湍流燃烧过程、辐射传热过程、凝聚相可燃物的热解及燃烧过程、碳黑生成及各个分过程的理论基础模型，同时需要研究各分过程的相互作用并构造相应的模型，场模型研究不仅有赖于基础理论的发展和完善，而且对计算机能力有较高的要求。

美国国家标准与技术研究所（National Institute of Standards and Technology，NIST）建筑物与火灾研究实验室（Building and Fire Research Laboratory）以大涡模拟理论为基础研发出 FDS（Fire Dynamics Simulator 简称 FDS）软件。该软件采用数值方法求解受火灾浮力驱动的低马赫数流动的 N－S 方程，重点计算火灾中的烟气和热传递过程。由于 FDS 是开放的，其准确性得到了大量的试验验证，具有较高的可信度。因此，在火灾科学领域得到广泛的应用。

FDS 提供两种数值模拟方法，即直接数值模拟和大涡模拟。一般情况下，在利用 FDS 进行火灾模拟均选用大涡模拟。该软件模型最具特色的火灾烟气运动场模型，它全面地考虑了火灾烟气运动的各个分过程，湍流部分分别采用高级数值模拟方法直接模拟及大涡模拟处理，辐射换热采用了有限容积模型（Finite Volume Method），它类似于流体力学计算对流输运过程中通常采用的有限容积法，不仅能够计算固体壁面间的辐射换热，同时还考虑了烟气层内多原子气体对辐射的吸收作用；燃烧模型基于 Huggett 提出的“状态关联”思想定量给出反应物与生成物之间的关系。

随同 FDS 还发布了后处理软件 Smoke2view，它可以将 FDS 的计算结果图形化显示出来，应当指出 FDS 在模型的构建过程中较其他模型采用了尽可能少的假设，其理论基础坚实，能够描述很宽范围的火灾现象，代表了目前火灾烟气运动数值模拟的世界先进水平[40,52]。2002 年，Rehm 和 McGrattan 等人利用 FDS 软件的模拟了 911 事件中世界贸易中心火灾发展的情况[38]，如图 2－26 所示。

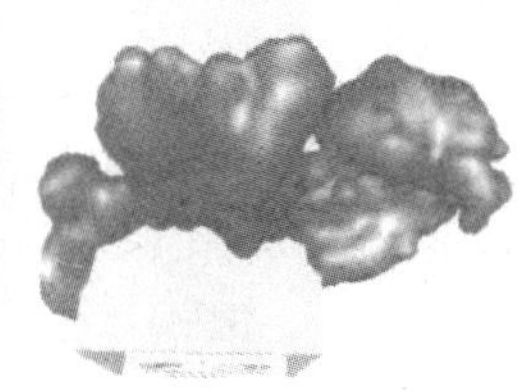

图 2－26　FDS 模拟世贸中心火灾结果与照片对比

（七）描述火灾场景中不同类型模型的综合运用

前面介绍了研究建筑火灾烟气运动的三种数值模拟方法，对于建筑火灾尤其是高层建筑火灾中的烟气运动，这三种模型各有优缺点，只有把它们结合起来，充分发挥其各自的优点，才能在目前找到一种较合适的解决建筑火灾烟气运动的数值模拟方法。场模型适用于计算起火房间或需要特殊考虑的区域，可以详细了解火的扩散发展过程；建筑火灾中与着火房间相邻的区域内烟气分布及温度场呈明显的分层现象，对于这类区域应用区域模型进行数值模拟是十分适合的，这不但能再现物理现象的发展过程，而且能大大地节省计算时间，远离火区的建筑各区域内并无烟气或烟气含量很少，建筑中的绝大部分区域都属于这种类型，这些区域适用于网络模拟。中国科学技术大学火灾科学国家重点实验室在国际上率先提出了火灾烟气运动的场－区－网复合模型理论[21,53]。该理论对强火源和强通风空间进行场模拟，对临近空间进行区域模拟，对远离火源的空间进行网络模拟，并采用自行编制的场模型 FAC3 与区域模型实现连接，在区域模型中假设上下层各物理量的值相等的方法来实现网络模拟，对一栋 5 层建筑内的火灾烟气运动过程进行了模拟。这种模拟思想成功地消除了区域模拟和场模拟各自的不足，受到国际学术界的广泛重视，已被英国和日本等国相关研究机构采用。从现在的研究来看，场－区复合模型和场－区－网复合模型与现在的计算机发展水平相适应，具有强大的生命力。如果侧重研究火的燃烧特性和烟气的扩散过程，采用场－区复合模型既可以充分发挥场模型和区域模型的优势，又能节省工作量；如果研究还包括建筑防排烟系统等方面的内容，应用场－区－网复合模型比较适合[54]。

第三章　建筑火灾中烟气扩散规律的研究

大量火灾事故统计分析表明，火灾的危害主要来源于热烟气的高温辐射、烟气的毒性以及缺氧。火灾中人员的伤亡主要是由于吸入有毒的烟气造成窒息或者死亡。烟是指空气中浮游的固体或液体烟粒子，其粒径在0.01～10μm之间。火灾时产生的烟气是一种混合物，主要包括：（1）可燃物热解或燃烧产生的气相产物，如未燃烧气体（甲烷、乙烷、乙炔等）、水蒸气、二氧化碳、一氧化碳及多种有毒或有腐蚀性的气体；（2）由于卷吸而进入的空气；（3）多种微小的固体颗粒和液滴。进行建筑消防安全的设计时，防止人们受到烟气的危害保护生命安全是非常重要的，防排烟控制系统必须能够控制典型区域的烟气的流动以及迅速排出。因此，进行建筑火灾中烟气扩散规律的研究具有非常重要的意义。目前，火灾科学领域内一个重要工作就是进行建筑物内烟气扩散以及通风防排烟系统的设计与运行工作。

第一节　烟气扩散守恒方程和烟气填充描述

火灾中烟气的流动和沉降对于排烟系统设计具有重要的指导意义（图3-1、图3-2）。室内的烟气层下降过程可用流体的质量守恒和能量守恒方程与层流模型进行预测，通常用计算机实现。为了安全并简化理论分析，可以用比较容易的计算方法来预测烟气层的下降[1]。

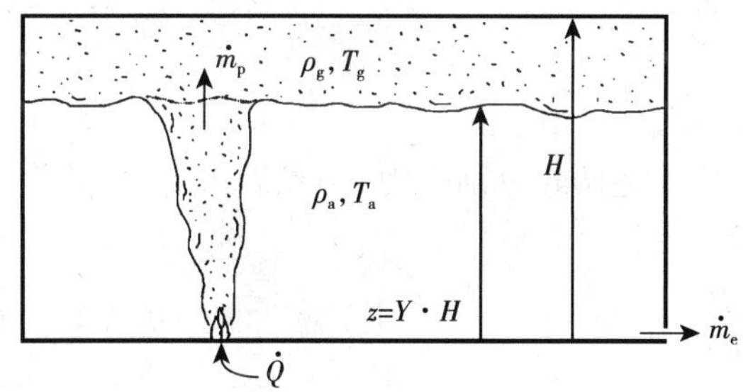

图3-1　烟气层下降的非稳态预测模型

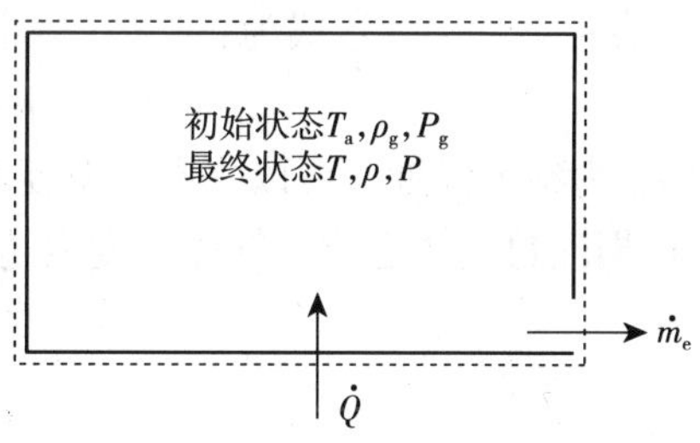

图3-2　有气体泄漏房间的空气容积

一、烟气层守恒方程组[2]

1. 质量守恒方程

对于高顶棚的大空间，火灾在紊流过程中大量卷入周围的空气，烟气层的温度基本保持恒定。因此，与疏散设计密切相关的初期火灾，可以认为烟气层温度 T_g 恒定，并假定火灾空间的水平投影面积 A 不随高度而变化，则烟气层的质量守恒公式可以写为如下形式：

$$\frac{\mathrm{d}}{\mathrm{d}t}\iiint_{cv}\rho \mathrm{d}V + \iint_{cs}\rho v_{\mathrm{n}}\mathrm{d}s = 0 \tag{3-1}$$

上式左侧第一项中，由于下部空气层体积发生变化。房间下部空气区域的体积 $V=zA$。A 是地板面积。第二项代表流出控制容积的质量流量。流出下部空气层区域的质量流量包括火焰的卷吸量 $\dot{m}_{\mathrm{p}}$ 和从下部小口流出的质量流量 $\dot{m}_{\mathrm{e}}$。式（3-1）可以表示为：

$$\frac{\mathrm{d}}{\mathrm{d}t}(\rho_{\mathrm{a}}zA) + \dot{m}_{\mathrm{e}} + \dot{m}_{\mathrm{p}} = 0 \tag{3-2}$$

式中 ρ_{a}——烟的密度；

V——烟层的体积；

A——火灾空间的面积；

z——烟层的高度；

t——时间。

在高度 z 范围内，火灾烟气进入紊流区域，而且，若火灾进入稳定发展阶段，火灾烟气紊流的流量 $\dot{m}_{\mathrm{P}}$ 可由 Zukoski 火焰卷吸量表达式表示[3]：

$$\dot{m}_{\mathrm{p}} = 0.21\left(\frac{\rho_{\mathrm{a}}g}{C_{\mathrm{p}}T_{\mathrm{a}}}\right)\dot{Q}^{1/3}z^{5/3} \tag{3-3}$$

而下部开口的气体流出量 $\dot{m}_{\mathrm{e}}$ 可以用控制容积 CV 内能量来求出。

2. 能量守恒方程

对于图 3-2 所示的控制容积，能量守恒表达式为：

$$\frac{\mathrm{d}}{\mathrm{d}t}\iiint_{cv}\rho u \mathrm{d}V + \iint_{cs}\rho h v_{\mathrm{n}}\mathrm{d}A = \dot{Q} \tag{3-4}$$

第一项表示控制容积内能的变化，第二项表示流出控制容积气体的焓值，右侧表示火源功率。在这里火源被当作热源处理。u 表示内能，表达式为：

$$u = C_{\mathrm{v}}\ (T - T_{\mathrm{ref}}) \tag{3-5}$$

h 表示焓值，表达式为：

$$h = C_{\mathrm{p}}\ (T - T_{\mathrm{ref}}) \tag{3-6}$$

式中 T_{ref} 为参考温度，可以将参考温度取为 0，则上述两式分别变为 $u=C_{\mathrm{v}}T$ 和 $h=C_{\mathrm{p}}T$。

根据理想气体定律，气体密度表达式为：

$$\rho = \frac{P}{RT} \tag{3-7}$$

这样式（3-4）左侧第一项 $\frac{\mathrm{d}}{\mathrm{d}t}\iiint_{cv}P\frac{C_{\mathrm{v}}}{R}\mathrm{d}V$ 由于 P、C_{v}、R 和体积无关，所以可以写成 $\frac{\mathrm{d}}{\mathrm{d}t}\left(\frac{PC_{\mathrm{v}}}{R}V\right)$。进一步由于 V、R 以及 C_{v} 与时间无关，所以可以改写为 $\frac{VC_{\mathrm{V}}}{R}\frac{\mathrm{d}P}{\mathrm{d}t}$。第二项代表流出控制容积单位质量的气体的焓值。A 表示允许气体流出的控制面积，因为气流的速度方向与流出面积 A 垂直，可以用 v 替代 v_{n}，T_{e} 表示从下部开口流出气体的温度，这里用下标 e 表示气流从控制容积流出：

$$\iint_{cs}\rho h v_{\mathrm{n}}\mathrm{d}A = \rho_{\mathrm{e}}v_{\mathrm{e}}A_{\mathrm{e}}C_{\mathrm{p}}T_{\mathrm{e}} = \dot{m}_{\mathrm{e}}C_{\mathrm{p}}T_{\mathrm{e}} \tag{3-8}$$

这样，能量守恒方程式（3-4）可以改写成：

$$\frac{C_V V \mathrm{d}P}{R \ \mathrm{d}t} + \dot{m}_e C_p T_e = \dot{Q} \tag{3-9}$$

在许多情况下，房间的压力变化可以忽略，即 $\mathrm{d}P/\mathrm{d}t = 0$，注意到下部流出气体温度为 T_a 即 $T_e = T_a$，则式（3-9）可以写为：

$$\dot{m}_e = \frac{\dot{Q}}{C_p T_a} \tag{3-10}$$

结合式（3-2）、式（3-3）以及式（3-10），质量守恒方程可以写为：

$$\frac{\mathrm{d}z}{\mathrm{d}t}\rho_a S + \frac{\dot{Q}}{C_p T_a} + 0.21\left(\frac{\rho_a^2 g}{C_p T_a}\right)\dot{Q}^{1/3} z^{5/3} = 0 \tag{3-11}$$

对方程式（3-11）无量纲化处理，令

烟气层高度值无量纲化：
$$Y = \frac{z}{H} \tag{3-12}$$

火源热释放率无量纲化：
$$\dot{Q}^* = \frac{\dot{Q}}{\rho_a C_p T_a \sqrt{g} H^{5/2}} \tag{3-13}$$

时间无量纲化：
$$\tau = t\sqrt{\frac{g}{H}\frac{H^2}{A}} \tag{3-14}$$

式中 H——房间高度；

g——重力加速度，9.81m^2/s。

无量纲化后的方程式变为：

$$\frac{\mathrm{d}y}{\mathrm{d}\tau} + \dot{Q}^* + 0.21(\dot{Q}^*)^{1/3} Y^{5/3} = 0 \tag{3-15}$$

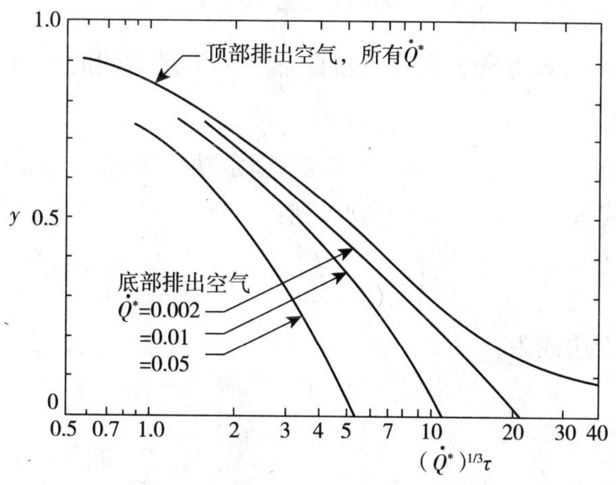

图3-3 顶棚下烟气层的高度随时间和热释放率的变化曲线

图3-3给出了顶棚下烟气层的高度随时间和热释放率的变化曲线。利用该图可以在已知火源热释放率情况下，求出烟气层达到某一高度 Z 所需要的时间。具体步骤如下：先求出 $\dot{Q}^*$ 以及 Y，利用图3-3得到对应的（$\dot{Q}^*$）$^{1/3}\tau$ 值，求出时间无量纲值 τ，从而求出烟

气层达到 Z 的时间 t。

3. 烟气温度的计算

在假定火源的热释放率一定的情况下，根据能量守恒，可以得到：

$$\dot{Q} \cdot t = \rho_g AH\ (1-Y)\ C_p\ (T_g - T_a) \tag{3-16}$$

进行无量纲化后得到：

$$\dot{Q}^* \cdot \tau = (1-Y)\left(1-\frac{\rho_g}{\rho_a}\right) \tag{3-17}$$

利用上式可以求出 ρ_g，可以利用 $T_g = 353/\rho_g$ 得出烟气层的温度。

应用上述方法的局限性如下：(1) 火源考虑成单一热源，忽略燃料的质量流率，羽流将烟气质量瞬时输送到上部区域；(2) 羽流模型适合用于低热释放率的火源，要求无量纲热源满足：$\dot{Q}^* < 0.05$；(3) 壁面和顶棚的热损失忽略不计；(4) 室内压力不变，而且室内各处压力一致，不计高度上压力的变化。

4. 密闭大空间内烟气层的扩散

如图 3-4 所示的大空间建筑中烟气扩散，该空间没有通风和排烟口。如果空间容积很大，由火源产生的羽流对上层烟气层的温度影响相对很小。这样可以将烟气层温度假定不变。

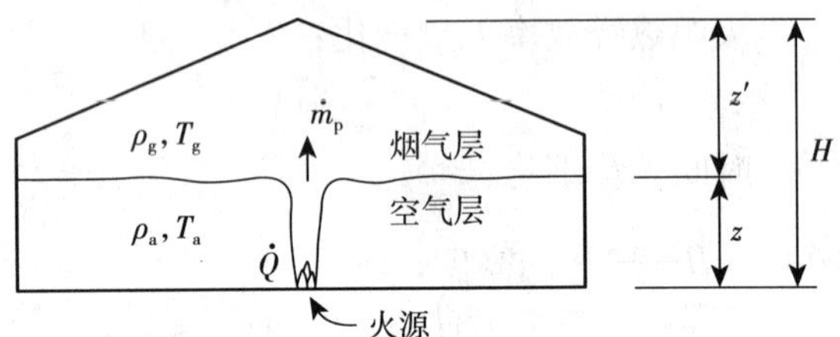

图 3-4　无通风口大空间内烟气层扩散

注意到高处烟气层厚度的增加值与下部空气层厚度的减少值相等，在底部没有气流流出情况下，根据式 (3-9)，质量守恒方程可以改写为：

$$\frac{dz}{dt}\rho_a S + 0.21\left(\frac{\rho_a^2 g}{C_p T_a}\right)\dot{Q}^{1/3} z^{5/3} = 0 \tag{3-18}$$

利用分离变量法求解该方程，假定火源的热释放率是时间的函数，即：

$$\dot{Q} = \alpha \cdot t^n \tag{3-19}$$

式中，α 是增长率系数，kW/s^2，当 $n=0$，表示固定功率火源。当 $n=2$，表示 t^2 功率的火源。将式 (3-19) 代入式 (3-1)，可以得到：

$$z = \left(k\frac{\alpha^{1/3}}{S}\frac{2t^{(1+n/3)}}{n+3} + \frac{1}{H^{2/3}}\right) \tag{3-20}$$

式中，k 为常数，其表达式为：

$$k = \frac{0.21}{\rho_a}\left(\frac{\rho_a^2 g}{C_p T_a}\right) \tag{3-21}$$

二、顶部设置有排烟口的空间内烟气控制的稳态问题[2,4]

高层建筑发生火灾，若上部空间容积不大时，如果不进行烟气的控制，烟气层就会很快在疏散通道下降，对人员的疏散造成威胁。即使是能够蓄烟的大空间建筑物，也会因某些原因导致疏散者延误了时间，暴露在烟气之中。因此，为了使烟气降到安全的界限内，必须做好防排烟设计。如果采取一些烟控措施可以把烟气排出，当排出烟气的质量流率等于流入烟气层的质量流率时，系统可以在某一时刻达到稳定状态。当时间无限长时，可以认为质量和能量在稳定状态下达到平衡。

一般情况下，火灾发生后总要经过一定时间的稳定发展过程，建立该时间内烟气稳态的预测模型，要比非稳态的预测模型要简便得多。下面介绍简化的稳态模型的预测方法。

Yamana 和 Tanaka 考虑一系列烟气控制措施，下面讨论其中三种情况：

（1）顶棚通风或者上部区域有排烟口；

（2）从上部区域用机械排烟进行烟气控制；

（3）下层区域通过机械通风进行加压。

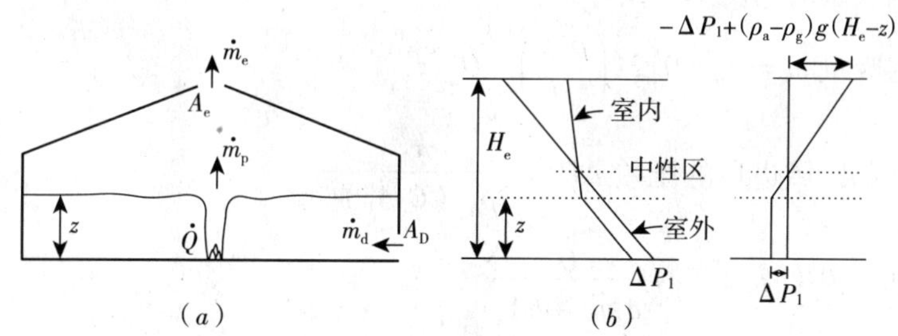

图 3－5　顶部有排烟口的烟气层控制示意图

（*a*）烟气流动情况；（*b*）压力随高度的变化

1. 顶棚通风或者上部区域有排烟口自然排烟

由于考虑烟气层稳态情况，有：

$$\dot{m}_d = \dot{m}_p = \dot{m}_e \tag{3-22}$$

能量守恒：

$$\dot{Q} = \dot{m}_e c_p (T_g - T_a) + \dot{q}_{loss} \tag{3-23}$$

式中，$\dot{q}_{loss}$ 为烟气层通过边界的热损失。在考虑烟气层通过壁面的热传导时，假定壁面为半无限大平板。忽略壁面对烟气的冷却作用后，认为边界壁面温度 $T_s = T_g$。则热烟气层通过与其接触部分壁面上的热损失为：

$$\dot{q}_{loss} = hA_w (T_g - T_a) \tag{3-24}$$

式中，$h = \sqrt{\frac{\lambda\rho c}{\pi t}}$，$c$ 为壁面材料比热，J/(kg·k)，对于半无限大壁面。由于我们只对烟气填充过程感兴趣，而该过程只是持续几分钟时间，半无限大假设完全适用。对于非常薄的壁面，用于热传导的 $h = \lambda/\delta$，δ 是墙壁的厚度，A_w 是与烟气层接触的壁面面积。

烟气层温度的表达式：

$$T_g = T_a + \frac{\dot{Q}}{c_p \dot{m}_e + hA_w} \tag{3-25}$$

当自然通风在顶部区域时，下部开口区域的压差 $\dot{m}_d = C_d \rho_d v_d A_D$

式中　C_d——流量系数，一般取 0.6；

v_d——流经孔口的气流速度，$v_d = \sqrt{\frac{2\Delta P_1}{\rho}}$，压差 $\Delta P_1 = \frac{\dot{m}_d}{2\rho_a (C_d A_D)^2}$。

上部开口两侧的压差为：

$$\Delta P_{\mathrm{U}}=(\rho_{\mathrm{a}}-\rho_{\mathrm{g}})\ g\ (H_{\mathrm{E}}-H_{\mathrm{N}}) \tag{3-26}$$

式中，$(H_{\mathrm{E}}-H_{\mathrm{N}})$ 是从中性面到顶部开口的高度，由于中性面的高度 H_{N} 未知。经过所有开口的总压差可以表示为 $(\rho_{\mathrm{a}}-\rho_{\mathrm{g}})\ g\ (H_{\mathrm{E}}-z)$，所以上部压差可以表示为：

$$\Delta P_{\mathrm{U}}=(\rho_{\mathrm{a}}-\rho_{\mathrm{g}})\ g\ (H_{\mathrm{E}}-z)\ -\Delta P_1$$

上部开口的烟气质量流量可以表示为：

$$\dot{m}_{\mathrm{e}}=C_{\mathrm{d}}A_{\mathrm{e}}\sqrt{2\rho_{\mathrm{g}}\ (-\Delta P_1+(\rho_{\mathrm{a}}-\rho_{\mathrm{g}})\ g\ (H_{\mathrm{E}}-z))} \tag{3-27}$$

综合上述方法，求解烟气层高度的过程如下：

（1）假定烟气层的高度 z；

（2）计算卷吸量 $\dot{m}=\dot{m}_{\mathrm{p}}=0.21\left(\frac{\rho_{\mathrm{a}}^2 g}{c_{\mathrm{p}}T_{\mathrm{a}}}\right)^{1/3}\dot{Q}^{1/3}z^{5/3}$

（3）计算下部区域进口的压差 $\Delta P_1=\frac{\dot{m}_{\mathrm{d}}}{2\rho_{\mathrm{a}}\ (C_{\mathrm{d}}A_{\mathrm{D}})^2}$

（4）计算烟气温度 $T_{\mathrm{g}}=T_{\mathrm{a}}+\frac{\dot{Q}}{c_{\mathrm{p}}\dot{m}_{\mathrm{e}}+hA_{\mathrm{w}}}$

（5）计算烟气密度 $\rho_{\mathrm{g}}=353/T_{\mathrm{g}}$

（6）计算上部开口的烟气流量 $\dot{m}_{\mathrm{e}}=C_{\mathrm{d}}A_{\mathrm{e}}\sqrt{2\rho_{\mathrm{g}}\ (-\Delta P_1+(\rho_{\mathrm{a}}-\rho_{\mathrm{g}})\ g\ (H_{\mathrm{E}}-z))}$

（7）检验是否 $\dot{m}\approx\dot{m}_{\mathrm{e}}$，如果不满足，从步骤（1）重新开始。

对于特殊情况，如下部开口区域很大，开口压差很小，ΔP_1 近似为 0。如果下部区域开口很小，压差很大，$\dot{m}_{\mathrm{e}}$ 表达式中根号下面值为负，表示这种情况不可能出现稳定状态。

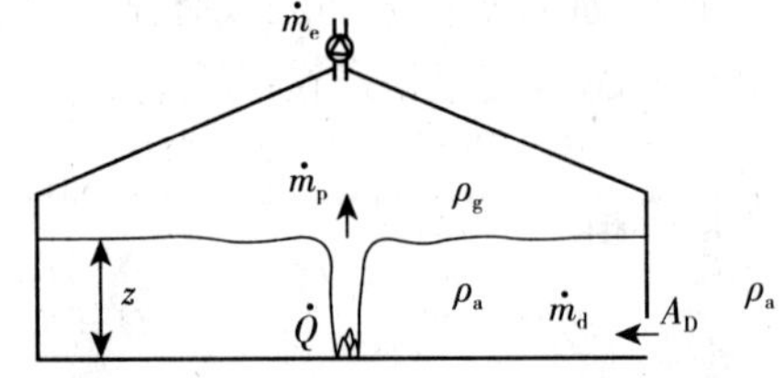

图 3-6　着火空间顶部采用机械通风排烟示意图

2. 空间顶部采用机械排烟（图 3-6）

顶部的烟气质量流率为：

$$\dot{m}_{\mathrm{e}}=\dot{V}_{\mathrm{e}}\rho_{\mathrm{g}} \tag{3-28}$$

式中　$\dot{V}_{\mathrm{e}}$——排烟风机的排烟体积流量，m^3/s。

该情况下烟气层高度的计算步骤和自然排烟类似，区别在于将自然排烟计算式替换成机械排烟计算式。

3. 下部区域采用机械通风加压

下部采用机械通风加压，不但会造成通过上部烟气区域压差增加，同时可以防止外部烟气进入空间。如图 3-7 所示，风机的质量流量为 $\dot{m}_0$。

下部区域的质量守恒得到：

$$\dot{m}_0=\dot{m}_{\mathrm{p}}+\dot{m}_{\mathrm{d}} \tag{3-29}$$

对上部区域：

$$\dot{m}_{\mathrm{p}}=\dot{m}_{\mathrm{e}} \tag{3-30}$$

通过下部开口的质量流量可以表示为：

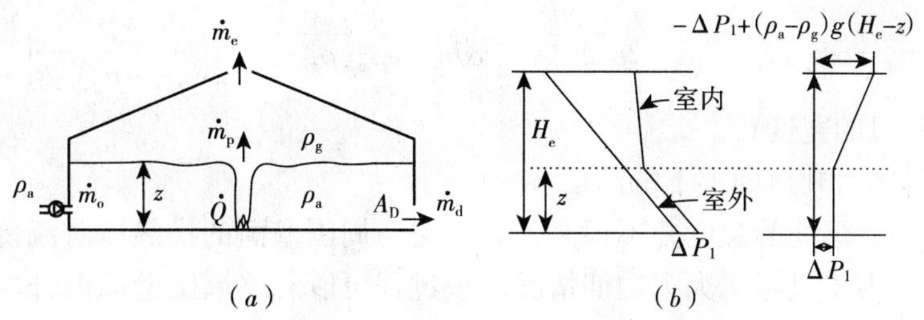

图 3-7　着火空间顶部采用低部加压送风示意图

(a) 低部加压送风；(b) 室内外压力随高度变化

$$\dot{m}_d = C_d \rho_a v_d A_D \tag{3-31}$$

开口压差为：

$$\Delta P_1 = \frac{(\dot{m}_0 - \dot{m}_p)^2}{2\rho_a (C_d A_D)^2} \tag{3-32}$$

通过顶棚开口的烟气质量流量可以用下式表示：

$$\dot{m}_e = C_d A_e \sqrt{2\rho_g \left(\Delta P_1 + (\rho_a - \rho_g)\ g\ (H_E - z)\right)} \tag{3-33}$$

三、侧墙有开口的排烟效果[5]

火灾房间如果设有面积较大、位置偏高的开口如窗口、洞等，烟气可通过高位开口排出室外，烟气层就不会降到疏散安全界限以下。为了估算排烟口的面积，可研究图 3-8 所示情况。

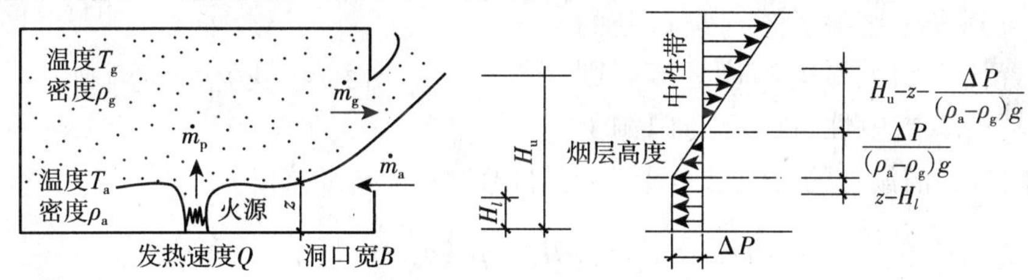

图 3-8　烟层高度的稳态简化预测模型

稳态预测的基本方法是利用质量守恒和能量守恒原理。自然通风的烟气流动，是因温度的不同而异的，即使对于简化模型，也不能假定烟层的温度不变，必须根据烟气层的热平衡，计算出烟气的温度。

由于假设为稳态换热，根据室内的流入量流出量平衡，有下列关系成立：

$$\dot{m}_g = \dot{m}_p = \dot{m}_a \tag{3-34}$$

设室内外的压差为 ΔP，开口处烟气流出量 $\dot{m}_g$ 计算式为：

$$\dot{m}_g = \frac{2}{3}\alpha B\sqrt{2g\rho_g(\rho_a - \rho_g)}\left[H_u - z - \frac{\Delta P}{(\rho_a - \rho_g)\ g}\right]^{3/2} \tag{3-35}$$

空气的流入量 $\dot{m}_a$ 可由下式确定：

$$m_a = \alpha B\ (z - H_l)\ \sqrt{2\rho_a \Delta P} + \frac{2}{3}\alpha B\sqrt{2g\rho_g(\rho_a - \rho_g)}\left[\frac{\Delta P}{(\rho_a - \rho_g)\ g}\right]^{3/2} \quad (3-36)$$

式中　B——开口的宽度；

H_u、H_l——分别为开口的上下端高度。

在火灾初期，烟气的温度并不很高，烟气层与周围壁面的换热以对流传热为主，故仅考虑对流传热。由于只考虑火灾初期情况，该过程可以忽略周围壁面温升。假设周围壁面的温度不变，则烟气层的热平衡由下式给出：

$$c_p \dot{m}_g (T_g - T_a) + hA_w (T_g - T_a) = Q \quad (3-37)$$

式中　h——对流换热系数；

A_w——烟气层接触到的壁面面积。

式（3-34）~式（3-37）不适用于低顶棚、火源上方形成紊流区域的情况。该类情况下烟气层高度的求解可以参考本节讲述的顶部设置排烟口的稳态烟气层的分析。

四、火灾房间烟气流动的控制[6,7]

烟气控制的手段之一是防止烟气层下降到危险高度并控制烟气不能流出火灾房间或侵入避难通道的相关空间，最为有效的方法是用空气动力学原理进行压差阻烟。

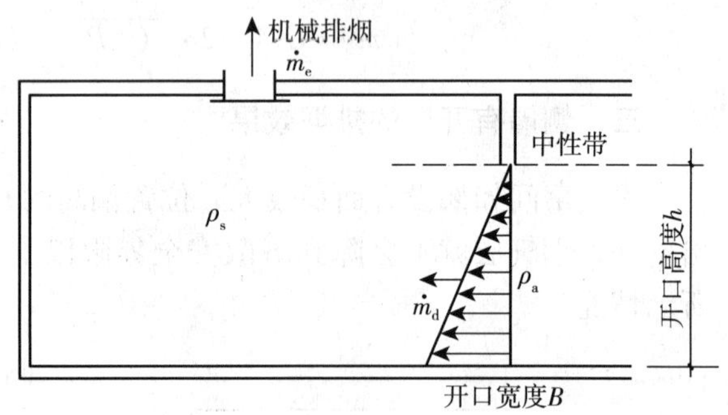

图 3-9　火灾房间的排烟量

图 3-9 给出火灾房间排烟示意图。在火灾房间采用机械排烟减压，则可以使烟气不流到安全区域。若门洞口处的中性带位置比门洞上端的高度还高，则阻烟是成功的。当中性带刚好与门洞上端高度相同时，门洞处的气流量 m_d，与要排出的烟量 m_e 有如下关系：

$$\dot{m}_e = \dot{m}_d \geqslant \frac{2}{3}\alpha B\sqrt{2g\rho_a(\rho_a - \rho_g)}H^{2/3} \quad (3-38)$$

事实上，房间内有缝隙、空调管道等，而且，由于疏散或火焰作用，窗户会被破坏，出现新的进气途径，并非像理想化计算那么简单。

根据图 3-10（a）所示的简化模型，具体导出压差阻烟条件。为了简化运算，假定 3 个开口的高度 H 相同，其宽度可以不同。阻烟条件是，A、B 两房间之间的中性带位置在开口处的上端。A、B 两室之间及 A 室与外界的中性带高度 z_{nAB}、z_{nA} 可由下式求出：

$$z_{nAB} = \frac{P_B - P_A}{(\rho_0 - \rho_a)\ g} \quad (3-39)$$

$$z_{nA} = \frac{-P_A}{(\rho_0 - \rho_a)\ g} \quad (3-40)$$

从阻烟条件 $h = z_{nAB}$ 可知

$$z_{nA} = H - P_B / [(\rho_0 - \rho_a)\ g] \quad (3-41)$$

B 房间的压力明显为负压，因此，$z_{nA} > h$，而且 A 房间与室外的中性带的开口之上方，由此可知，这一开口只有外气流入而没有流出。此时两个房间开口处气流流动如图 3－10（*b*）所示，其量由下式求出：

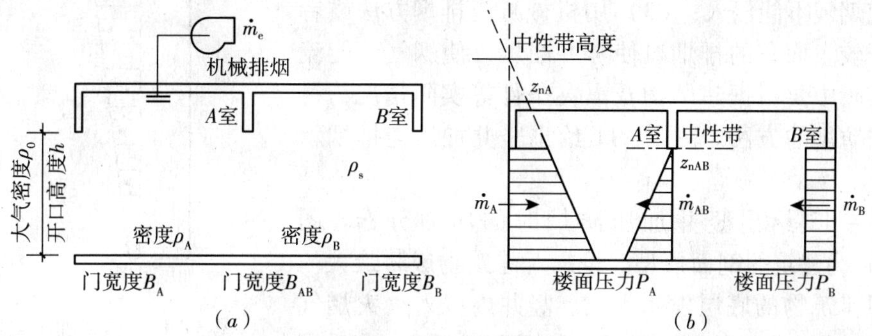

图 3－10　火灾房间的排烟与阻烟

（*a*）建筑条件；（*b*）满足阻烟的条件

$$\dot{m}_A=\frac{2}{3}\alpha B_A\sqrt{2\ (\rho_0-\rho_a)g(Z_{nA}^{3/2}-h^{3/2})}\tag{3－42a}$$

$$\dot{m}_{AB}=\frac{2}{3}\alpha B_{AB}\sqrt{2\rho_0\Delta\rho g h^{3/2}}\tag{3－42b}$$

$$\dot{m}_B=\alpha B_B \mathrm{h}\sqrt{2\rho_0(-P_B)}\tag{3－42c}$$

由两个房间的质量守恒关系可得：

$$\dot{m}_A+\dot{m}_{AB}=\dot{m}_e\tag{3－43a}$$

$$\dot{m}_B+\dot{m}_{AB}=0\tag{3－43b}$$

应用式（3－43b）并使式（3－42b）与式（3－42c）相等，则有：

$$-\frac{P_g}{\Delta\rho g}=\frac{4}{9}\ \frac{B_{AB}^2}{B_B^2}\ h\tag{3－44}$$

将此值代入式（3－41），则：

$$z_{nA}=h\left(1+\frac{4}{9}\ \frac{B_{AB}^2}{B_B^2}h\right)\tag{3－45}$$

为满足式（3－42）及式（3－43a）的阻烟条件，则需要的排烟量为：

$$\dot{m}_e=\dot{m}_A+\dot{m}_{AB}=\frac{2}{3}\alpha\sqrt{2\rho_0\Delta\rho g h^{3/2}}\left\{B_{AB}+B_A\left[\left(1+\frac{4}{9}\ \frac{B_{AB}^2}{B_B^2}h\right)^{3/2}-1\right]\right\}\tag{3－46}$$

根据式（3－46），当 A 房间气密性差，即 B_{AB}或 B_B 很大时，所需排烟量就增多，相反，当 B 房间与外界连通、且开放时，即 B_B 很大时，所需排烟量就会减少。

同样方法可求出排烟口、送风口不同情况下的排烟量。

五、建筑竖井的机械送风排烟[8]

在高层建筑中，由于竖井具有的烟囱效应可以导致火灾房间的烟气急剧地流入疏散通道。必须采取措施防止烟气通过竖井向上层房间蔓延。竖井的具体防烟措施有：(1) 加强竖井的气密性，防止烟气流入任何间隙。可以采用防火门等气密性分隔构件来实现；（2）利用机械送风对竖井加压，使烟气不能侵入；（3）用机械减压排烟方法或者在顶部开较大面积的排烟口使竖井减压，使烟气不能流出等。实际中要根据建筑物及火灾条件等实际情况，科学地掌握防烟的方法。图 3－11 给出竖井加压与排烟示意图。

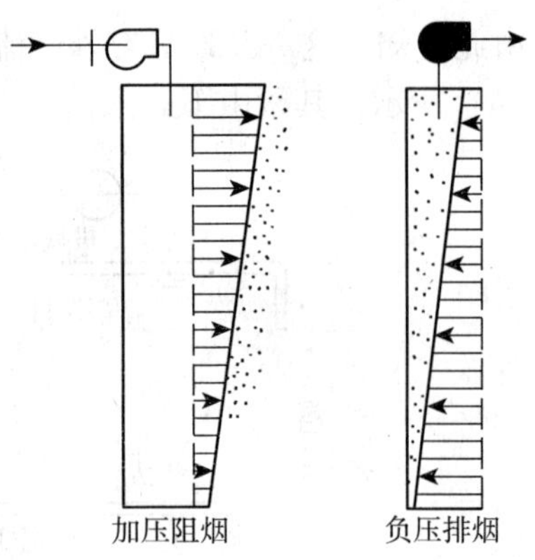

图 3－11 竖井加压与排烟

图 3－12 给出竖井加压防烟时的压力分布。图 3－12（a）为建筑的剖面模型，设想对建筑物威胁最大的情况，即建筑物的底层发生火灾。竖井内侵入火灾烟气时，竖井与室外大气的压力关系如该图左侧所示。若采用机械加压，即使在一层的火灾层的地面，也要求竖井的压力保持正压 ΔP，若考虑 ΔP 与外界气压的相对压差，并用 h_1 表示第 1 层（火灾层）的层高，P_F 表示火灾层地面高度处外界大气的标准大气压，如图 3－12（b）所示则有：

$$\Delta P = (\rho - \rho_s) g h_1 - P_F \tag{3-47}$$

其中，ρ_s 可以通过火灾房间质量守恒关系、开口形状与温度关系求得。

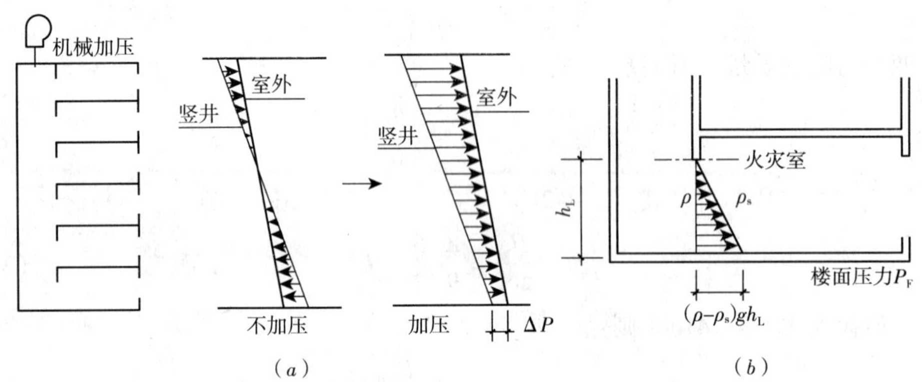

图 3－12 竖井加压时的压力分布

（a）竖井与室外压差分布；（b）竖井与火灾室的压差分布

为了加压而送入竖井的空气，会经过门窗等开口或管道等流出室外。假设第 i 层所有开口面积之和为 A_i（$i=1 \sim n$ 层）。由于室内外存在压差，这些开口位置从严格的观点来看应接近每层的顶棚或地板，因此气流流动情况各不相同。为了研究方便，可以假设把这些开口都集中在各层高度的一半处，即 h_i 处，则第 i 层流出的烟气量 $\dot{m}_i$ 可由下式求出：

$$\dot{m}_i = \alpha A_i \sqrt{2\rho g [\Delta P + (\rho_0 - \rho_g) g h_i]} \tag{3-48}$$

而整栋建筑物的漏风量，即加压系统必要的送风量：

$$\dot{m} = \sum_{i=1}^{n} \alpha A_i \sqrt{2\rho g [\Delta P + (\rho_0 - \rho_g) g h_i]} \tag{3-49}$$

而且，一旦加压系统进入工作状态，最上层竖井的门上作用的压力为：

$$\Delta P_H = \Delta P + (\rho_0 - \rho_g) g H \tag{3-50}$$

此外，还必须考虑高层建筑竖井中的空气流动的阻抗，即在上述计算中考虑风道、竖井等的阻抗，应适当加大送风量，但同时应该考虑最上层加压使得疏散门上的压力增大，引起开门困难等情况。

第二节　烟气在多房间的扩散过程

火灾中的烟气是阻碍人们逃生和进行灭火行动进而导致人员死亡的主要原因。建筑物内烟气流动的形成，总的来说，是由于风和各种通风系统造成的压力差，以及由于温度差造成气体密度差而形成的烟囱效应，其中温度变化是烟雾流动最为重要的因素。当房间门向走廊开启时，烟气的流动情况变得更复杂，它将与建筑物的烟囱效应、防排烟方式、火灾温度等诸多因素有关。在建筑火灾中，烟气可由起火区向非着火区蔓延，那些与起火区相连的走廊、楼梯、电梯井等处都会有烟气充入，这将严重妨碍人员的逃生和灭火。火灾中发现相当多的人死在离起火点较远的地方，显然他们是在逃生过程中死亡的。为了有效减少烟气的危害，应当研究烟气的运动特性。前面一节主要讲述烟气在单室内的运动。本节主要讨论烟气在多房间流动的规律。

一、烟气在多房间流动的有效流通面积[9]

有效流通面积是指某一种流体，在一定压差作用下流过系统的总的当量流通面积。与电路系统的电阻类似，烟气流动系统的路径有并联、串联及混联（串联与并联相结合）等形式。下面分别讨论各种情况下的流通面积的计算。

1. 并联流动

如图 3－13 所示，所示的加压空间有三个并联出口，每个出口的压差 ΔP 都相同，总流量 Q_T 为三个出口的流量之和：

$$Q_T = Q_1 + Q_2 + Q_3 \quad (3-51)$$

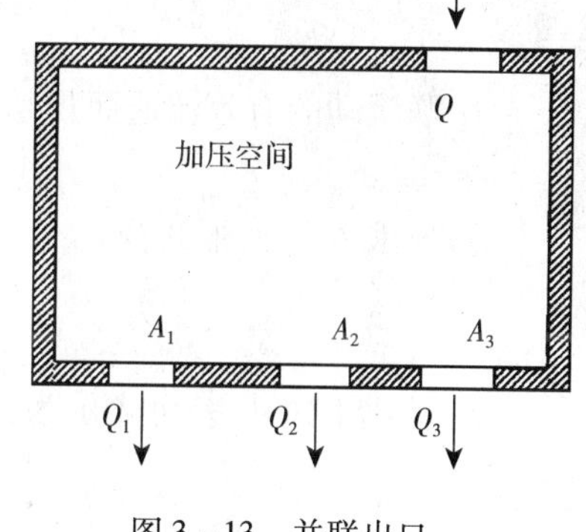

图 3－13　并联出口

根据 Q_T，可用下式确定这种情况下的有效流通面积 A_e；

$$Q_T = CA_e(2\Delta P/\rho)^{1/2} \quad (3-52)$$

式中　C——流通系数；

A_e——有效流通面积，m^2；

ΔP——出口两侧的压差，Pa；

ρ——流动介质的密度，kg/m^3。

通过 A_1 的流量 Q_1 为：

$$Q_1 = CA_1(2\Delta P/\rho)^{1/2} \quad (3-53)$$

同理可得到 Q_2，Q_3 的表达式，将 Q_1、Q_2、Q_3 代入式（3－51）中可得：

$$Q_T = (A_1 + A_2 + A_3)\ (2\Delta P/\rho)^{1/2} \quad (3-54)$$

因此：

$$A_e = A_1 + A_2 + A_3 \tag{3-55}$$

若独立的并行出口中有 n 个，则有效流通面积就是各出口的流动面积之和，即：

$$A_e = \sum_{i=1}^{n} A_i \tag{3-56}$$

2. 串联流动

如图 3－14 所示，加压空间有三个串联出口，每个出口的体积流率 Q 是相同的，从加压空间到外界的总压差 ΔP_T 是经过三个出口中的压差 ΔP_1、ΔP_2、ΔP_3 之和：

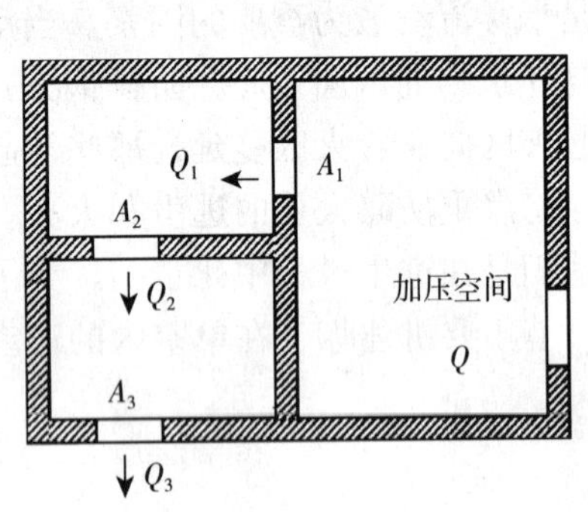

图 3－14　串联出口

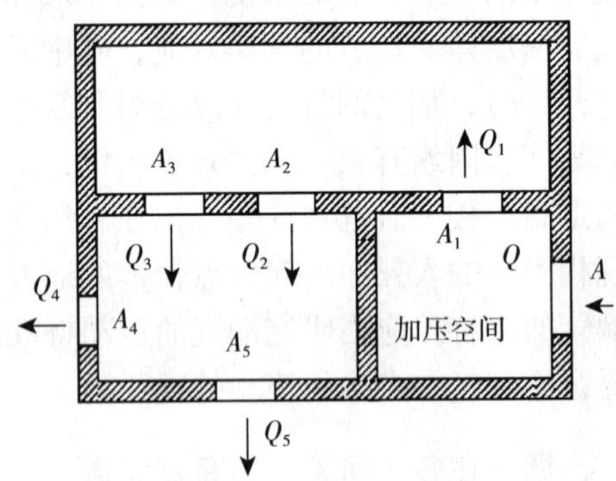

图 3－15　混联出口

$$\Delta P_T = \Delta P_1 + \Delta P_2 + \Delta P_3 \tag{3-57}$$

串联流动的有效流通面积是基于流量 Q 和总压差 ΔP_T 的流通面积，因此 Q 可以写为：

$$Q = CA_e(2\Delta P_T/\rho)^{1/2} \tag{3-58}$$

写成求 ΔP_T 的形式为：

$$\Delta P_T = \frac{\rho}{2}\left[Q/(CA_e)\right]^2 \tag{3-59}$$

经过 A_1 时的压差可表示为：

$$\Delta P_1 = \frac{\rho}{2}\left[Q/(CA_e)\right]^2 \tag{3-60}$$

同样可以得到 ΔP_2，ΔP_3 的表达式，将它们代入到方程（3－57）中，得到：

$$A_e = \left[1/A_1^2 + 1/A_2^2 + 1/A_3^2\right]^{-1/2} \tag{3-61}$$

以此类推，可以得到 n 个出口串联时的有效流通面积为：

$$A_e = \left[\sum_{i=1}^{n}(1/A_i)\right]^{-1/2} \tag{3-62}$$

在烟气控制系统中，两个串联出口最为常见，其有效流通面积常写为：

$$A_e = A_1A_2/\sqrt{A_1^2 + A_2^2} \tag{3-63}$$

3. 混联流动

如图 3－15 为一混联系统，A_2 与 A_3 并联，组合后有效流通面积为：

$$A_{23e} = A_2 + A_3 \tag{3-64}$$

A_4 与 A_5 也是并联，其有效流通面积为：

$$A_{45e} = A_4 + A_5 \tag{3-65}$$

这两个有效流通面积又与 A_1 并联，所以系统的总有效流通面积为：

$$A_e = \left[1/A_1^2 + 1/A_{23e}^2 + 1/A_{45e}^2\right]^{-1/2} \tag{3-66}$$

二、多室火灾模拟软件 CFAST 中烟气在多房间流动模型[10,11]

CFAST（Consolidate Fire and Smoke Transport）是一种计算火灾和烟气在建筑内蔓延的区域模拟程序，由 FORTRAN90 语言编写。经过多年的完善，目前已经发展到 CFAST6.0 版本，CFAST6.0 可以计算多达 30 个房间的结构形式，并将每个房间分为上下两个区域。在该计算软件中，研究相邻两个房间的烟气水平流动是一个重要内容。

烟气通过风口如窗户、门的流动可以由压差控制方程来描述，区域边界的动量方程不是直接求解，而是用伯努利方程求解速度。当通过有限尺寸门窗要用流量系数进行修正，流量系数是个经验值。定义积分界限最简单的方法是使用中性面和物理边界，中性面的高度即气流发生逆流的高度，物理边界如门拱，门槛等。即由中和面，门拱，门槛或区域分界面把风口整体分成几个部分，烟气流量方程分段积分后再求和。

烟气流量计算如下，风口最多分成六层，即由区域分界面、中和面、风口边界如门拱、门槛划分。图 3-16 给出 CFAST 中相邻两室结构形式，Z 为两区域分界面高度，H_f 为门拱的高度，B_f 门槛的高度。图中每个层面（slab）的烟气流量可以通过以下公式求解：

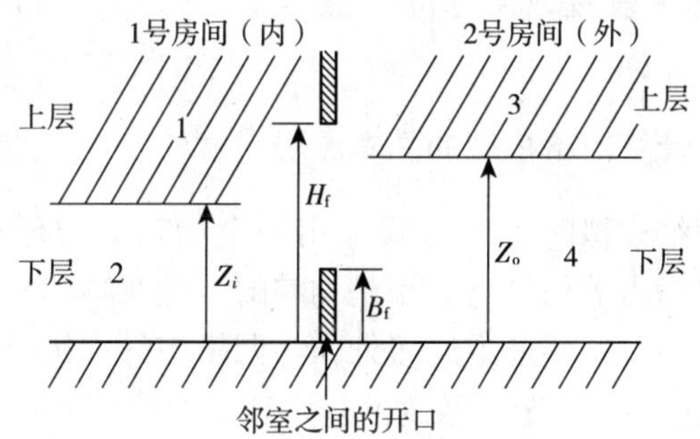

图 3-16　具有连接通风口相邻两室的双区域模型示意图

$$m_{io} = \frac{1}{3} C_d \ (8\rho) \ A_{slab} \left(\frac{x^2 + xy + y^2}{x + y} \right) \tag{3-67}$$

式中 $x = |P_t|$，$y = |P_b|$，P_t，P_b 分别每层顶部与底部的压力差。A_{slab} 每层的横截面积，ρ 为气流流出房间的气体密度。

在邻室之间通风口发生的混合现象与羽流卷吸很相似，热气流从一个房间流入到相邻的房间时，会发生门口射流，这与标准羽流很相似。发生 $\dot{m}_{13} > 0$ 的混合流动如图3-17所示，图中，$\dot{m}_{i,j}$ 表示气流从 i 区域流入 j 区域。为了计算卷吸空气量如 $\dot{m}_{43}$，采用 McCaffrey[12] 羽流模型，但是需要

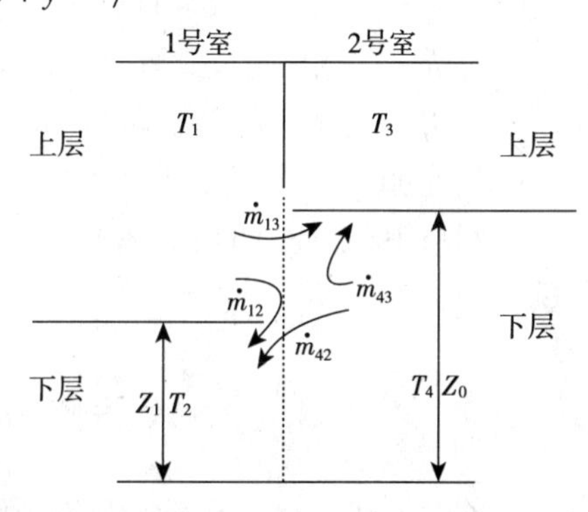

图 3-17　相邻两室的烟气扩散流动形式

延伸的点源，点源延伸按照 Cetegen[13] 等人给出的方法估算。选择这个虚拟点源的目的是使得流过门口的气流量与火源空气羽流卷吸的空气量相等。

虚拟点源的概念就是说从虚拟源产生的热流量必须与实际门口射流的热流率相等。$\dot{Q}_{f,eq}$为门口火源的热释放率，其表达式如下：

$$\dot{Q}_{f,eq} = C_p(T_1 - T_4)\ \dot{m}_{13} \tag{3-68}$$

因此卷吸空气量计算与标准的羽流卷吸方法是相同的。烟气层降低高度 Z_p 可以由下式计算出：

$$Z_p = \frac{Z_{13}}{\dot{Q}_{f,eq}^{2/5}} + v_p \tag{3-69}$$

式中 v_p 为虚拟点源的与实际火源的距离，由下式确定。

$$v_p = \begin{cases} \left(\dfrac{90.9\dot{m}}{Q_{eq}}\right)^{1.76} & 0.00 < v_p \leqslant 0.08 \\ \left(\dfrac{38.5\dot{m}}{Q_{eq}}\right)^{1.001} & 0.08 < v_p \leqslant 0.20 \\ \left(\dfrac{8.10\dot{m}}{Q_{eq}}\right)^{0.528} & 0.20 < v_p \end{cases} \tag{3-70}$$

虽然上式已经超出了羽流模型有效性的范围，当在某种程度计算值与实验值吻合得很好。因为门洞射流为扁平射流，而标准射流近似圆形的。所以两种结果不可能严格相符。

三、多空间烟气流动计算网络模型的基本原理[14~18]

与区域模型不同，网络模拟时每一房间采用一个均匀的物理参数。即同一房间的温度、烟气浓度、室内空气压力等均认为分布是均匀的。建筑物的每一个房间、楼梯间、通道等均具有一定的通风阻力。这些通道连接处作为网络中的连接点。通过分支和节点连接而成网络。若网络的分支数为 n，节点数为 m。则独立回路数为 $n-m+1$。

网络模型的基本原理包括：

1. 网络阻力定律

$$H_i = RQ_i^2 \tag{3-71}$$

式中 H_i——网络分支 i 的阻力，Pa；

R——网络分支 i 风阻值，$N \cdot s^2/m^8$；

Q_i——分支 i 风流流量，m^3/s。

2. 节点风量平衡定律

网络中单位时间内流入任一节点的风流流量等于单位时间内流出该节点的风流流量，即：

$$\sum a_{ij}Q_j = 0, a_{ij} = \begin{cases} -1, & \text{第}\,j\,\text{条分支风流流出节点}\,i \\ 0, & \text{第}\,j\,\text{条分支不与节点}\,i\,\text{相连} \\ 1, & \text{分支}\,j\,\text{风流流入节点}\,i \end{cases} \tag{3-72}$$

式中，a_{ij}为节点号 i 相连的第 j 条分支的风向函数。

3. 网络风压平衡定律

网络中任一回路中的风流流动遵守能量守衡定律，网络中的任一闭合回路，各种压力的代数和为零。即：

$$\sum b_{ij}(R_j Q_{ij}^2) - H_{i,\mathrm{Fan}} - H_{i,\mathrm{Fire}} - H_{i,\mathrm{N}} = 0 \tag{3-73}$$

$$b_{ij} = \begin{cases} -1 & \text{回路 } i \text{ 中第 } j \text{ 条分支风流方向与回路方向相反} \\ 0 & \text{第 } j \text{ 条分支不属于回路 } i \\ 1 & \text{回路 } i \text{ 中第 } j \text{ 条分支风流方向与回路方向一致} \end{cases} \tag{3-74}$$

式中 i——回路编号，$i=1$，$2\cdots$，$n-m+1$；

j——第 i 回路中分支编号，$j=1$，2，…，$n-m+1$；

$H_{i,\mathrm{Fan}}$——第 i 回路中风机的工作风压，Pa；

$H_{i,\mathrm{N}}$——第 i 回路中的自然风压，Pa；

Q_{ij}——通过回路 i 的第 j 分支的风量，m^3/s；

b_{ij}——第 i 回路中第 j 分支的风向函数。

4. 节点处烟气运动处理

当不同浓度和温度的烟流在建筑物内连接处（节点）汇合时，假设在节点 i 处各组分达到完全均匀的混合，风流温度也达到平衡。则混合后其组分 s 的浓度 C_s 和平均风温 T_s 分别如下：

$$C_s = \frac{\sum_{i=1}^{k} C_{si} Q_i}{\sum_{i=1}^{k} Q_i} \tag{3-75}$$

$$T_s = \frac{\sum_{i=1}^{k} T_i m_i}{\sum_{i=1}^{k} m_i} \tag{3-76}$$

5. 网络模型的回路计算方法

网络解算的关键步骤是独立回路的查找。“快速双通路法”方法的基本思路是选定了网络图的独立分支和生成树后，先任意指定一节点作为生成树的树根。计算生成树中各节点与树根之间的距离。然后形成生成树的邻接节点数组和邻接分支数组。对于每一独立分支分别从其始节点和末节点向树根方向寻找通路。当两通路在某一节点处相遇时，即形成一个独立回路，其分支组成就是独立分支与这两条通路上的分支之和。网络模型的求解方法包括：Scott-Hinsley 法、Newton-Raphson 法、节点风压法等。

网络模型可以对整个建筑物的火灾烟气流动进行模拟，同时也可以对着火房间的区域流场进行数值模拟。对于高层建筑特别是超高层建筑，室外风流的影响对室内火灾的影响很大，应针对建筑物内主要火灾危险的分布情况，利用网络模拟技术制定建筑物内可能发生重大火灾的人员疏散的应急预案。另外对于复杂的连体系统如地铁系统，计算地铁站台与区间烟气扩散时，可以采用场－区－网复合模型计算。

第三节　大空间建筑烟气扩散规律的研究

一、大空间的基本概念

大空间建筑指的是那种内部空间很大的建筑物。根据建筑物的典型特征，主要可分为三类[19,20]：

（1）占地面积大但不是很高的大面积建筑。这类大空间建筑的特点是大空间四周不再有楼层，而只是在地面上有固定的看台或座位，而且这种建筑多为人员密集的场所。如：礼堂、剧场、体育馆、图书馆、航站楼等。

（2）有中庭的高层建筑。这类建筑中的大空间就是中庭。中庭具有调节气候，提供舒适的休息和商业场所等多种功能。中庭的四周（或部分侧面）则是用作办公或商业目的的楼层。

（3）购物中心、大型商场一类的大空间建筑，这类建筑一般不是太高，中间是大空间，四周是商场。人员的密集程度低于第二类建筑，但高于第一类建筑。

由于建筑结构与功能的特殊性，大空间建筑的火灾防治具有如下特点[21]：

（1）大空间内部使用功能具有多样性，内部空间无法像普通建筑那样划分防火分区，火灾荷载及起火原因较复杂，烟气流动通道多，而且烟气可以发生回流，通常不能有效设置防火排烟分隔。

（2）普通的火灾探测技术无法及时发现大空间火灾。大空间内烟气层高度很不均衡，烟气控制较为复杂，火灾起源常常超出普通火灾探测传感器的作用范围，难以被正确识别。火灾初期由于烟气卷吸了大量的空气而被冷却稀释，当感烟传感器/感温传感器启动时火灾已发展到难以控制的地步，容易错过最佳灭火时机。

（3）火势容易迅速蔓延形成大规模火灾，受影响建筑空间范围大。因为中庭等大空间常常与建筑物的其他空间相互连通，具有类似室外火灾的环境条件，供氧充足，易于形成“燃料支配型燃烧”，产生烟囱效应，使火势迅速扩大并产生大量烟气，从而威胁到大范围建筑空间的安全。

（4）消防救援困难。依靠温度变化而启动的洒水喷头不能有效发挥作用，喷出的水滴易于飘飞偏离着火点。另一方面，大空间内疏散距离超长，疏散路线多变，危险情况下灭火救援工作和人员的安全疏散相当困难。一旦发生火灾，需采取灭火与烟气控制的部位较多，而且浓密的烟气中能见度很低，使灭火工作与救援疏散工作相互影响。

（5）钢结构耐火性能差，结构抗火设计要求高。钢结构、轻钢结构在大跨度空间中得到了广泛的应用，目前，国内的钢结构防火保护时间是按照《建筑设计防火规范》（50016—2006）和《高层民用建筑设计防火规范》（GB 50045—95）（2005 年版）所规定的建筑结构构件耐火极限来确定的。对于大空间建筑而言，在许多方面已超出现有规范所规定的范围，其建筑形式、通风条件、火灾荷载密度等因素与普通建筑不同，需要从人员安全逃生、消防人员灭火及结构性能要求的角度综合考虑经济及生命损失最小的目标，对钢结构进行有效保护，从而避免设计过于保守和不安全。

为了有效地防治大空间建筑火灾，应分析研究影响大空间建筑火灾的主要因素，以便抓住主要矛盾。这些因素包括：

（1）火灾荷载分布情况；

（2）可燃物的类型与燃烧特性；

（3）起火的原因与着火能量大小；

（4）火源在大空间建筑中的位置及可能的蔓延途径；

（5）建筑物内、外部环境条件（环境温度、湿度、风速等）和通风条件；

（6）大空间建筑物的结构与内部相互连通情况；

（7）建筑物构件的耐火性能和阻隔烟气的性能；

（8）火灾自动探测与报警系统的可靠性；

（9）喷淋系统灭火的效果或对受灾区域进行烟气控制的效果。

上述影响因素在大空间建筑火灾中是综合性发生作用的，这也是造成大空间建筑火灾复杂性的原因之一。对这些影响因素在火灾的发生及发展过程中的作用都应当进行专门的研究，而且应深入地研究诸因素的综合作用对火灾危险性的影响。

二、烟气在大空间内扩散的规律

在大空间建筑发生火灾时的一个主要特点是早期火灾烟气运动具有弥散、沉降现象和热障效应。火灾烟气实际上是燃烧产物与所卷吸的空气的混合物，随着流动距离的增加，烟气中所含的空气比率将越来越大，在空气的稀释下，烟气的温度和浓度都大大降低，导致烟气的浮力越来越小，烟气上升到一定高度后，烟气的浮力与重力达到某种平衡，导致烟气不能上升。这些因素将导致大空间内的烟气层高度很不均衡，从而烟气控制较为复杂。对于大空间建筑的火灾早期探测，不宜使用安装在顶棚的普通感温、感烟探测器，推荐使用非接触式的火灾探测系统，如红外光束感烟火灾探测器、图像式火灾探测器等。

（一）层化现象与热障效应[22,23]

在大空间建筑中，由于层高较高，烟气上升到一定高度后将出现“层化”现象。即在火灾初期，火场温度较低，同时烟气在上升过程中被不断卷入的低温空气冷却，部分下落在未达到顶部空间时就横向扩展。如图3－18所示。大空间建筑中通常采用全空气调节系统可使大空间内形成某种定向气体流动，进而可以改变烟气的自然流动状况。出于节能考虑，空调系统的送风口和回风口往往设在距地面较低的位置，以保证在大空间下部的空气维持较低的温度。这种空调设计形式又进一步促进了上部热空气层的形成。

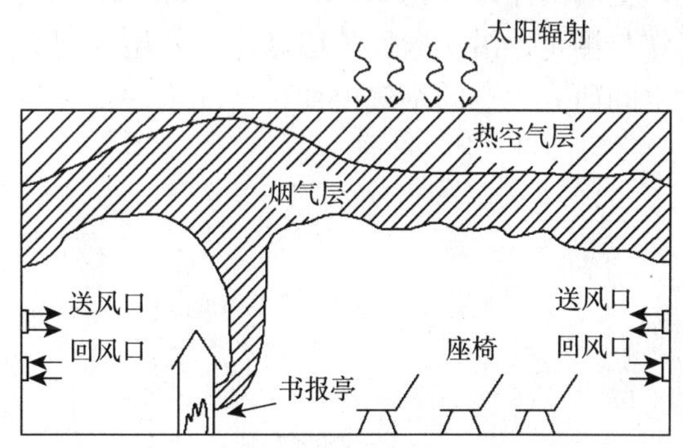

图3－18　大空间建筑内烟气运动层化现象

大空间建筑的外部环境会对室内温度分布产生重要影响，特别是炎热的夏季，由于太阳的热辐射和外界热空气的热传导作用，大空间建筑屋顶温度一般较高，其顶棚下方常会形成一定厚度的热空气层，这种热空气层的温度可以达到50℃以上，足以阻止温度不太高的烟气上升到大空间的顶棚，这种现象看起来就像烟气上升遇到屏障一样，称之为热障效应。如图3－19所示。在大空间的中间或稍低位置，由于热对流的作用形成混合气流致使烟缕扩散、烟流方向倒转。烟气非但无法从高窗排除，反而堆积下沉，严重妨碍室内人员辨别疏散方向，并可能进一步造成人员伤亡。

除层化现象外，热障效应将进一步限制烟气上升到顶棚附近。只有当烟气温度高于烟气层上的环境温度时，利用浮力克服重力做功，才能使它继续向上运动。热障效应导致烟气无法到达大空间建筑的顶棚，当点型感烟、感温探测器布置在建筑顶棚附近时，火灾的烟气无法到达探测器探测区域，设备将不能正常响应。由于早期烟气的弥散、沉降和热障效应，普通建筑使用的闭式喷水灭火系统设计参数和喷头选型在大空间中不能有效发挥作用。

（二）热障效应下大空间内烟气运动的描述

火灾烟气的上升运动主要由烟气与周围环境之间的温度差造成的浮力进行驱使。在大空间存在热空气层时，火灾烟气的运动主要分为以下几个不同的阶段：刚开始时，火灾烟气的温度高于环境温度，烟气所受浮力较大，方向向上，烟气向上加速运动；在烟气上升的过程中，将会不断卷吸周围的空气，导致其半径不断增大，自身温度不断降低，所受的浮力也不断减小。当烟气接触到热空气层的时候，由于烟气的温度低于热空气层的温度，所以烟气所受的浮力变为向下，惯性作用的存在使得烟气仍然会向上运动，但是其速度将会减小；在热空气层阻止烟气上升的同时，由于烟气的卷吸作用，热空气会和烟气不断发生混合致使烟气温度不断上升，周围环境的温度不断下降直到最后两者趋近，达到一个最低温度，此时热空气层被破坏而消失；之后随着火灾规模的不断增大，其温度又会重新上升。

1. 大空间内烟气运动的实验研究

为了研究中庭内火灾烟气的流动规律，中国科技大学和香港理工大学合作建造了一座大空间火灾实验厅，如图3－20所示。该实验厅外部尺寸为30.6m×18.6m×30.6m，其内部空间的净尺寸为22.4m×11.9m×27.0m，具有中庭建筑的基本特点。为了便于实验操作与测量，沿实验厅外墙修建了六层外回廊，各层有若干窗户通向外界。游宇航等利用该空间研究大空间烟气层变化情况[24]。表3－1给出了不同火灾场景的设置参数。

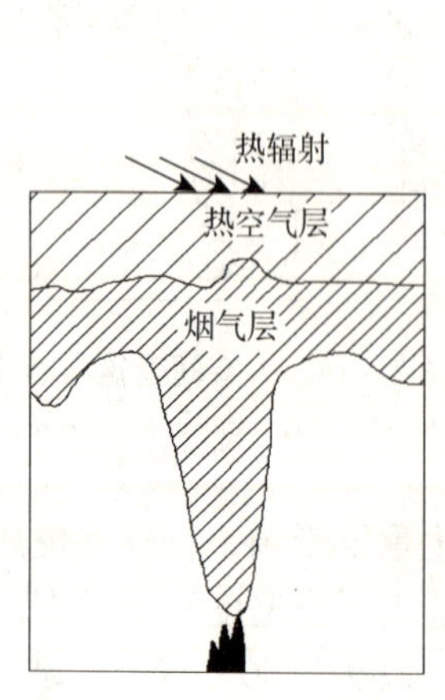

图3－19　夏季大空间火灾烟气运动热障效应

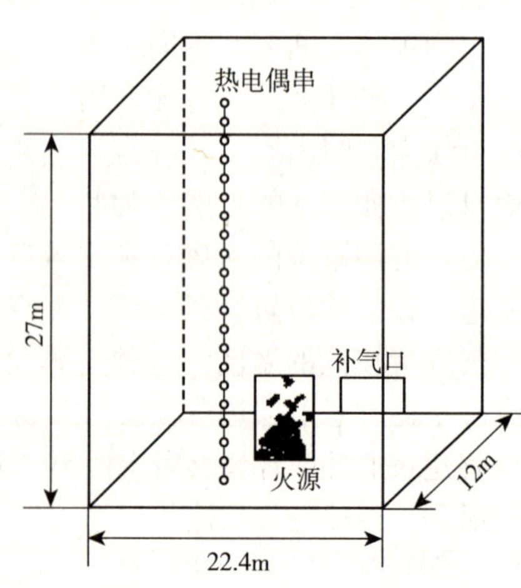

图3－20　大空间实验厅示意图

火灾场景的计算参数设置　　表 3 - 1

场景	环境温度（℃）	热分层温度（℃）	热空气层厚度（m）	稳定火源功率（kW）	火灾增长时间（s）
1	30	38	0.3	49	7
2	30	38	0.3	123	10
3	30	38	0.3	245	12
4	30	38	0.3	370	16
5	30	38	0.3	490	20
6	30	38	0.3	613	24
7	30	38	0.9	370	16
8	30	38	1.8	370	16
9	30	38	3	370	16
10	30	38	0.9	123	10
11	30	38	1.8	123	10
12	30	38	3	123	10

图 3 - 21 给出不同场景下顶棚处热电偶测得的温度随时间的变化规律。从图中可以看出，顶棚处温度总的变化趋势是先下降然后再上升。这是因为火灾刚发生时，产生的烟气不多，温度也不是很高，低于热空气层的温度，当上升的烟气由于卷吸作用与顶棚附近的热空气相互混合后，就会导致顶棚处的温度下降；之后火灾产生的烟气逐渐增加，烟气与热空气将会不断混合，导致其温度不断降低；当不断增加的烟气与热空气层混合使得热空气层消失时，此时的温度达到最低。通过大量的实验测试结果发现，由于烟气与热空气的混合导致热空气层消失的时间是随火源功率的增加而减少。这是因为当火源功率比较大时，产生的烟气温度比较高，热空气层对烟气的阻碍作用更小，并且此时烟气上升的速度较快，卷吸作用更强，这些都导致热空气层消失的时间缩短。另外，顶棚处最低温度随火源功率和热空气层厚度的增加而增加。当热空气层的厚度一定时，热空气层消失的时间随火源功率的增加而减少；对于较大的火源功率，热空气层厚度的增加对热空气层消失的时间影响不是很大；对于较小的火源功率，热空气层消失的时间随热空气层厚度的增加而增加。

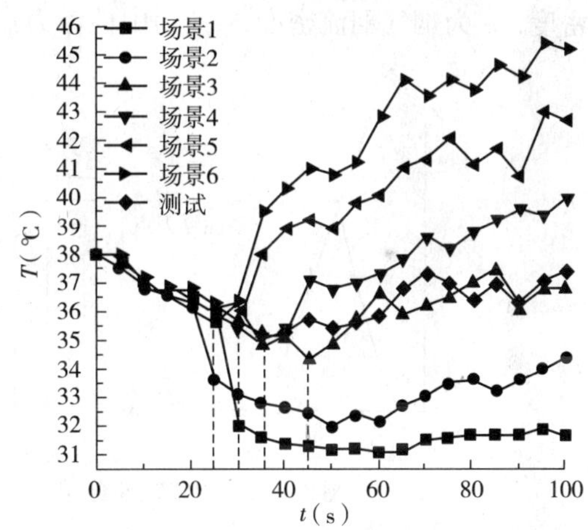

图 3 - 21　顶棚处热电偶测得的温度随时间的变化规律

李元洲等[25]以该实验厅的全尺寸火灾实验为基础，对中庭内烟气填充规律进行了分析，并用几种模型作了对比计算。结果表明在中庭内，除刚着火的短时间外，基本上可用区域模型描述中庭内烟气的填充。大量的试验以及模拟研究表明：（1）烟气温度主要由羽流卷吸的气体量和火源功率确定。在开始阶段，羽流主要卷吸的空气，由于中庭具有较大的体积和高度，羽流流程长，卷入的气体量很大，导致烟气的温度仅升高了几度。（2）中庭内一旦发生火灾，烟气在十几秒内就升到27m 高的顶部，并进一步形成烟气层。烟气层的下降速度很快，约 10min 就到了对人构成危害的高度，但烟气温度并不是很高，因此威胁人员安全的主要因素是烟气毒性。

2. 稳定线性热分层环境下火灾烟气羽流分析

方俊等[26]对稳定线性热分层环境下火灾烟气羽流进行研究。假设某一空间空气温度上高下低，存在一定的且稳定的温度梯度，火灾烟气羽流为圆形羽流，初始温度一般大大超过室内温度，因此在热浮力作用下不断上升。在上升过程中，由于浮力羽流的空气卷吸作用，烟气密度沿程逐渐增大，而周围环境空气密度逐渐减小，造成烟气浮力沿程逐渐变小，从而到一定高度，羽流浮力为零，称这个高度为中性浮力点高度。由于惯性作用，烟气继续上升，此时烟气密度大于空气密度，致使浮力方向向下，烟气羽流最后终止在某一高度，并最终形成扩展的类似顶棚射流稳定的扩展层，高度称为羽流最大高度，如图 3－22 所示。图 3－22 中，z 为浮力羽流竖直方向轴线坐标，r 为水平方向坐标，ρ_a 为羽流环境空气密度，ρ 为烟气羽流密度，z_{neu} 为中性浮力点高度，z_{max} 为羽流最大上升高度。

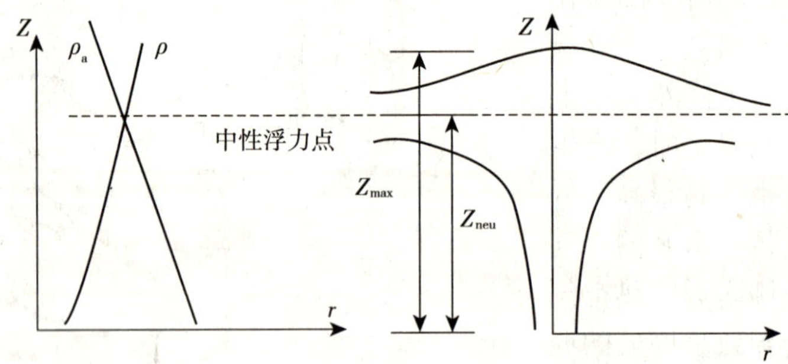

图 3－22　稳定线性分层环境下浮力羽流示意图

在理论分析过程中将火灾烟气视为热空气，从热分层环境下烟气羽流的控制方程出发，直接求其理论近似解，然后在线性热分层环境中实验归纳总结真实火灾烟气羽流的输运规律及相关的关系式。定义羽流的体积通量 Q、动量通量 M 和浮力通量 B 分别为：

$$Q = \int_A u \mathrm{d}A \tag{3-77}$$

$$M = \int_A u^2 \mathrm{d}A \tag{3-78}$$

$$B = \int_A \frac{\Delta\rho}{\rho_{a0}} g u \mathrm{d}A \tag{3-79}$$

式中　ρ_{a0}——参考空气密度，取烟气羽流出口处空气密度的值；

u——为羽流水平横截面上任一点竖向速度；

$\Delta\rho$——为该点周围空气与烟气羽流密度差；

dA——羽流上升过程烟气层水平微元面积，d$A=2\pi r\mathrm{d}r$，r为烟气扩散半径。

通过求解线性热分层羽流的积分方程，得到稳定线性热分层环境及均匀环境下烟羽数值求解得各参量在轴线上的发展关系如图3－23～图3－26所示。由图3－23可知，在均匀环境中，烟气羽流浮力通量为一定值，而在线性热分层环境中，浮力通量随高度增加呈抛物线逐渐递减。当$z=2.19858$时，$b=0$，即浮力通量为0，表明此高度为中性浮力点的位置，随后浮力通量变为负值，表明浮力方向开始向下，直至$z=3.19317$时浮力通量达到最大负值-1。

由图3－25可知，在均匀环境中，浮力羽流轴线速度呈负指数递减，到达一定高度后，速度渐趋于稳定值。而在线性热分层环境中，当$z<1.6$时，轴线速度类似均匀环境下轴线速度递减，在中性浮力点前减小较缓，而在中性浮力点之后，轴线速度减小趋势加快，直至在$z=3.19317$，速度为0。表明浮力不再上升。由图3－26可知，当$z<1.6$时，在线性热分层环境中及均匀环境中周围空气与浮力羽流密度差（图中分别用$\Delta\bar{c}_{\mathrm{m}}$，$\Delta\bar{c}_{\mathrm{m}}$表示）都存在负指数递减趋势。当$z>2.9858$时，在均匀环境中密度差最后趋于0，即烟气被完全稀释直至密度与周围空气相同，而在分层环境中加速了这种递减趋势，密度差在某一确定高度即变为0，随后密度差变为负值，表明烟气密度超过空气密度。

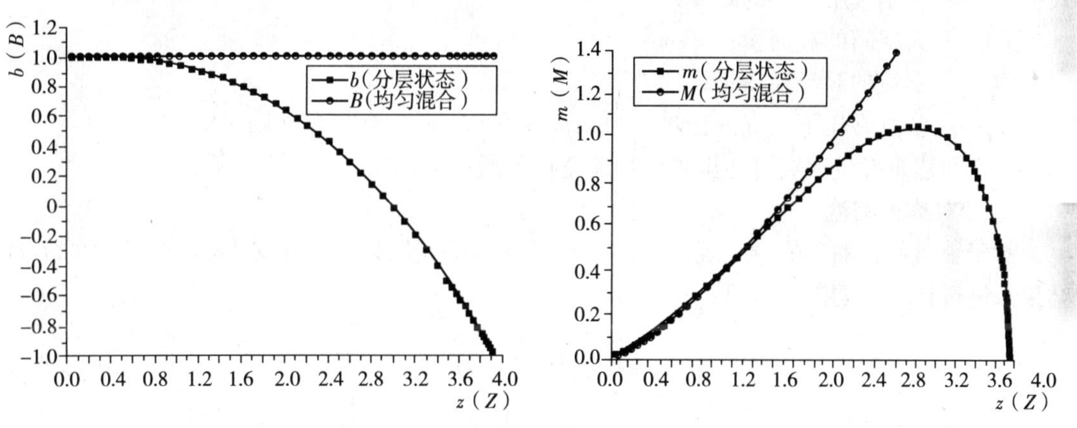

图3－23　分层及均匀环境下浮力通量与轴线高度关系　图3－24　分层及均匀环境下动量通量与轴线高度关系

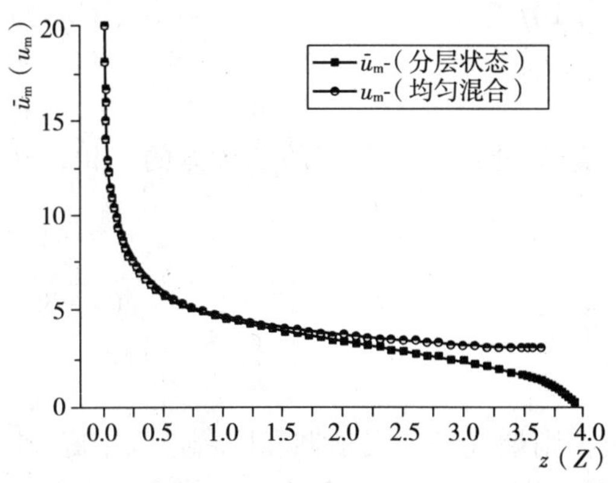

图3－25　分层及均匀环境下轴线速度与高度关系

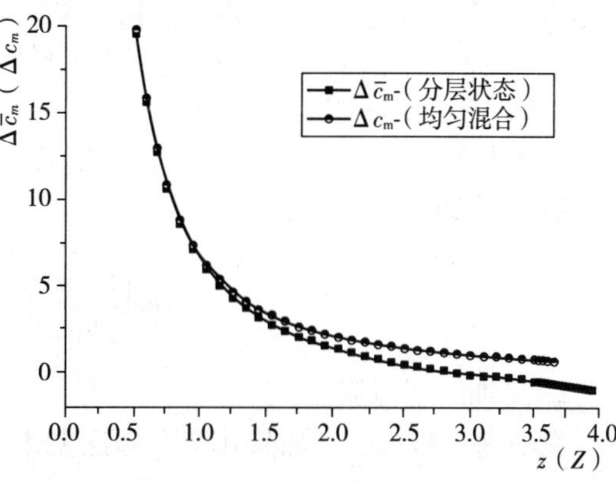

图3－26　分层及均匀环境下轴线密度差与高度关系

（三）不同类型大空间建筑中火灾烟气羽流描述[27~30]

根据前面对大空间建筑的特征分类，不同类型建筑火灾的烟气羽流情况有各自的特点。对于第一类建筑，实际火灾发生时火源的位置一般是在大空间的地面上，这种情况下产生的火羽流为轴对称火羽流。对于第二类建筑则有两种情况：一种情况是火源位于中庭的地面上，这种情况下产生的火羽流也为轴对称火羽流；另一种情况则是火源的位置位于与中庭相邻的某个楼层上，火灾中产生的热烟气经楼层的顶棚，沿楼层的阳台溢出，这种情况下产生的火羽流称为二维线性溢流。对于第三类建筑即大型商场一类的大空间建筑也有两种情况。一种情况是火源位于大空间的地面上，这种情况下产生的火羽流仍为轴对称火羽流；另一种情况则是火源的位置位于相邻的商场内，当火灾发生时，高温烟气和火焰使商场和大空间之间的窗子破裂，热烟气和火焰由窗口进入大空间，这种情况下产生的火羽流可以视为沿着墙壁的二维线性火羽流。袁理明、范维澄[27]利用双区域模型理论，分别讨论了这几种火羽流的卷吸规律以及产生的热烟气层的填充规律。

根据能量守恒，热烟气层底部高度可以表示为：

$$-(A\rho_0 c_p T_0)\frac{dz}{dt} = Q + mc_p T_0 \tag{3-80}$$

式中 z——热烟气层底部的高度；

A——大空间的截面积；

Q——羽流的对流换热量；

c_p——常温常压下空气的比热，为一常数值，$c_p = 1.004$ kJ/（kg·K）。

大空间建筑发生火灾可能出现的羽流特征包括：

1. 轴对称火羽流

对于轴对称火羽流的卷吸规律，已经有不少的研究结果。采用 Zukoski[28] 等人的实验结果来进行计算，羽流卷吸量：

$$m = 0.21\left[\frac{{\rho_0}^2 g}{c_p T_0}\right]^{\frac{1}{3}} Q^{\frac{1}{3}} z^{\frac{5}{3}} \tag{3-81}$$

当火源功率为常数，即 $Q = Q_0$ 时

$$z = \left\{0.14\left[\frac{gQ_0}{\rho_0 c_p T_0 A^3}\right]^{1/3} t + H^{-2/3}\right\}^{-3/2} \tag{3-82}$$

式中 H——大空间的高度。

实际火源的功率一般都随时间变化，但可以近似处理为随时间的二次方的变化，即 $Q = Q_0 t^2$，可以得到：

$$z = \left\{0.084\left[\frac{gQ_0}{\rho_0 c_p T_0 A^3}\right]^{1/3} t^{5/3} + H^{-2/3}\right\}^{-3/2} \tag{3-83}$$

2. 二维线性溢流

在中庭式建筑中，如果在某个楼层发生火灾，则烟气经楼层顶棚和阳台进入中庭后，即形成所谓的“溢流”，此溢流可视为二维线性浮力羽流。开放空间中二维线性浮力羽流的质量流率可以用下式计算：

$$\frac{m}{l}=0.51\left[\frac{g\rho_0{}^2}{c_\mathrm{p}T_0}\right]^{1/3}\left[\frac{Q}{l}\right]^{1/3}z \tag{3-84}$$

将此式应用于溢流时，则 l 为楼层阳台的宽度。但高度 z 则不能直接视为溢流在阳台之上的高度，而需要考虑楼层高度的影响。为此引入“虚点源”的概念，即将溢流视为“源”点在阳台以下某处的等效二维线性浮力羽流。设虚点源的位置在距阳台下 z_0 的高度处。式（3－84）应为：

$$\frac{m}{l}=0.51\left[\frac{g\rho_0{}^2}{c_\mathrm{p}T_0}\right]^{1/3}\left[\frac{Q}{l}\right]^{1/3}(z+z_0) \tag{3-85}$$

根据 Law 等人的研究结果[30]，虚点源的高度 z 与楼层的高度 h 近似成线性关系，即 $z_0=0.25h$，代入式（3－85），得到：

$$\frac{m}{l}=0.185\left[\frac{Q}{l^2}\right]^{1/3}(z+0.25h) \tag{3-86}$$

当火源功率为一常数，即 $Q=Q_0$ 时，则式（3－80）和式（3－86）可得到热烟气层高度与时间的关系式。

$$t=6.5A\left[\frac{Q_0}{l^2}\right]^{1/3}\left[\ln(\mathrm{H}+0.25h)-\ln(\mathrm{z}+0.25h)\right] \tag{3-87}$$

实际的火源功率一般都随时间变化，但可近似处理为随时间的二次方变化，即 $Q=Q_0t^2$ 此时仍可由式（3－80）和式（3－86）得：

$$t=4.2A^{\frac{3}{5}}\left[\frac{Q_0}{l^2}\right]^{-1/5}\left[\ln(H+0.25h)-\ln(\mathrm{z}+0.25h)\right]^{\frac{3}{5}} \tag{3-88}$$

式（3－87）、式（3－88）是一个热烟气层高度 z 的隐式关系式，需要迭代求解。

3. 沿墙壁的二维线性火羽流[29]

对于沿墙壁的二维线性火羽流，运用映射的概念，可以将其视为由火源功率大一倍的火源产生的二维线性火羽流的一半，即沿墙壁的二维线性火羽流的卷吸量等同于由源功率大一倍的火源产生的二维线性火羽流一侧的卷吸量。对于开放空间内的二维线性火羽流卷吸量可由式（3－84）进行描述，这样沿墙壁的二维线性火羽流的卷吸规律可描述为：

$$\frac{m}{l}=0.51\left[\frac{g\rho_0{}^2}{c_\mathrm{p}T_0}\right]^{1/3}\left[\frac{2Q}{l}\right]^{1/3}\frac{z}{2}=0.32\left[\frac{g\rho_0{}^2}{c_\mathrm{p}T_0}\right]^{1/3}\left[\frac{Q}{l}\right]^{1/3}z \tag{3-89}$$

当火源功率为一常数，即 $Q=Q_0$ 时，则上式（3－80）和式（3－89）可得：

$$t=10.3A\left[\frac{Q_0}{l^2}\right]^{-1/3}\left[\ln H-\ln z\right] \tag{3-90}$$

实际的火源功率一般都随时间变化，但可近似处理为随时间的二次方变化，即 $Q=Q_0t^2$ 此时仍可由式（3－80）和式（3－89）得：

$$t=5.5A^{\frac{3}{5}}\left[\frac{Q_0}{l^2}\right]^{-1/5}\left[\ln H-\ln z\right]^{\frac{3}{5}} \tag{3-91}$$

式（3-87）、式（3-88）是一个热烟气层高度 z 的隐式关系式，需要迭代求解。

袁理明等选取的大空间尺寸为10m×10m×10m，稳态的火源功率为500kW，增长型的火源功率为$500t^2$kW。图3-27是根据计算得到的热烟气层底部的高度随时间的变化规律。从图中可以看出，两种情况下热烟气层底部的高度都下降得很快。对稳态的火源，大约在2min的时候，热烟气层的底部下降到2m的高度，开始造成对人员的伤害。而对于增长型火源，热烟气层的下降速度更快，在不到1min的时间内即已下降到危害人员疏散的高度，这正是大空间建筑的特殊危险性所在。实际情况中，对这种尺寸的大空间建筑，可能的火源功率一般都会大于500kW，但其增长速度则会小于$500t^2$kW，因此实际情况的火源功率应在两者之间。

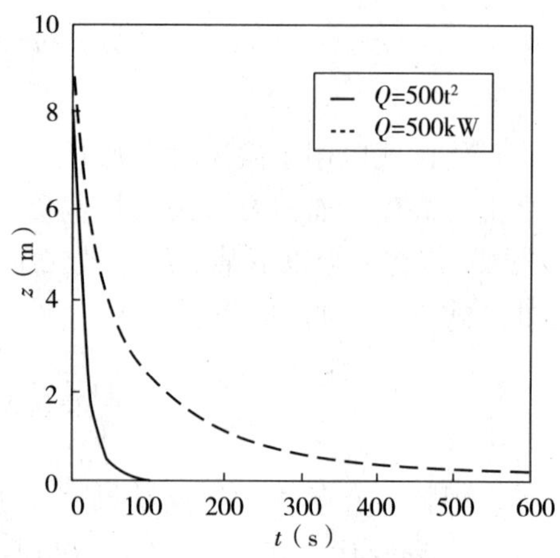

图3-27　轴对称火羽流烟气层的发展规律

在同样的空间内，楼层高度取为2.4m，楼层阳台宽度取为1.6m，窗子的宽度取为1.2m。对于二维线性溢流，由于火源在楼层上，相对减小了大空间的高度，因此在初期热烟气层发展速度比轴对称火羽流要慢，而在后期则比轴对称火羽流发展速度快。对于沿墙壁的二维线性羽流，由于其羽流卷吸速率小于同样情况下的轴对称火羽流，因此热烟气层的发展速度也较轴对称火羽流慢。图3-28和图3-29分别是二维线性溢流和沿墙壁的二维线性羽流理论分析的计算结果[27]，但目前没有合适的实验结果可以进行对比。

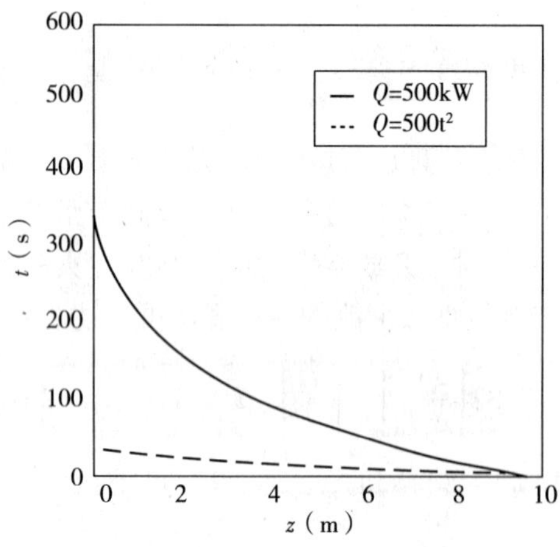

图3-28　二维线性溢流烟气层的发展规律

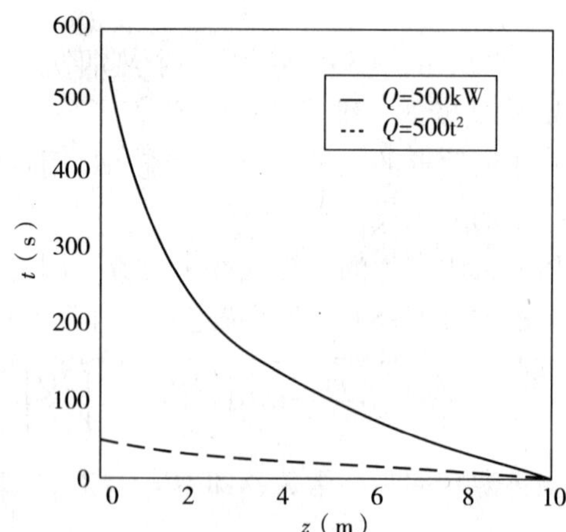

图3-29　沿墙壁二维线性羽流烟气层的发展规律

通过对三类典型大空间建筑中热烟气层的发展规律进行研究。热烟气层的发展速率与火源的位置即不同的羽流形式密切相关。研究结果表明，在火灾的初期，轴对称火羽流发展较快，而在后期，二维线性羽流则发展较快。相同火源功率下，沿墙壁的二维线性羽流危害性最小。

三、存在温度梯度的大空间以及大跨空间中烟气扩散的研究

（一）大空间建筑中烟气扩散特点

在大空间建筑中，由于中庭空间高大和较易获得建筑外环境风量补偿，使其与低顶棚建筑部位在同等火灾载荷下具有顶棚射流温度和速度较低，火灾初期浓烟下限距离疏散人群高度大的特点。火灾产生的热量不易在高大的中庭空间聚集，不容易发生轰燃现象。但经常会产生热障效应影响烟气的自然排出，如图 3-30 所示。

（二）基于二维线性羽流的中庭类建筑内烟气扩散分析

本书第二章所进行的烟气羽流分析都是基于火源为点源的基础上求得的。在中庭类建筑中，当中庭类建筑的某个房间发生火灾，火灾烟气在房间内蓄积后进入回廊，当回廊内被烟气蓄满后将进一步进入中庭，如图 3-31 所示。烟气从回廊向中庭溢出时，其溢流长度为整个回廊的长度。一般情况下，当溢流长度远远大于溢流厚度时，可以认为溢流的卷吸特性在长度方向上处处相同，因此，考虑用二维线性浮力羽流来描述溢流特征。二维线性浮力羽流是指羽流的长度远远大于其宽度，在羽流长度方向上的卷吸量可以忽略不计。二维线性浮力火羽流在实际火灾中经常出现，当火焰引燃墙上的可燃性装饰材料时，装饰材料的燃烧即产生二维线性火羽流；当火焰从门窗喷出时或者火焰从走廊窜入天井时也会产生二维线性火羽流。对于由点源或圆形、方形火源产生的轴对称浮力羽流，已经有很多研究工作。Lee 和 Emmons 对二维线性浮力羽流进行了理论分析，并测量了羽流的温度分布。袁理明[27]推导出二维线性羽流的质量流率表达式，J Li. 和 Chow W. K. [31]推导出大空间层化热障效应下线性羽流烟气扩散模型，钟委等[32]利用二维线性火羽流的激励对中庭式建筑内回廊排烟方法有效性的研究。

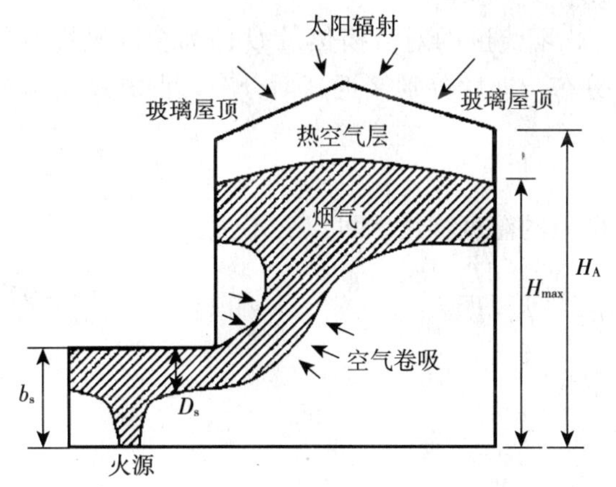

图 3-30　中庭建筑热障效应下的烟气扩散

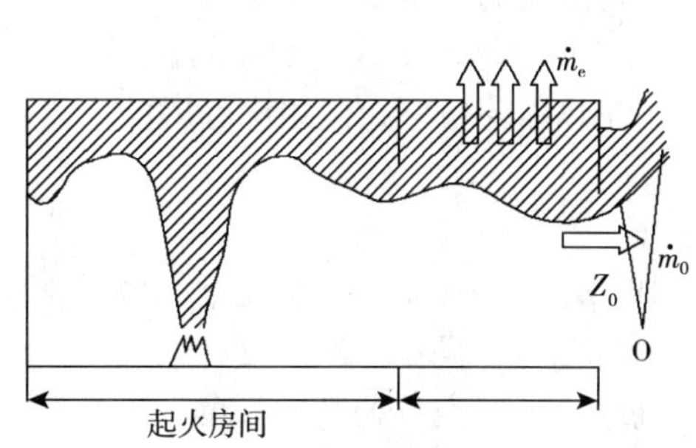

图 3-31　回廊排烟示意图

1. 二维线性羽流的理论研究

在火焰区，袁理明[33,34]提出应用 Delichatsios[35]的理论分析给出火焰区的最高温度和最大速度的表达式：

$$u_{max}\frac{z}{v}Gr_z^{-1/2}=常数$$

$$\Delta T_{\mathrm{m}} = \text{常数}$$

由于 $Gr_{z} = gz^{3}\cos\Phi/v^{2}$

$$u_{\max} \propto z^{1/2}$$

在浮力羽流区，假设二维线性浮力羽流的温度和速度分布成均匀分比，黏性力很小可以忽略，并采用 Boussinesq 近似，得到关于质量、动量和浮力守恒的关系式：

$$\frac{\mathrm{d}(2blu)}{\mathrm{d}z} = 2lu\alpha \tag{3-92}$$

$$\frac{\mathrm{d}(2blu^{2})}{\mathrm{d}z} = 2lbg(\rho_{0}-\rho)/\rho_{0} \tag{3-93}$$

$$\frac{\mathrm{d}\left[2lbug\ (\rho_{0}-\rho)/\rho_{0}\right]}{\mathrm{d}z} = 0 \tag{3-94}$$

式中 b——浮力羽流的宽度；

l——线性火源的长度；

α——浮力羽流的卷吸系数。

浮力守恒方程可以同羽流的对流换热量 Q 联系起来，即：

$$Q = 2blu\rho c_{\mathrm{p}}(T-T_{0}) = 2bluc_{\mathrm{p}}(\rho_{0}-\rho)T_{0} \tag{3-95}$$

将式（3-94）积分得到：

$$2lug(\rho_{0}-\rho)/\rho_{0} = gQ/\rho_{0}c_{\mathrm{p}}T_{0} = \mathrm{const} \tag{3-96}$$

假设变量 b、u 和 ΔT 与高度 z 成简单的指数关系，运用量纲和谐原理，可以得到：$b \propto \alpha z$

$$u \propto \left(\frac{gQ}{2\alpha\rho_{0}c_{\mathrm{p}}T_{0}}\right)^{1/3}$$

$$\Delta T \propto \left(\frac{Q}{2\alpha\sqrt{g}\rho_{0}c_{\mathrm{p}}T_{0}}\right)^{2/3} z^{-1}$$

式中，$\Delta T = T - T_{0}$，忽略火焰区的辐射热损失，羽流区的对流换热量 Q 即为全部燃烧所释放的热量。实际的二维线性浮力羽流的温度分布与速度分别接近高斯分布，但其最大速度和最高温度仍满足上述关系式。

2. 热障环境下线性羽流的控制方程[36]

在热障环境下，假定中庭内的空气具有单一的温度梯度，可以表示为：

$$\gamma = -\frac{1}{\rho_{\mathrm{a0}}}\frac{\mathrm{d}\rho_{\mathrm{a}}}{\mathrm{d}z} \approx \frac{1}{T_{\mathrm{a0}}}\frac{\mathrm{d}T_{\mathrm{a}}}{\mathrm{d}z} \tag{3-97}$$

式中 ρ_{a0}——环境标准温度下气体的密度；

T_{a0}——环境标准温度；

$\mathrm{d}\rho_{\mathrm{a}}/\mathrm{d}z$——空气的密度梯度。

类似于 Morton and Turner[37] 进行的点源的浮力羽流分析，质量、动量守恒和浮力可以用如下形式表示：

$$\frac{\mathrm{d}\ (\sqrt{\pi}Lw_{\mathrm{sm}}b_{\mathrm{s}})}{\mathrm{d}z} = 2\alpha Lw_{\mathrm{sm}} \tag{3-98}$$

$$\frac{\mathrm{d}\left(\sqrt{\frac{\pi}{2}}Lw_{\mathrm{sm}}{}^{2}b_{\mathrm{s}}\right)}{\mathrm{d}z} = gL\lambda b_{\mathrm{s}}\sqrt{\pi}\frac{\Delta\rho_{\mathrm{sm}}}{\rho_{\mathrm{a0}}} \tag{3-99}$$

$$\frac{\mathrm{d}\left(\sqrt{\frac{\lambda^2}{1+\lambda^2}}\cdot\sqrt{\pi}\cdot b_s L\cdot g w_{sm}\frac{\Delta\rho_{sm}}{\rho_{a0}}\right)}{\mathrm{d}z}=-\sqrt{\pi}b_s L w_{sm}\left(-\frac{g}{\rho_{a0}}\frac{\mathrm{d}\rho_a}{\mathrm{d}z}\right) \tag{3-100}$$

式中　b_s——层化环境下的羽流宽度；

w_{sm}——层化环境下的羽流中心线的速度；

α——卷吸系数；

L——阳台溢羽流的宽度；

ρ_{sm}——羽流中心线的气体密度；

λ——浮力羽流的宽度羽垂直面高度的比值。

$$\Delta\rho_{sm}=\rho_a-\rho_{sm}$$
$$\rho_a=\rho_{a0}(1-\gamma z) \tag{3-101}$$

环境中的密度梯度体现在浮力方程（3-100）中的最后一项，即：

$$G=-\frac{g}{\rho_{a0}}\frac{\mathrm{d}\rho_a}{\mathrm{d}z} \tag{3-102}$$

图3-32～图3-35给出了热障效应下二维线性羽流在中庭建筑中的羽流宽度、羽流中心线上的密度以及速度的变化。随着高度的增加，层化温度愈加重要。浮力就会在高度为$0.69z_{max}$变为0，而在点源中，这一高度值是$0.76z_{max}$。在此高度之上，浮力为负值。竖直模拟结果表示，羽流宽度会达到最大值，中心线上的轴线速度快速降低。两种情况下的羽流在高度上具有相似的变化趋势。

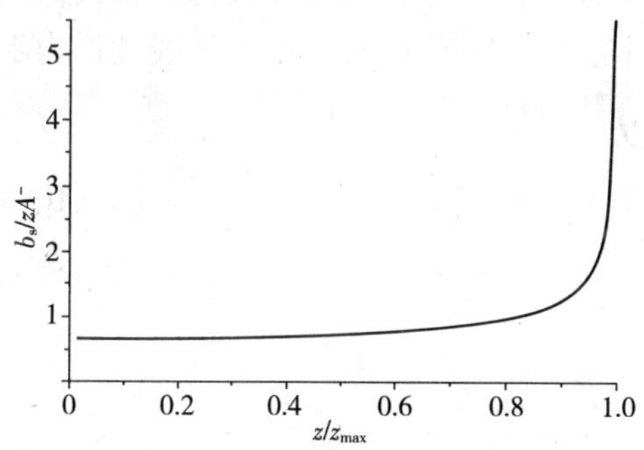

图3-32　羽流宽度随高度的变化

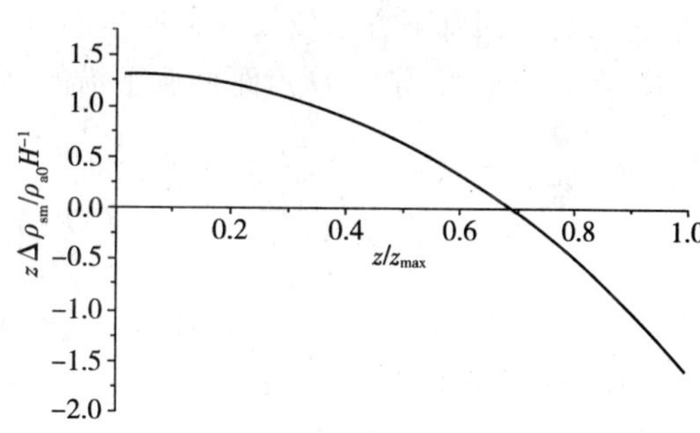

图3-33　羽流中心线上的密度差随高度的变化

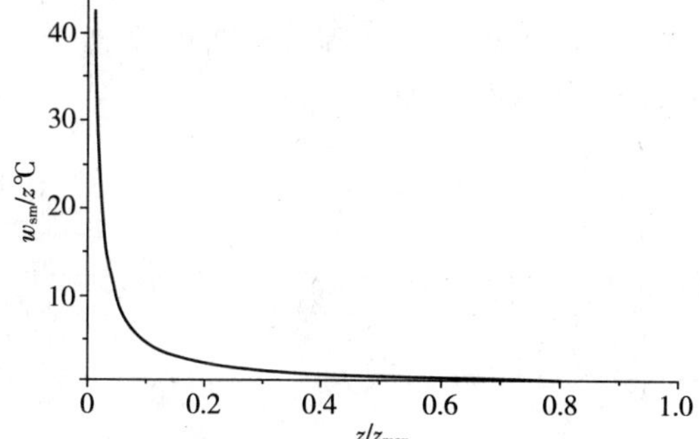

图3-34　羽流中心线上的速度差随高度的变化

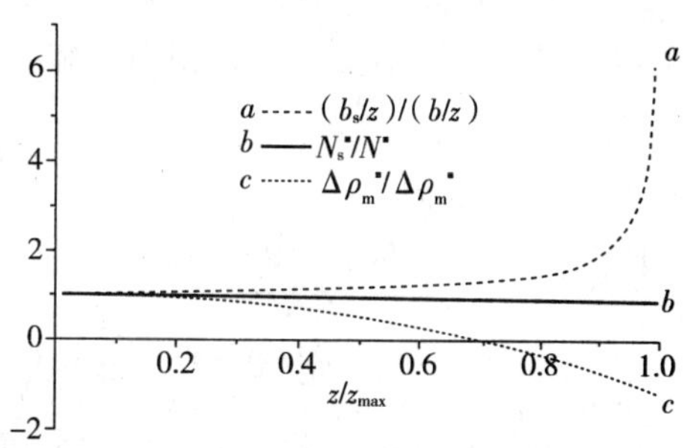

图3-35　热障效应和均匀环境下的羽流上升

在火源为点源情况下，驱动烟气羽流达到顶棚所需的最小对流换热量为：

$$Q_{c,min}=0.264\cdot\alpha(1+\lambda^2)^{1/4}\left(\frac{\rho_{a0}c_p T_{a0}}{g}\right)G^{3/2}H^2 \tag{3-103}$$

式中　H——房间的高度。

环境温度的 ΔT_a 从火源到顶棚阻止具有热释放率 Q_c 达到顶棚的值为：

$$\frac{\Delta T_a}{T_{a0}}=2.43\cdot\frac{1}{(1+\lambda^2)^{1/6}}\frac{1}{\alpha^{2/3}g}\left(\frac{gQ_c}{\rho_{a0}c_p T_{a0}}\right)^{2/3}H^{-1} \tag{3-104}$$

当 $\lambda=1$ 时：

$$\frac{\Delta T_a}{T_{a0}}=2.166\cdot\frac{1}{\alpha^{2/3}g}\left(\frac{gQ_c}{\rho_{a0}c_p T_{a0}}\right)^{2/3}H^{-1} \tag{3-105}$$

Lee 和 Emmons[38]给出在具有均匀环境温度下，烟气羽流中心线上的温度增加值为：

$$\frac{\Delta T_m}{T_{a0}}=\frac{\Delta\rho_m}{\rho_{a0}}=0.707\cdot\frac{1}{\alpha^{2/3}g}\left(\frac{gQ_c}{\rho_{a0}c_p T_{a0}}\right)^{2/3}H^{-1} \tag{3-106}$$

对比式（3-105）和式（3-106），可以得出

$$\Delta T_{sm}/\Delta T_{sm}\approx 3.06 \tag{3-107}$$

根据上式可以推出，如果从顶棚温度与环境温度的差值等于或者高于均匀环境温度下羽流中心线上温度升高值的3倍，烟气就不能到达顶棚。必须采取补救措施，比如冷却顶棚来更好进行排烟。

（三）建筑内回廊排烟有效性研究

对于回廊排烟，钟委等[32]假设在图3-31中 O 点处存在一虚拟线性火源，其火源功率为 Q_0，其在回廊下方单位长度上产生的烟气质量流率正好等于 $\dot{m}_0$，由二维线性浮力羽流的质量卷吸流率可知，O 点距回廊下沿的高度 z_0 可以表示为：

$$z_0=\frac{\dot{m}_0}{0.51\left(\frac{g\rho_0^2}{c_p T_0}\right)^{\frac{1}{3}}Q_0^{1/3}}=\alpha\dot{m}_0 Q_0^{1/3} \tag{3-108}$$

式中　c_p——空气的质量定压热容，kJ/（kg·K）；

T_0——为环境温度，K；

ρ_0——环境空气密度，kg/m^3；

g——为重力加速度，m/s^2。

当在单位长度的回廊内加上 $\dot{m}_e$ 的机械排烟量时，单位长度回廊的溢流量为 $\dot{m}_0-\dot{m}_e$，假设虚线源的位置不变，那么相当于虚线源的火源功率减小至 Q_1。

$$Q_1=\left[\alpha\frac{\dot{m}_0-\dot{m}_e}{z_0}\right]^3 \tag{3-109}$$

因此溢出烟气在中庭内上升的距离为 z 时，其产生的烟气质量流率可以表示为：

$$\dot{m}=0.51\left(\frac{g\rho_0^2}{c_p T_0}\right)^{\frac{1}{3}}Q_1^{1/3}(z+z_0)=\frac{z+z_0}{z_0}(\dot{m}_0-\dot{m}_e) \tag{3-110}$$

根据式（3-110）可知，通过回廊机械排烟能够有效减少中庭所需的机械排烟量，而且中庭高度越高，这种效果就越明显。

（四）利用数值模拟技术研究大空间内烟气扩散情况

数值模拟手段是研究大空间建筑火灾的合理、有效、经济的研究手段。目前主要是采用大涡模拟（LES）和雷诺时均方程法（RANS）两种方法。

目前国内外多位学者采用美国 NIST 开发的场模拟程序 FDS 进行模拟包括中庭[39~42]、场馆[43,44]、交通枢纽如航站楼[45]等大空间建筑火灾进行研究。下面简要介绍利用钟委等利用 FDS 对一典型的中庭式建筑的回廊排烟研究结果[32,46]。建筑共有 8 层，每层均为办公区域，通过回廊与中庭相连，办公区域与回廊间采用防火玻璃进行分隔，如图 3－36。中庭最高处为 42m，按照规范在中庭设置的机械排烟量为 130000m^3/h。假设在四层的办公区域起火，火源功率设置为 3MW 快速增长火，如果起火后只开启中庭机械排烟其结果见图 3－36（*a*）。当只进行中庭机械排烟，且排烟量为 130000m^3/h 时，起火层上方中庭将被大量低温烟气所充满。烟气层下降到六层以下的高度，排烟效果很不理想。

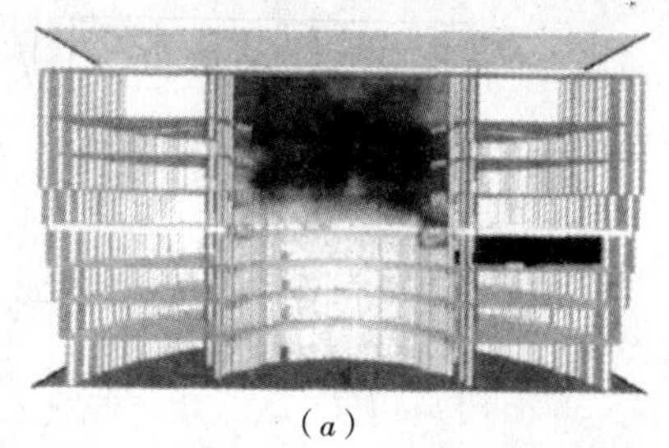
（*a*）

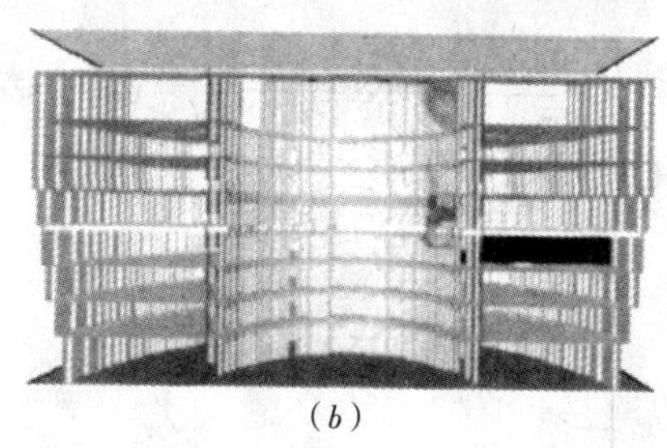
（*b*）

图 3－36　两种排烟方式下过火源截面在 1000s 温度超过 25℃的区域
（*a*）只采用中庭排烟；（*b*）采用回廊排烟

为了改善机械排烟效果，采用在四层的回廊内设置机械排烟，排烟量按照回廊面积每平方米 120m^3/h 确定为 35000m^3/h。在回廊内设置机械排烟的效果要优于加大中庭排烟量的方案。另外，同时对回廊蓄烟池的深度对排烟效果影响进行研究。回廊内蓄烟池的深度会直接影响到回廊排烟的效果，FDS 计算的结果表明，随着蓄烟池深度的增大，回廊排烟的效果变好，但是当蓄烟池深度达到 1m 后，再继续增加其深度，对回廊排烟效果改善的程度较小，因此，将蓄烟池深度设为 1m 左右是比较理想的选择。

尽管 FDS 目前在研究火灾时得到广泛应用，但由于 FDS 大都以小型火灾的实验数据发展完成，因此，对大型火灾场景模拟误差可能较大。另外对于大空间火灾，FDS 遇到问题还有计算区域网格划分的问题。FDS 所建模型的最小单元只能是长方体，不具备直接创建倾斜实体、弧状实体等特性形状实体。而在某些情况，其他形状的网格计算更准确。而按照 LES 计算网格要求计算区域划分大量网格，将造成计算工作的大大增加。因此雷诺时均方程法（RANS）结合贴体坐标技术（Body Fitted Coordination，BFC）在模拟大空间火灾中仍然普遍采用。

Li J 和 Chow W. K.[36]采用 RANS 手段研究了中庭侧房发生火灾而导致的阳台溢羽流的情况。模拟中庭建筑尺寸为高度 30m，长度 20m，宽度 10m。引起阳台溢羽流的房间尺寸为 10m × 10m × 5m。房间上部深入中庭有 2.5m。尺寸为 2m × 2m × 1m 有恒定热释放率 2.0MW 位于房间的中部。图 3－37、图 3－38 分别给出了在均匀环境温度以及热障效应下的室内发生火灾时中庭内烟气温度分布。具有热障效应下温度分层环境下烟气的温度分布，顶棚温度为 80℃，地面温度为 20℃。

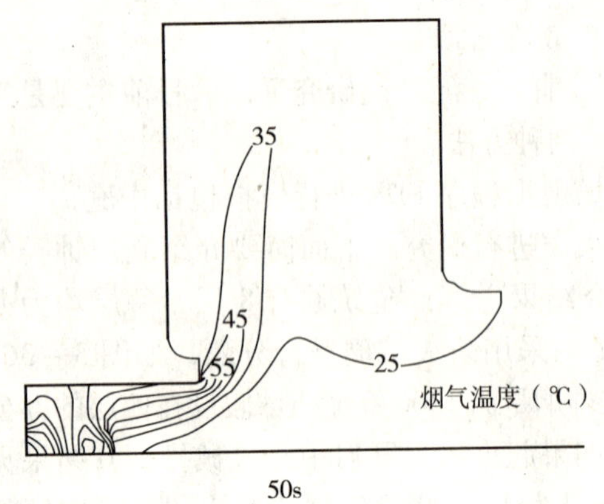

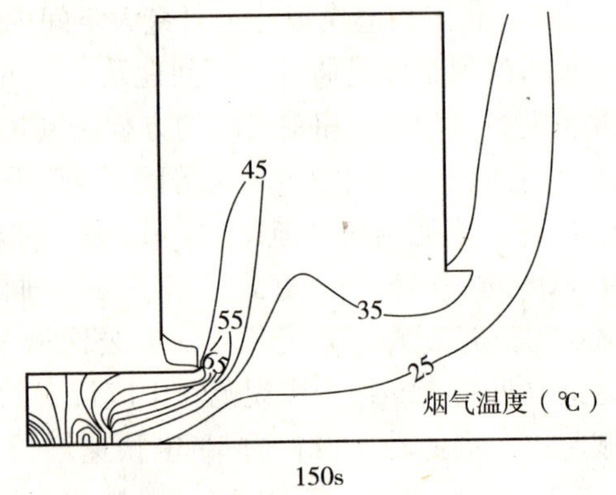

图 3－37　均匀环境下烟气扩散的温度场分布

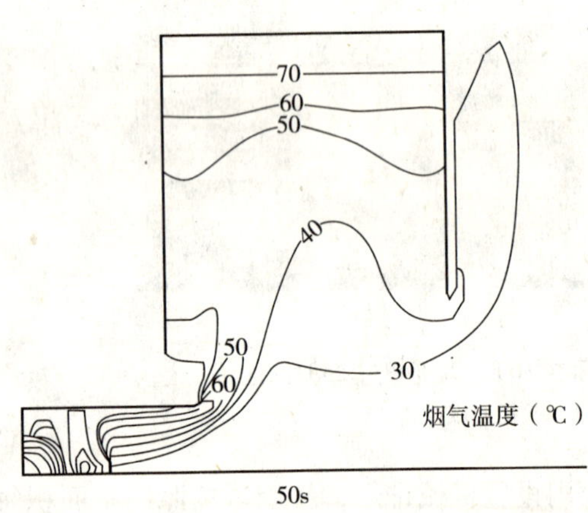

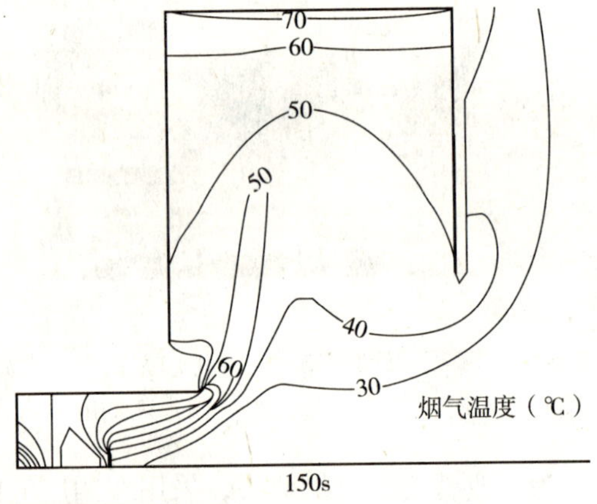

图 3－38　具有热障效应环境下烟气扩散的温度场分布

除了中庭建筑外，大跨空间建筑例如机场航站楼、大型展览馆中火灾问题是一个重要的研究课题。这类建筑由于建筑体型大、周边长，内部有不可分割的大空间，内部人员密集、流量大、疏散距离长。李炎锋等[47,48]对利用 RANS 技术对某机场的候机大厅发生火灾时的烟气扩散进行模拟分析。图 3－39 为该候机大厅的截面图，大厅的水平宽度要比它的高度大很多，大厅的宽为 366m，天花板呈半径为 2703m 的弧形，中心高度为 9.5m 火源用一个长 1.8m、高 2.4m 的热源代替，它在垂直于 $x-y$ 平面方向的长度是 1.5m。火源位于建筑内右侧距离中心线 80m 左右的地方。烟控系统的设计要求是能保持烟气在人行走高度上方停留一段时间，在对烟控系统进行性能评价时要考虑产生最大烟气沉降时的极端情况。为此，在研究中作以下简化：(a) 由于候机厅在垂直于 $x-y$ 平面上的长度远大于空间的宽度，因此在极端的烟气填充情况下，可以认为烟气只在含有火源的部分空间填充，即在垂直于 $x-y$ 平面上的填充长度与火源长度相同，即为 1.5m，在该方向上只有一个网格，这样三维空间流动问题转化为图 3－39 所示的二维空间问题；(b) 由于大厅中有足够的空气维持稳定燃烧，火源的热释放率考虑为恒定值。(c) 极端情况下烟气的填充情况用稳态方程来描述，由于该候机大厅的跨度很大，研究时可以只考虑火源附近的区域。图 3－39给出了选定的区域，这个区域宽 36m，火源位于它的中心。

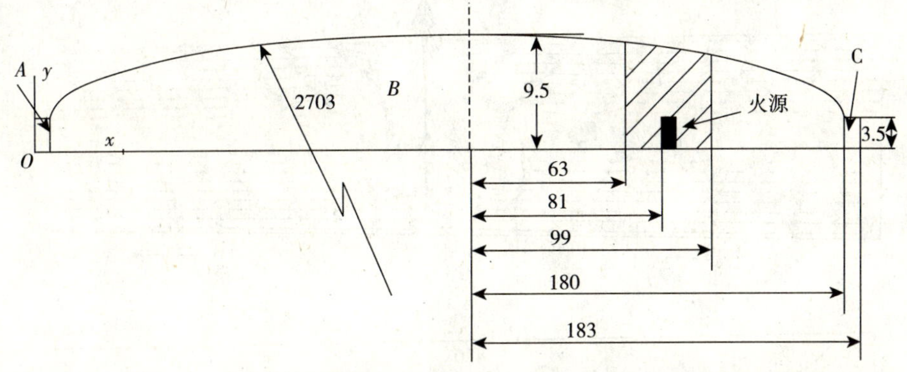

图 3-39　机场候机大厅示意图

图 3-40、图 3-41 分别给出了在 0.5MW 和 2.0MW 火源下特殊区域的速度分布和温度分布。从中可以看出热源产生的上升气流到达顶棚后迅速向周围扩散，形成所谓的顶棚射流。通过对不同情况下气流速度的比较可以发现，随着火源强度的增加，烟气上升的速度和顶棚射流的速度都有所增加。此外随着热量释放率的增加，火源两边气流的卷吸速度也会增加。同时，图中可以看到顶棚下流动的热空气层的温度分布规律即从地面到顶棚温度稳定上升。随着热源能量的增加，顶棚射流的温度也增加，热源附近的气流温度提高。例如当热量释放率为 2.0MW 时，顶棚附近空气温度大约为 420K，当热量释放率为 0.5MW 时，则顶棚附近空气温度只有 340K 左右，烟气的温度分布为研究火灾中避免人员受到烟气灼伤提供了参考。

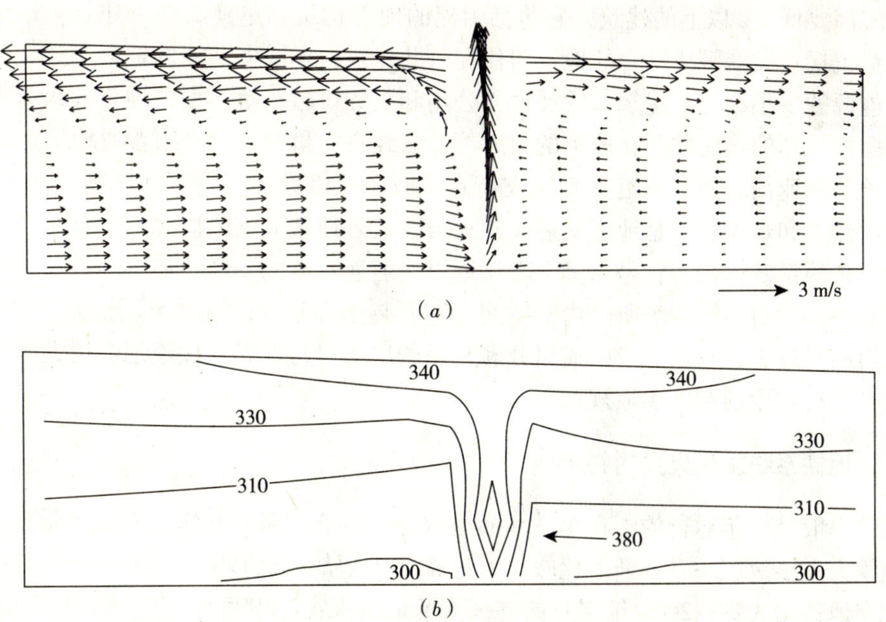

图 3-40　0.5MW 火灾下烟气的气流速度以及温度分布

(a) 速度矢量图；(b) 温度分布 (K)

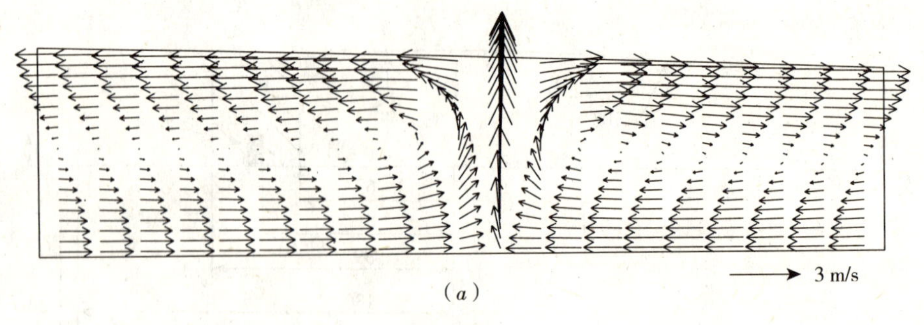

(*a*)

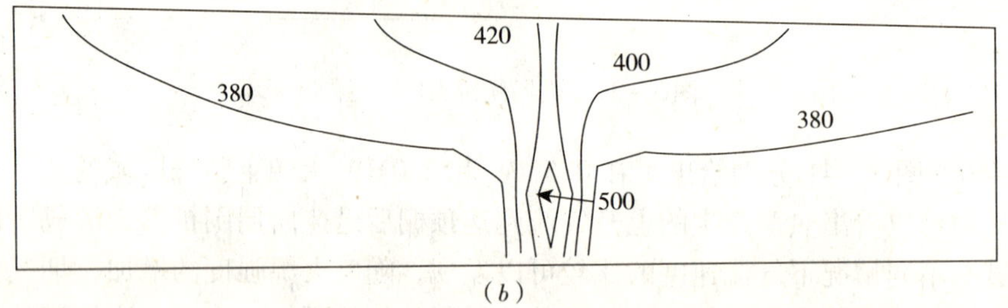

(*b*)

图 3－41　2.0MW 火灾下烟气的气流速度以及温度分布

(*a*) 速度矢量图；(*b*) 温度分布（K）

第四节　地铁车站内烟气扩散规律的研究

随着城市的发展地下建筑日益增多。所谓地下建筑，一般指建造在岩石和土层中比附近地面标高要低 2m 以上的建筑，它包括附建的地下建筑和单建的地下建筑。地下建筑的发展趋势包括：发展平战结合的地下居住和公共建筑；发展多功能的地下高速交通网；发展节约能源的中小型地下建筑；发展地下公用和服务设施；新类型的地下建筑有把利用风能或太阳能生产的热能贮存在地下的热库等。已经有大量的文献介绍普通地下建筑（地下车库、地下商业街、地下隧道等）火灾特点以及防排烟设计[49~52]。目前建筑火灾科学领域研究的热点和难点之一是地下交通设施火灾尤其是地铁火灾的研究。地铁是深埋在地下的极为复杂的系统工程，它是由多个车站通过隧道连接成的一个整体。地铁系统整体位于地下，是一个相对封闭的场所。内部空间（包括隧道和站台，站厅等）较大，但与外界连通的开口相对较少，只有少量的通风井和车站的出入口与外界直接连通。因此本节主要介绍地铁车站火灾中的烟气扩散规律。

一、地铁系统发生火灾的特点

地铁一般是全年运行的，在车站和隧道内有大量的人流和车流，而且流量在不断地变化。地铁火灾事故就一直不断。比较典型地铁火灾事故有：1987 年 11 月发生在英国伦敦国王十字地铁站火灾，2003 年 2 月的韩国大邱地铁火灾，1995 年 10 月的阿塞拜疆首都巴库地铁火灾等。下面具体火灾情况及原因予以介绍[53,54]。

1. 伦敦皇十字街（King-Cross）地铁车站火灾

1987 年 11 月 18 日，格林威治时间 19 时 30 分，英国伦敦最大的地铁站——皇十字地铁站突然发生火灾。短时间内，大火吞噬了整个售票大厅，将数百名乘客困在火海之中。顿时电灯熄灭，大家你推我拥，争相逃命，乱作一团，呼救声响成一片。虽经消防队员奋力抢救，但仍有32人葬身火海，180人被严重烧伤，造成了一起震惊世界的惨案。

虽然英国伦敦的消防队是世界上装备比较先进的消防队之一，但由于事发突然，消防队员没有及时得到地铁通道分布图，也没有戴氧气防护面罩，因此行动受到限制，再加上地铁车站地形复杂，火势凶猛，救援工作进展缓慢。

火灾原因：(1) 人为因素。可能是有人将烟头扔到电动扶梯下面后，引燃了存积在那里的可燃性废屑。(2) 电器设备老化。电动扶梯的电动机老化打出的火星引起的。(3) 管理方面。政府大幅度削减地铁开支，造成地铁设施超负荷使用所致。(4) 消防安全设施。两年之前，伦敦地铁的牛津车站曾发生火灾，当时有关专家曾建议在地铁安装烟雾探测器、火灾报警器和自动喷水灭火系统等消防设施，改进迷宫般的地铁出口路线，但铁路部门没有采纳这些有益的建议。

2. 韩国大邱地铁车站火灾

2003年2月18日上午9时，韩国大邱市发生了历史上最惨烈的地铁纵火案，此次起火的地点大邱市地铁一号线中央路车站地下3层。火灾造成198人死亡，146人受伤，289人失踪。事故发生后，地铁专家们认为，此次灾难之所以造成如此严重的伤亡，有多种原因：(1) 地铁管理方面的疏漏，没有对上车旅客进行安全检查，导致纵火犯轻松将汽油带上列车。再者，地铁没有保安或警察；车厢里没有配备灭火器，管理者事故责任难以推脱。(2) 列车所用的各种材料一经燃烧就会散发出有毒气体。尤其是车厢内的座椅、地板和墙壁虽然都是耐燃材料，但经受不住过于猛烈的火焰，而这材料一旦燃烧起来，大多会释放出有毒成分，导致现场人员窒息和救援人员难以迅速接近现场。(3) 地铁站内设备不完备，灭火装置不够，难以应付如此严重的火情，其通风设备被证明在火灾中毫无作用，大量的烟雾和有毒气体无法排放，使得千余名救援人员到达现场后束手无策。(4) 当时车上大部分是老人和孩子，在处理紧急情况时显得力不从心。(5) 地铁的通风排烟系统设计不合理。地铁隧道内没有设置排烟口，烟没有扩散到隧道内，而倾斜的楼梯成为惟一的烟道，烟气以近似于垂直的方向上升，使逃生通道浓烟滚滚，增加了人员伤亡。(6) 人为因素。除了蓄意纵火的嫌疑犯外，地铁员工的责任不可推卸。其主要责任主要有：第一，因害怕有毒气体进入车厢；第二列列车的驾驶员没有及时打开车厢疏散乘客，第二，地铁进站控制人员指挥失误，当第一列列车发生火灾后，司机却通知第二列列车进站。由于该站台是侧式站台，两车相邻从而使第二列列车也被点燃，造成更多的人员伤亡。人为因素是造成大多数事故的主要原因。(7) 没有使用室内消火栓。根据消防队员的证词，消防队抵达站台时，准备使用地下3层的消火栓进行灭火时，发现根本没有水。其主要原因是：1) 室内消火栓和水喷淋系统共用同一水管，由于水喷淋系统动作优先导致消火栓水量不足；2) 室内消火栓为干式共用连接送水管，因此主要依靠消防队的送水。而消防队员首先以抢救受伤人员为主，因此没有来得及送水；3) 大多数乘客根本不知道消火栓的使用方法。

此外，中央路车站地下一层、二层每间隔2.8m安装了水喷淋头，地下一层103个喷头、地下二层64个喷头动作。事实证明，地下二层由于部分水喷淋动作，起到了抑制火灾、降低环境温度、降低烟扩散的作用。

3. 阿塞拜疆首都巴库地铁火灾

1995 年 10 月 28 日夜，阿塞拜疆首都巴库地铁由于车内电路故障引发了火灾。由于地铁车厢大部分材料采用易燃物质，火势异常猛烈，有毒烟雾弥漫；地铁司机未将列车驶入车站，而是把列车停在了隧道内，造成人员逃生困难。这场火灾造成 558 人死亡，269 人受伤。据调查，死亡的 558 名乘客中大多数并不是被烧死而是窒息而死。

根据对大量地铁火灾事故的原因以及特点进行分析，可以概括出地铁系统火灾特点，主要包括：

（1）火势蔓延快。其一，由于在地下铁道中存在相当数量的可燃物，地铁的建筑主体虽然大部分为非燃体，但在车站装修、设施设备，以及工作人员办公生活用具等方面都采用了一定数量的可燃物，如房室的吊顶、护墙、场地电气设备的绝缘油；以及门窗、桌椅等物品。地铁列车的车座、顶棚以及其他装饰材料大多为可燃物。发生火灾后，地下密闭的环境使火点周围的温度急剧升高，易引燃周围可燃物，造成火势蔓延；由于地铁隧道空间的相对密闭性，车辆起火燃烧后，温度升高，空气体积膨胀，压力增高，热烟气流聚集，极易产生“轰燃”。其二，因运营生产生活的需要，地铁敷设大量电缆，贯穿于运营线路全线几乎所有的屋室内。电缆失火后，如不能及时发现和有效控制，则会沿着敷设走向迅速蔓延。电缆的聚乙烯包覆层，因燃烧形成的溶滴，还会引燃附近可燃物。电气设备的外壳被烧损破裂，内部绝缘油外滴也会加剧火势的扩散。其三，由于列车在隧道内运行产生的活塞效应和机械送排风等原因，地铁出入口、站台等部位空气流动快，风速较大，较大的风速也会造成地铁火灾迅速扩散蔓延。

（2）浓烟集聚伤害人命。地铁发生火灾后，地下各种可燃物在燃烧时会产生大量的浓烟，塑料、橡胶等新型材料燃烧时还会产生毒性气体，加上地下供氧不足，燃烧不完全，烟雾浓，发烟量大；由于火点周围空气受热膨胀，地下环境封闭等原因，高温浓烟会在地铁内迅速扩散形成大面积的烟雾区。加上环境和通风条件的限制，使烟雾区的浓烟很难排出。高温浓烟会给疏散人员和扑救火灾带来极大困难，而且有毒浓烟严重威胁人员生命安全。同时地铁的出入口少，大量的烟雾只能从一两个洞口向外涌，烟气流动的方向与人员逃生的方向一致。

（3）疏散困难。地铁是人员密集的公共场所。如北京地铁车站的设计容量为 2000 ~ 3000 人；客车以 4 ~6 辆编组方式运行，每辆额定载员 180 人，实际则远远超出此数。而且地铁深埋在地下几米至几十米，出入口少，通道长且狭窄。北京地铁有的车站出入口通道长度近百米，宽仅 4m 左右。地铁系统中，地下室区结构复杂，通道曲折，照明条件差。一般仅有 1 ~2 个安全出口，而且内部房间以袋形走道或环形走道相沟通，里层房间距离安全出口较远，一旦失火，人群拥挤，难以及时脱险。在烟火封锁的情况下，室区内的人员逃生的可能性更小。

（4）一旦地铁列车发生火灾，疏散更为困难。地铁客车的载客量大于一般公共汽车，有时每列车载客多达千余人。地铁客车车门的开启由司机室集中控制，一旦列车发生火灾，众多乘客无法及时疏散。地铁行车隧道是供列车运行的专用隧道，宽度仅容列车通行，两侧余量有限。北京地铁隧道宽仅 4.5m，车体距两侧洞壁的宽度为 0.7m。列车在隧道内发生火灾停驶后，即使乘客将车门打开，下车后也无处容身，并且会因拥挤踩踏造成伤亡。并且地铁隧道内设有信号机、电缆回流箱、三轨、电缆、消防水管和排水沟等设备设施。在发生火灾时，由于烟雾遮蔽事故照明灯，洞内能见度极差，甚至完全看不见，这些设备会严重妨碍疏散。隧道内敷设的三轨和列车上的受流器都是裸露的高压导电体，此外还敷设有高压电缆，如不能及时切断事故区电源，极易造成人员触电伤亡。

（5）扑救困难。地铁内部空间过大，有的火灾报警和自动喷淋等消防设施配置不完善，起火后地下电源可能会被自动切断，通风空调系统失效，大量有毒烟雾和黑暗环境给疏散和救援工作造成困难。

二、地铁车站发生火灾研究方法[55~57]

1. 全尺寸试验

对地铁火灾最直接的研究方法是进行全尺寸的试验研究。但是，要进行全尺寸的燃烧试验来研究地铁内的火灾情况需要花费大量的费用，对现有运行地铁进行现场火灾试验受到运营功能的限制。而且实际火灾情况千差万别，并不是所有的测量数据都可以用做防排烟系统的设计。此外，现场火灾实验周期长，流动条件不容易得到精确控制，难于对各种因素单独的或相互的影响进行系统的研究，有时不可能实现对真实流动状况的完全相似。

2. 比例模型实验

采用比例模型实验是研究地铁火灾系统的另外一种手段。地铁火灾模型实验台的设计应满足如下基本要求：尽可能满足与实物的几何相似及力学相似，从而使通过实验得到的准则关系式能直接用于工程应用；尽可能具有多功能以及多方面检验数值模型的能力，从而促进理论分析，数值计算和模拟实验的紧密结合，推动地铁火灾烟气流动规律的研究；火灾实验是一个动态过程，空间和时间的状态能反映整个火灾的过程，应考虑各种因素，对于速度和温度测量，宜根据初步实验观察到的烟气运动趋势，合理布置测点，并以计算机技术和传感器技术为基础，做到动态计量。为此，研究地铁火灾烟流，在初始条件和边界条件相同的情况下，保证模型和原型几何相似、定性相似准则数相等，模型中的实验结果可以推广到原型。地铁车站火灾场景相似准则中，动力相似主要考虑 *Fr* 数、*Gr* 数以及 *Re* 数。

Fr 表征惯性力和重力之比，是影响冷热烟气分层界面上传热、传质过程的重要参数，即使在强制通风条件下，火灾引起的浮升力对局部流动产生巨大影响。

在自然对流中，*Gr* 数是决定流态的重要参数，它代表浮力与黏性力的比例，而 *Re* 表示惯性力和黏性力之比，但在自然对流中，流体运动是由浮力驱动的，惯性力与浮力之比为常数是自然对流的物理本质所在。

一般情况下，很难同时保证弗诺德数 *Fr* 与雷诺数 *Re* 相等。决定流场力相似的主要参数是 *Re*。

地铁区间的几何形状较比较简单，火灾情况下只要区间内流动达到充分发展的湍流，则流动处于雷诺自模区。此时，可以不考虑模型流 *Re* 与原型流是否相同，只需考虑 *Fr* 相同即可。但对于流场复杂的地铁车站火灾，很难同时保证弗诺德数 *Fr* 与雷诺数 *Re* 相等，为此，可以通过分区（*Fr* 控制区和 *Re* 控制区）的方法去获得实验准则关系式。

此外，建立比例模型试验台还要考虑热相似，包括：

(1) 火源强度关系：$Q_{\mathrm{m}}=Q_{\mathrm{r}}\left(\frac{L_{\mathrm{m}}}{L_{\mathrm{r}}}\right)^{2.5}$ (3－111)

(2) 围护结构热工关系：$(\rho\lambda c)_{\mathrm{m}}=(\rho\lambda c)_{\mathrm{r}}\left(\frac{L_{\mathrm{m}}}{L_{\mathrm{r}}}\right)^{0.9}$ (3－112)

这里，L 表示几何尺寸，ρ 表示密度，λ 表示壁面的系数，c 表示比热，下标 m 表示模型，下标 r 表示实体。

目前，国内北京工业大学建筑环境与设备实验室搭建了 1:8 的地铁车站比例模型实验台，能够实现地铁火灾的多参数实时测量。

上述两种实验研究手段需要花费大量的人力、物力。地铁火灾实体试验费用较高，不易进行；模型实验又难以针对地铁站台建立整体模型，大多是针对某个局部进行部分模拟。但是，必须看到，实验结果是作为数值计算准确性验证的依据。近年来，国际火灾领域的研究机构非常重视建立基准实验数据（Benchmark Test Data，Validation Data）。所谓基准实验数据是指哪些实验条件明确、有不确定度分析的那些高精度的可靠的实验结果。这种实验结果对考核计算软件具有重要的意义。总体而言，利用数值分析手段研究地铁火灾后的烟气运动情况是一个合理且经济有效的手段，该手段是目前地铁火灾研究的主要手段。

3. 数值模拟分析技术

分析烟气流动规律是地铁火灾研究工作的根本出发点。由于烟气流动特性只是气流流动本质的宏观体现，地铁车站和区间内烟气扩散同样遵循流体流动的一般规律。由于描述流体运动的控制方程的复杂性，用解析方法求解地铁车站和区间内烟气运动规律几乎是不可能的。所以，只能采用前面讲述的区域模型以及场模型方法近似模拟地铁发生火灾烟气的流动情况。通过数值模拟，可以了解任何结构形式地铁车站和区间内烟气流动特性、温度分布特性以及烟气浓度分布特性。

相对于普通单体建筑火灾而言，地铁车站火灾的烟气规律研究具有以下特殊性：(1) 地铁车站与两边隧道相连，必须考虑隧道中设置的风机状态对车站排烟的影响，进一步考虑整个地铁系统相邻车站的影响以确定数值模拟的边界条件；(2) 地铁车站火灾场景设计中，火源功率的确定目前并没有统一的标准，设计中选定地铁火灾场景的关键数据取决于列车车辆燃烧时的热量释放速率和热负荷，这些关键性的数据要来自对无数次地铁列车火灾的试验、测量和理论分析；(3) 地铁火灾场景中火源的位置设计也是必须考虑的重要因素；(4) 地铁车站和区间内气流速度场、温度场和烟气浓度分布与很多因素有关：送、排风口形式、数量、位置、风机射流参数、送、排风机的运行工况组合、车站几何形状、人员的数量和活动情况等，上述诸因素的相互关系比较复杂，目前还难以把它们综合起来进行纯粹的理论计算[58]；(5) 车站风机与相邻隧道风机有多种开启组合方式，存在最佳烟气控制方案，最佳方案与火源位置（站台层、站厅层）、火源功率、车站形式（岛式、侧式、换乘）以及站台与轨道之间有无屏蔽门、安全门有关。

美国交通部城市客运署（United States Department of Transportation，Urban Mass Transportation Administration）于 1975 年成功开发 SES（Subway Environment Simulation）软件。用于地铁长期热环境、火灾仿真模拟计算。SES 已经应用于多项工程的设计与咨询。但 SES 只是一个一维问题计算软件，用于整个系统的分析模拟。不能用于地铁车站火灾场景的数值模拟。对于地铁区间研究，国内外有许多学者进行过地铁区间（隧道）火灾场景研究。地铁车站数值模拟研究可以采用区域模拟方法，如利用 CFAST 将车站分成不同区域[59,60]，也可以利用 CFD 手段，目前国内普遍采用 FDS 和应用 RANS 方法商业计算软件如 PHOENICS，FLUENT，CFX 等研究地铁车站火灾烟气扩散[61~64]。

三、数值模拟分析地铁车站火灾的主要问题

1. 火灾场景确定[65~67]

现阶段地铁火灾研究的主要工具是计算机模拟，而模拟计算结果准确与否很大程度上取决于火灾场景选取得是否恰当。可以这样认为，地铁火灾场景设计是地铁火灾计算机模拟计算的基础和前提条件，其合理性直接关系到模拟结果的可靠性。火灾场景是对火灾发展全过程的一种语言描述，同时还应涉及对建筑物的结构特性及预计火灾所导致危害的说明。设计地铁火灾场景首先需要仔细了解地铁系统内可燃物的分布特点，其次需要了解地铁内可能的点火源的状况，然后根据现有地铁火灾的统计资料设计出可能的火灾场景。模拟火灾场景主要包括火源的位置和火源的热负荷及其释放速率。

地铁消防系统设计的原则是按照全线同一时间内一处火灾设计。对于换乘站，按同一车站同一时间发生一次火灾考虑。当换乘车站其中一线发生火灾时，另一线列车不在换乘站停车、上下乘客，而继续运行到下一车站。

实际火源可能位于地铁内的不同位置。在地铁火灾研究或消防设计中，需考虑对烟气流动和人身安全具有重要影响的某些场景。需要强调的是，对烟气流动和人身安全具有重要影响的某些场景的选择，不是从个人主观判断或经验出发进行选择，而是在全面考虑各种可能的火灾场景情况下从中进行筛选，并尽可能的排除因个人主观判断或经验不同所带来的随意性以及可能造成的错误分析。

相对于地铁车辆和站台来说，隧道内的可燃物非常少，尤其是现在重视了隧道内电缆的防火性能后，隧道内几乎没有明显的可燃物。统计资料显示，地铁火灾大部分发生于车辆以及站台。主要讨论站台发生火灾情况。地铁系统内发生火灾主要有以下原因：(1) 由于电力系统短路产生的出轨或碰撞而导致的事故；(2) 车辆内部或外部的电器问题；(3) 纵火（主要在车辆内）。综合国内外的调查结果可以发现，地铁火灾的主要起火原因为电路短路以及其他电气故障、人为纵火吸烟以及用火不慎等。

地铁起火点位置的确定从以下两个方面考虑：(1) 在列车车厢发生火灾，此时列车停泊在地铁站台；(2) 地铁站台上的移动可燃物点燃。列车车厢火灾根据位置不同分为两种情况：(1) 列车车厢中部发生火灾，(2) 列车车厢头部尾部发生火灾。对于岛式站台，需要考虑列车停靠在站台左侧还是右侧。对于换乘站，还要考虑哪一层的列车发生火灾事故。

设置火灾场景应当综合考虑建筑起火前状况、点火源、初始可燃物、二次可燃物、蔓延的可能性以及火灾统计数据等。其核心工作是确定热释放速率随时间的变化规律。在设计火灾场景中应当尽可能地采用实验数据来设计火灾热释放速率曲线，当实验数据缺乏的时候可以按火灾的发展将其划分为若干阶段，对于每个阶段采用类似可燃物的热释放速率的实验数据，最后将其叠加为总的热释放速率曲线。

地铁起火点的位置火源位置包括位于站台层的中部还是两侧。描述站台的旅客的行李

着火，香港的地铁工程技术人员选用的保守火灾规模为2MW，其主要是根据以下两点：(1) 行李着火是其主要原因，由旅客带往列车内的手提箱引起的或在地铁车站的车厢下着火；(2) 由2MW的火发展到轰燃阶段的概率非常低。因为火源的燃料是有限的（手提箱材料），因此在绝大多数情况下，火可能会在10～20min后熄灭与此同时，在列车滞留隧道后2.5min，紧急风机将被开启。国内部分研究人员也认为列车旅客的行李着火时最大热释放速率不超过2.0MW。考虑到人为纵火及其他爆炸物等，有学者建议选取5MW作为移动荷载，并设为超快速增长火，见图3－42。

有关地铁列车火灾的热释放速率仅有很少的公开数据，主要原因是开展列车火灾的全尺寸实验非常困难。国外发达国家对于此问题的研究大都采用5～50MW，且重点研究10MW情况的火灾实验。香港新机场线的列车已降低至5MW。随着近年来发生的若干起地铁火灾事故造成的重大人员伤亡和财产损失，新型的地铁机车普遍采用不燃难燃物质为材料，大大降低了列车车厢发生火灾后的热释放速率，相对提高了疏散的安全性。对于国内新投入运行的地铁车辆，由于其结构都是不燃或阻燃材料组成，车辆着火时热释放速率取7.5MW。保守算法可以选取10MW作为一节车厢火灾的最大热释放速率是合适的，并设为超快速增长火，如图3－42[67]所示。

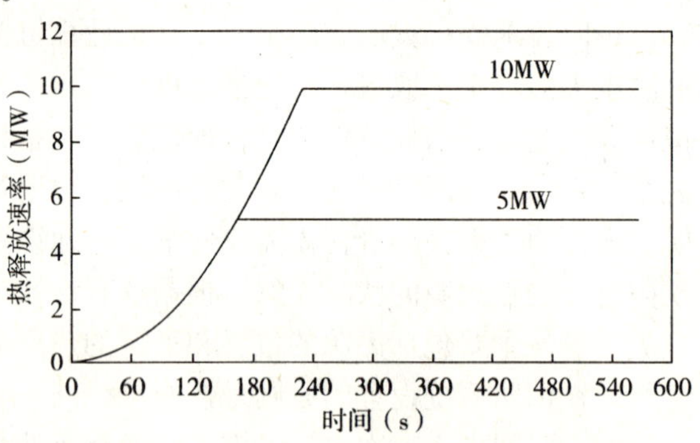

图3－42　地铁火灾的热释放速率曲线

2. 模拟车站火灾边界条件的确定

对于地铁火灾烟气流动的数值模拟来说，影响模拟结果可靠性的一个主要因素是模拟计算边界条件的确定。由于所研究的车站和区间均处在一个复杂的地铁网络体系中，且现阶段计算机计算能力等客观条件限制，对整个地铁系统进行场模拟难以实现，通常的做法是把需要模拟的车站和区间切割出来进行模拟。对于从地铁网络中切割出来的车站或者区间火灾烟气流动的数值模拟来说，理论上讲我们只有给定所有与外界相通状态的相关参数（包括流速、压力、温度等），模拟计算才可以进行，此即模拟计算所需边界条件的确定，它直接影响模拟结果可靠性。

目前，国内外在研究地铁火灾时，有两种途径获得数值模拟所需的边界条件，即现场测试和计算机模拟。由于现场实验的可操作性受到限制，一般采用计算机模拟的方法来得到边界条件。即利用场－区－网模型组合的方法研究。在地铁系统火灾研究中，可以采用场－网模型[68]。利用地铁环控模拟软件SES对正常情况下的车站及区间隧道火灾进行模拟研究，把SES的结果作为CFD三维计算流体力学模拟研究的边界条件来对地铁车站火灾进行分析。但是SES是一维模型，多用来研究一维区间隧道的火灾模拟，而且若要比较准确地得到某个截面的平均物理量，需要预先设置大量的经验常数和几何参数。因此，对于研究包括空间较大的车站烟气的三维流动的准确性具有很大的局限性。同样，地铁系统火灾研究也可以采用区－场模型研究。即把车站以及相邻的区间划成多个区域。采用CFD技术对车站火源所在的区域进行模拟，可以预测该重点区域内物理量的分布。采用体积守恒压力校正区域模拟方法来模拟与着火区域相邻的区域内烟气蔓延情况；采用部分计算区域交叠的方法，改进了场区模拟界面上边界条件的处理方法。

赵耀华等提出采用连体模型方法[69]。如图3-43所示，是由多个车站及区间组成的“多连体”。当火灾发生在车站D时，车站D和相邻两区间C、E的应急通风排烟风机开启；当火灾发生在区间E时，区间E和相邻两车站D、F的应急通风排烟风机开启。

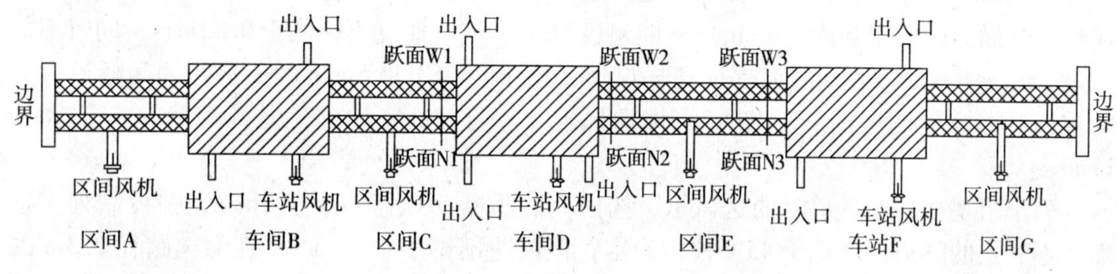

图3-43　连体模型示意图

“连体模型”的基本思想如下：

对于车站的数值模拟，为了获得车站D两端（与区间C相接的喇叭口处以及与区间E相接的喇叭口处）的断面风速，把“区间A—车站B—区间C—车站D—区间E—车站F—区间G（三车站-四区间）”当作一个整体来考虑。首先将车站B、车站D和车站F的计算模型简化，由于区间A和区间G均与车站相连，而且车站有通道直接与外界大气相通，认为车站压力即是大气压力，与区间A和区间G相连的远端车站对所研究的车站D的影响忽略，区间A和区间G相连远端可假设自由开口边界条件，即两端断面开口。

对于区间的数值模拟，为了获得区间E两端的断面风速，把“区间C—车站D—区间E—车站F—区间G（两车站-三区间）”当作一个整体来考虑。首先将车站D和车站F的计算模型简化，区间A和区间G相连远端可假设自由开口边界条件。把计算得出的结果作为相应的单个车站或者区间进行数值模拟计算的边界条件。

车站风机与相邻隧道风机有多种开启组合方式，在模拟时建模区域应包括相邻的区间风机所在部位。对车站内部而言，对地铁车站环控系统常用的四种气流组织方案：站台中间回/排风方案、站台下排风方案、车行顶道排风方案以及混合回/排风方案，对于不同方案下风口的边界设定以及地铁车站进口边界条件的设定，可以参阅有关文献。

3. 地铁车站内防排烟系统运行分析

地铁地下车站和区间隧道可以提供给通风与空调系统利用的空间很有限。实际工程中，往往将防烟、排烟系统与事故通风和正常的通风系统与空调系统结合。地铁车站公共区发生火灾时，立即停止车站大系统的空调水系统，转换到车站大系统火灾运行模式。当站台发生火灾时，利用站台回/排风系统和隧道排风系统进行排烟，车站人员迎着新风方向从站台经站厅疏散至地面；当站厅层发生火灾时，关闭站厅送风和站台排风，使回排风机风量全部用于站厅排烟，站厅层人员迎着新风方向朝地面疏散。无论站台排烟还是站厅排烟，均利用车站出入口、通道自然补风。同时停止该端小系统运行。

4. 利用数值模拟结果检验烟控系统效果的重要指标

美国国家防火协会（NFPA）制定了专门用于指导地铁防火系统设计与管理的130规

范《Standard for Fixed Guideway Transit and Passenger Rail Systems》。日本编制了《地下铁道防灾设备设计标准》；英国、德国也都有各国自己的关于地铁防灾系统的设计规范。在地铁火灾防排烟设计规范方面，目前我国已编制《地铁设计规范》（GB 50157—2003）以及《城市轨道交通设计规范》（DGJ 08－109－2004）。目前，有关部门正在启动《城市轨道交通防灾设计规范》编制工作。

NFPA130 对于温度的规定是乘客撤离路径上的最高温度在着火之初不能超过 49℃，在规定的撤离时间限制内（6min）不能超过 60℃；气流速度不能低于 0.82m/s，同时不能超过 11m/s。站台发生火灾时保证楼梯口形成向下不少于 1.5m/s 的风速。区间隧道火灾的排烟量，按单洞区间隧道断面的排烟风速不小于 2m/s 计算，但排烟风速应不大于 11m/s。

列车阻塞在区间隧道时的送风量，按区间隧道断面风速不小于 2m/s，并控制列车顶部最不利点的隧道温度低于 45℃校核确定，但风速不得小于 11m/s。在撤离路径 2.3m 的高度上，乘客应该能够看到距离 30m 远处的照度为 80lx 灯光标志，而门和墙壁在 10m 远就应该被识别。有文献指出可以把烟气浓度和能见度联系起来[70]。

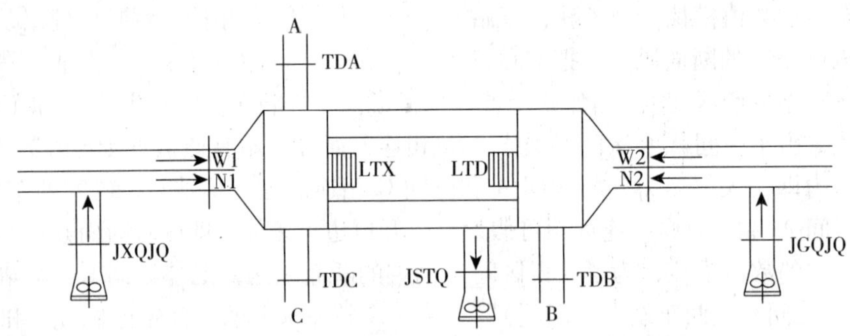

图 3－44　区间－车站－区间风机送排风示意图

四、工程实例

以北京二号线积水潭地铁车站为例，说明地铁火灾烟气扩散情况。车站以及相邻区间送排风系统如图 3－44 所示。模拟站台列车尾部（靠近 A、C 口侧）发生火灾情况下不同排烟模式的效果。车站环境温度为 26℃，室外空气温度为 26.2℃，火源功率为 5MW。排烟模式见表 3－2。图 3－45 给出车站几何形状示意图，图 3－46～图 3－48 给出 3 种不同模式下距站厅层 2.3m 高处的温度场情况，时间为火灾发生 6min 后。根据地铁车站不同位置的火灾情况，确定最佳事故防排烟方案[71,72]。

站台中部发生火灾情况的排烟模式一览　　表 3－2

模式	简称	详细工作模式
模式 1	停－排－送	车站左边区间风机停，车站排风，右边区间风机送风；
模式 2	排－排－送	车站左边区间风机排风，车站排风，右边区间风机送风；
模式 3	送－排－送	车站左边区间风机送风，车站排风，右边区间风机送风

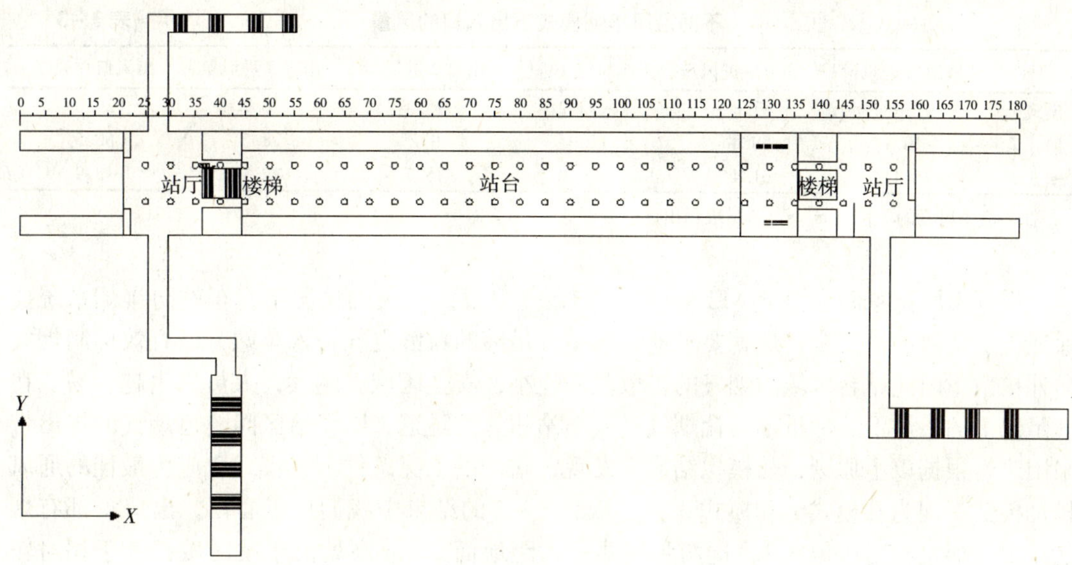

图 3－45 车站几何形状示意图

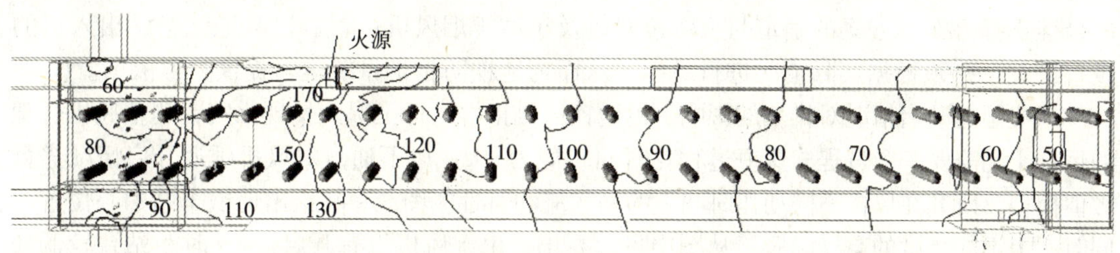

图 3－46 模式 1 距站厅地面 2.3m 高处的温度分布

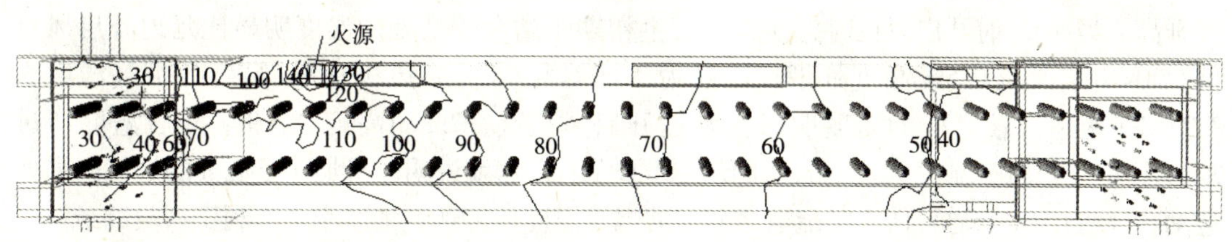

图 3－47 模式 2 距站厅地面 2.3m 高处的温度分布

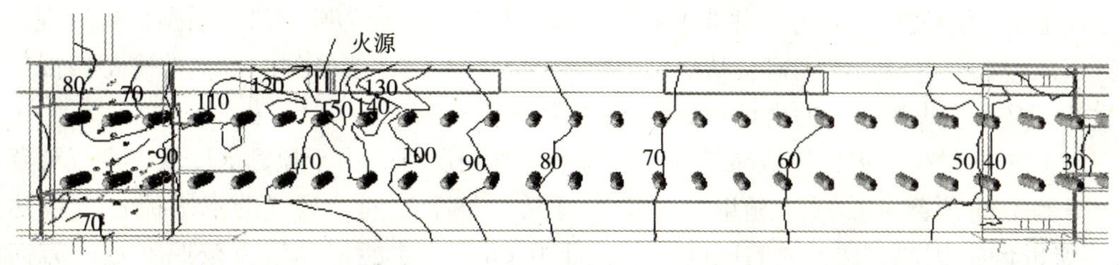

图 3－48 模式 3 距站厅地面 2.3m 高处的温度分布

不同通风排烟模式下出入口的风量　　　　表 3-3

模式	西隧道口进风量	东隧道口进风量	出口 1 进风量	出口 2 进风量	出口 3 进风量	出入口总风量
模式 1	12.9	57.8	-13.2	15.4	26.7	29.0
模式 2	-10.1	58.8	12.9	9.2	28.5	50.5
模式 3	25.4	61.4	-29.9	15.7	27.1	12.9

注：表中风量的单位为 m^3/s，负号表示出风。

根据美国国家防火协会 NFPA 130 规定，一旦发生火灾的情况下，车站防排烟系统要保证人员疏散通道安全，那就要求地铁车站有足够的新鲜空气补入车站，以有效抑制烟气向外扩散，因此站台区域内烟气的扩散范围越小，安全区域就越大，人员逃生越容易。在满足以上的条件下，尽量不要让烟气进入车站相邻的隧道，以免给区间隧道烟气的排出带来困难。根据以上原则，从模拟结果中发现，在同一工况条件下，模式 2 应为最佳的通风排烟模式。因为在模式 1 和模式 3 下，从表 3-3 的结果中我们可以看出，出口 1 都有烟气排出，而且相对于模式 1，这两种模式下，距地面 2.3m 高处的车站区域都处于相对较高的温度下，特别是与火源相邻的西侧站厅，距地面 2.3m 高处的温度高达 90℃，所有这些都会对人员的疏散造成不利的影响。因此，相对于其他两种方案而言，模式 2 是该工况的最佳选择方案。方案的确定与火源位置以及车站排烟风机位置、以及地铁车站出入口的设置有关，必须根据实际情况进行模拟，从而为地铁防排烟系统运行提供参考依据。

风机延迟开启情况对排烟的影响。由地铁风机正常运行工况到发现火灾，调整风机合理的运行工况需要一个过程，这一过程花时间一般为 90s。以下通过对风机延迟开启情况进行数值模拟，研究在风机不同动作时间下的烟气流动特性。图 3-49 给出地铁车站中心位置不同时间上不同高度的空气温度。从图中可以看出，由于风机没有开启，90s 时距站台较低处的烟气温度较高，几乎超过了 0s 开启时，180s 和 360s 同位置的烟气温度。但是随着风机开启，风机的驱动力加速了低处的烟气向上运动，在站台顶层聚集，导致了距站台较高处的温度升高。当在 0s 时开启风机时，在火灾发生初期距站台较低处的温度明显比延迟开启风机低，90s 开启风机 0.5m 高度处烟气温度为 9.59℃和 0s 开启风机 0.5m 高度处烟气温度为 8.22℃，距站台较高处的温度明显比延迟开启风机高，2.3m 高度上，90s 开启温度超过 20℃，而 0s 开启工况下 90s 时温度维持在 10℃左右。这就说明风机加速了低处的烟气向高处运动。风机在 0s 开启可使人员疏散通道上的烟气温度低，烟气浓度小，有利于人员的疏散。

通过对大量地铁车站发生火灾烟气模拟结果进行分析，发现地铁车站发生火灾烟气扩散规律包括：

（1）站台层发生火灾时，并非所有的疏散楼梯口都将成为喷烟口。根据模拟发现，离火源近的楼梯口将成为喷烟口。从喷烟口喷出的烟气在站厅层受到冷空气的冷却掺混作用失去浮力又从离火源较远的楼梯口倒灌入站台层。

（2）车站发生火灾，在机械排烟系统没有动作情况下，由于顶棚高度低，烟气能够很快上升到空间顶部并形成顶棚射流，很快蔓延到整个空间，烟气的水平流速可以达到 0.3~0.8m/s。因此，送排风的速度必须大于 0.8m/s，才能使烟气流按照规定的方向流动。因此，排烟风机启动越快，越有利于阻止烟气的扩散。

（3）列车火灾的火源功率较大（5MW，10MW）时，即使在机械防排烟系统强制通风

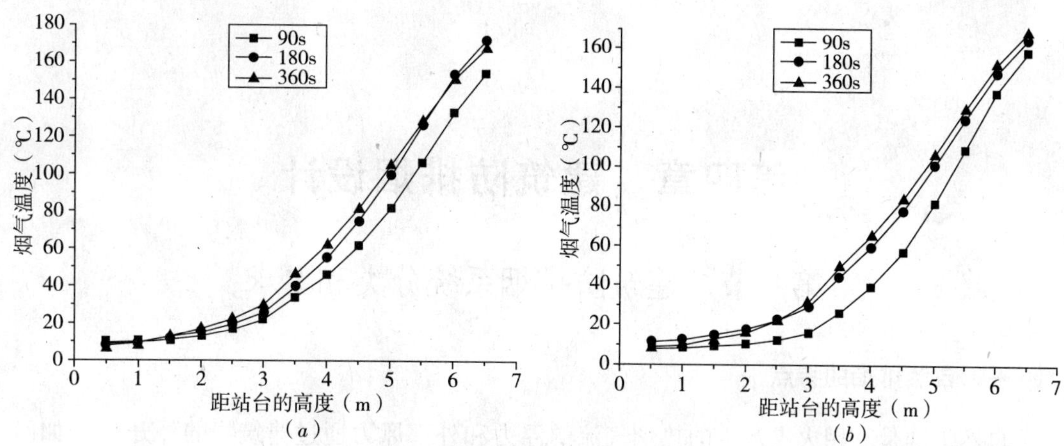

图3－49　站台中心处不同高度上温度随时间的变化

（*a*）风机在火灾后90s开启；（*b*）风机在0s开启

情况下，烟羽流仍可以上升到顶棚，再从顶棚向下沉降，因此，探测到火灾后应尽快启动防排烟系统。

（4）在通风模式一定的情况下，影响烟气浓度和温度分布的主要因素是火源位置和强度。针对火源的位置，车站和相邻区间排烟风机的联合运行具有最佳的运行方案。在制定紧急预案时应加以考虑。

（5）经数值模拟研究表明，防烟分区对烟气的顶棚射流具有重要的作用。车站站台必须划分防烟分区，一般站台公共区的有效面积不超过1500m^2。根据现行规范按每个防烟分区面积不超过750m^2划分为两个防烟分区，最大计算排烟量为$9\times10^4m^3/h$，考虑10%漏风系数后约为$10\times10^4m^3/h$。另外，在站台与站厅层连接口处应设置挡烟垂壁，在站台发生火灾时进行可以蓄烟，防止烟气流出站厅层。

第四章　建筑防排烟设计

第一节　建筑防排烟系统分类和要求

一、自然排烟的特点

自然排烟是利用火灾产生的热烟气流的浮力和外部风力通过建筑物的外开口（如门、窗、阳台等）或排烟竖井把室内烟气排至室外。其实质上是热烟气与室外冷空气的对流运动。其动力是火灾加热室内空气产生的热压和室外的风压。图4－1即为自然排烟的两种方式。在自然排烟设计中，必须有冷空气的进口和热烟气的排烟口。排烟口可以是建筑的外窗，也可以是专门设置在侧墙上部或屋顶上部的排烟口。

自然排烟的优点是构造简单、经济，不需电源和风机设备，运行维修费用低；可兼作平时通风用，避免设备的闲置。

自然排烟的缺点是因受外界环境条件如室外风向、风速和建筑本身的密封性或热作用的影响，排烟效果将会发生变化，火灾安全可靠性低。在“以人为本”的社会发展理念下，火灾安全是建筑设计的头等任务。因此，在一些无法安装机械排烟系统而选择自然排烟方式的建筑空间中，必须对外部环境条件的影响进行分析。

自然排烟的关键在于提高其可靠性问题。目前，国内学者对自然排烟中的可靠性进行了广泛的研究，中南大学利用双区域模型开展了有风条件下自然排烟的临界失效风速分析[1],[2]。龙惟定对自然排烟防烟“自然条件”的可靠性分析[3]。康健从分析自然排烟系统在设计、施工及验收阶段衔接性和重要性入手，结合国外国内的规范提出民用建筑自然排烟系统设计与应用现阶段可行的做法[4]。刘朝贤从进行加压送风中同时开启门数量以及加压送风防烟系统软、硬件的可靠性进行深入的探讨，提出了富有建设性的指导意见[5,6]。

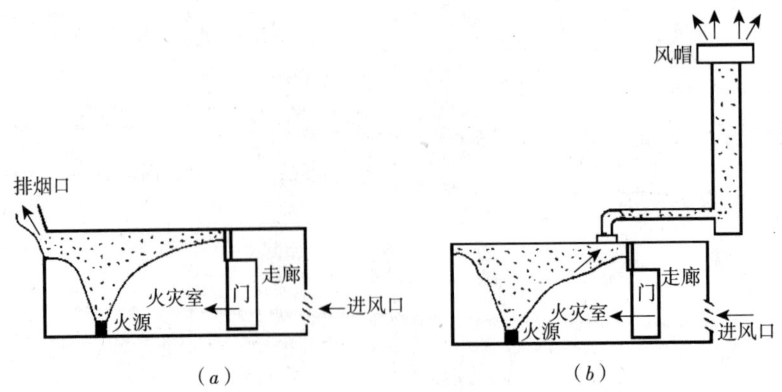

图4－1　自然排烟的方式

(a) 窗口排烟；(b) 竖井排烟

二、自然排烟的设计标准与设计要点[7~9]

1. 现行设计标准

现行的自然排烟设计标准分为两个层次。第一层次为国家标准，主要有：《建筑设计防火规范》（GB 50016—2006）、《高层民用建筑设计防火规范》（GB 50045—95）（2005 年版）和《人民防空工程设计防火规范》（GB 50098—98）（2001 年版）。第二层次为地方标准，主要有北京市规划委员会 2006 年发布了《自然排烟系统设计施工及验收规范》（DBJ 01—623—2006）；上海市 2006 年颁布的《上海市民用建筑防排烟技术规程》（DGJ 08—88）；重庆市 2004 年颁布的《重庆市坡地高层民用建筑设计防火规范》（DB 50/5031）。

2. 设计要点

（1）开窗面积的规定：《建筑设计防火规范》（GB 50016—2006）规定，设置自然排烟设施的场所，其自然排烟口的净面积应符合下列规定：1）防烟楼梯间前室、消防电梯前室，不应小于 $2.0m^2$；合用前室，不应小于 $3.0m^2$；2）靠外墙的防烟楼梯间，每 5 层内可开启排烟窗的总面积不应小于 $2.0m^2$；3）中庭、剧场舞台，不应小于该中庭、剧场舞台楼地面面积的 5%；4）其他场所，宜取该场所建筑面积的 2%~5%。

（2）设置要求：

1）在进行自然排烟设计时，需要将排烟窗口布置在有利于排烟的位置，并对有效可开启的外窗面积进行校核计算。

2）对于高层住宅及二类高层建筑，当前室内两个不同方向设有要开启的外窗，且可开启窗口面积符合要求时，其排烟效果受风力、方向、热压等因素的影响较小，能达到排烟的目的。在工程设计中，应尽可能利用不同朝向开启外窗来排除前室的烟气。

3）排烟口位置越高，排烟效果越好，所以，可开启外窗或百叶窗应设置在排烟区域的顶部或外墙。当设置在外墙上时，其设置高度不应低于贮烟仓的下沿或室内高度的 1/2，并应有方便开启的装置沿火灾气流方向开启。

4）对于中庭及建筑面积大于 $500m^2$ 且两层以上的商场、公共娱乐场所宜设置与火灾报警系统联动的自动排烟窗；当设置手动排烟窗时，应设有方便开启的装置。

5）为了减小风向对自然排烟的影响，当采用阳台、凹廊为防烟前室时，应尽量设置与建筑物色彩、体型相适应的挡风措施。

防烟楼梯间前室或合用前室，利用敞开的阳台、凹廊或前室内有不同朝向可开窗自然排烟时，该楼梯间可不设防烟设施（包括加压送风防烟和自然排烟），见图 4-2（*e*）~（*f*）。

3. 自然排烟设施

（1）挡烟垂壁。挡烟垂壁起阻挡烟气的作用，同时可提高防烟分区排烟口的吸烟效果。挡烟垂壁可采用固定式或活动式的，当建筑物净空较高时可采用固定式的，将挡烟垂壁长期固定在顶棚面上；当建筑物净空较低或很高需要较大蓄烟区时，宜采用活动式的挡烟垂壁，活动挡烟垂壁落下时，其下端距地面的高度应大于 1.8m。

（2）百叶排烟窗。自然百叶通风窗具有调节每日室内气候以及控制烟雾的双重作用。根据百叶窗叶片的不同选择，它还可以向室内提供自然光线。百叶通风窗可以垂直或者水平安装。

（3）墙面上的排烟口。自然玻璃釉质墙面通风系统本质上是一些可以控制的防火窗。

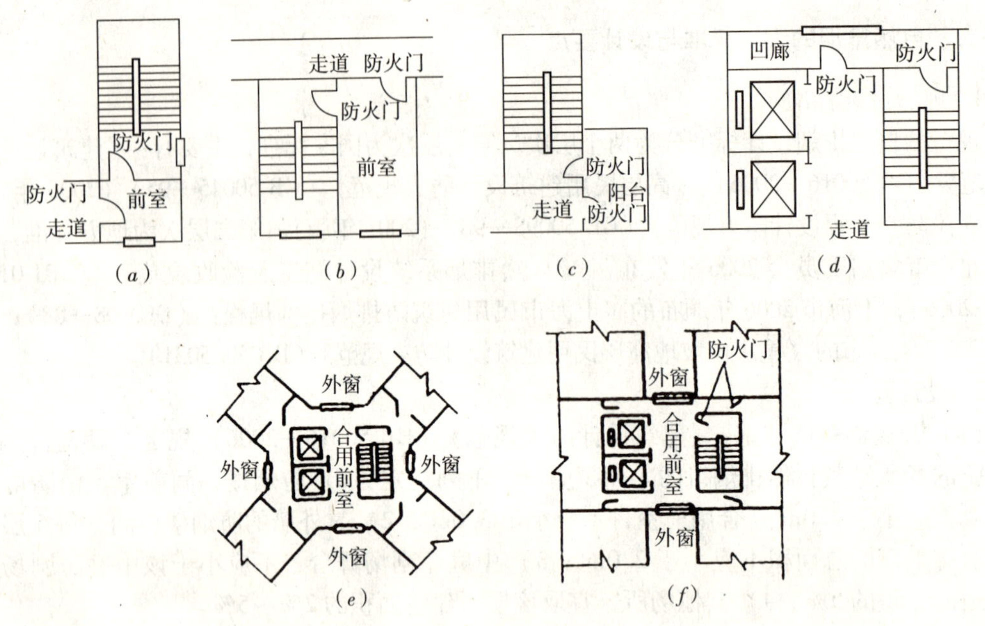

图4－2 自然排烟方式示例

(*a*) 有外窗的防烟楼梯间及其前室；(*b*) 有外窗的防烟楼梯间及其前室；

(*c*) 带阳台的防烟楼梯间；(*d*) 带凹廊的防烟楼梯间；

(*e*) 四周有可开启外窗的前室；(*f*) 两个不同朝向的可开启外窗自然排烟的合用前室

它们既可以在烟雾状态下提供通风，又可以提供日常的自然通风。

(4) 动力抽气系统。当着火建筑顶部自然排烟口附近有其他更高建筑时，排烟口处便容易形成高气压带，或者建筑内空间高度很大的情况，都会导致安装在屋顶的自然排烟装置无法达到预期的效果，就需要在排烟口部位连接配置有动力的强力抽气扇。

4. 自然排烟主要存在以下几个问题：

(1) 对建筑设计的制约　需要排烟的房间必须靠室外，而且进深不能太大。按自然排烟设计条件还需要有一定的开窗面积。因此即使有明确要求作分隔的房间，也必须设置外窗，所以带来隔声、防尘等问题。

(2) 具有火势蔓延至上层的危险性　由于外部开口进行排烟时，如果烟气中含有大量未燃烧气体，如果火灾房间的温度很高，则烟气排出接触大气中的氧气后会形成火焰，这将会引起火势向上蔓延。

(3) 影响自然排烟的因素　由于自然排烟的效果是靠烟气的浮力作用，假使由于某种原因使烟气冷却而失掉浮力（如水喷淋或者细水雾系统启动），夏天具有透明屋顶的大空间建筑存在的热障效应等，导致烟气无法向上浮动，因而就失去排出的能力。此外，当室外风力很强，而排烟窗处在迎风面时，则会引起烟气倒灌，反而使烟气蔓延。另一方面，对于高层建筑中由于室内外温差引起的热压作用经常使其存在着上下层之间的压力差。有风条件下火灾自然排烟的存在临界失效风速[1]。

综上所述，在自然排烟方式中由于排烟效果的许多不稳定因素，对自然排烟设计范围要有一定的限制。在设计自然排烟系统前，必须根据建筑的外部条件对自然排烟的可靠性影响进行认真分析和论证。

三、机械防排烟系统

1. 机械加压送风防烟系统[10]

在建筑物加压区发生火灾时，对着火灾以外的有关区域进行送风加压，使其保持一定的正压，以防止烟气侵入的防烟方式叫加压防烟。在加压区域和非加压区域之间用一些构件分割，分割物两侧之间的压力差使门窗缝隙中形成一定流速的气流，因而能够有效地防止烟气通过这些缝隙渗漏出来，如图4－3所示。发生火灾时，由于疏散和扑救的需要，加压区域和非加压区域之间的分隔门总是要打开的，有时因为疏散者心情紧张，忘记关门而导致的常开现象会发生，当加压气流的压力达到一定值时，仍能有效阻止烟气扩散。

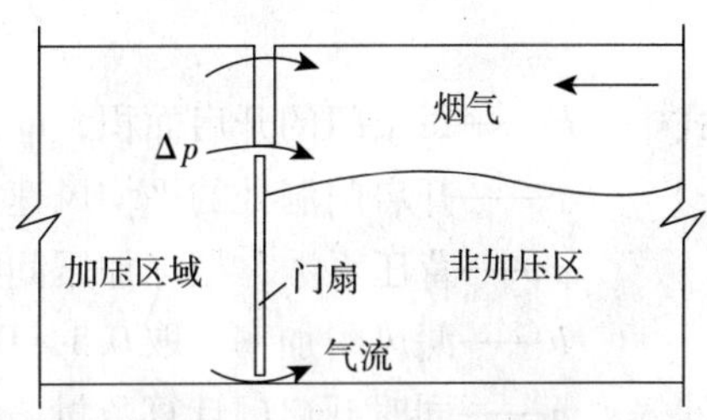

图4－3　加压防烟示意图

加压送风量的计算方法主要有压差法和风速法两种。

（1）压差法　采用机械加压送风的防烟楼梯间及其前室，消防电梯前室及合用的前室其加压送风量按当门关闭时保持一定正压值计算，送风量 L_y（m^3/h）：

$$L_y = 0.827 f \Delta P^{\frac{1}{b}} \times 3600 \times 1.25 \tag{4-1}$$

式中　ΔP——门、窗两侧的正压值，根据加压方式和部位取25～50Pa；

b——指数，对于门缝及较大漏风面积取2，对于窗缝取1.6；

0.827——计算常数；

1.25——不严密处附加系数；

f——门、窗缝隙的计算漏风总面积，m^2。

四种类型标准门的漏风面积见表4－1。

四种类型标准门的漏风面积　　**表4－1**

门的类型	高×宽（m）	缝隙长（m）	漏风面积（m^2）
开向正压间的单扇门	2×0.8	5.6	0.01
从正压间向外开启的单扇门	2×0.8	5.6	0.02
双扇门	2×1.6	9.2	0.03
电梯门	2×2.0	8	0.06

注：对于大于表中尺寸的门，漏风面积按实际计算。
门缝宽度，疏散门0.002～0.004m，电梯门0.005～0.006m。

如防烟楼梯间有外窗，仍采用正压送风时其单位长度可开启窗缝的最大漏风量（ΔP = 50Pa）据窗户类型直接确定：

单层木窗：15.3m^3/（m·h）

双层木窗：10.3m^3/（m·h）

单层钢窗：10.9m³/（m·h）

双层钢窗：7.6m³/（m·h）

（2）风速法　采用机械加压送风的防烟楼梯间及其前室，消防电梯前室及合用前室，当门开启时，保持门洞处一定风速所需的风量 L_V（m^3/h）：

$$L_V = \frac{nFv(1+b)}{a} \times 3600 \quad (4-2)$$

式中　F——每个门的开启面积，m^2；

v——开启门洞处的平均风速，取0.6～1.0m/s；

a——背压系数，根据加压间密封程度取0.6～1.0；

b——漏风附加率，取0.1～0.2；

n——同时开启门计算数量，当建筑物为20层以下时取2，当建筑物为20层及其以上时取3。

以上按压差法和风速法分别算出风量，取其中大值作为系统计算加压送风量。

（3）泄压阀开启面积计算　单独的消防电梯前室加压送风系统，如按保持开启门洞处一定风速所需风量远大于保持正压所需风量时，可能造成消防电梯前室超压，宜考虑设置泄压阀，其阀板开启面积 F（m^2）按前室静压值不超过60Pa计算：

$$F = \frac{L_V - L_y}{3600 \times 6.41} \quad (4-3)$$

《建筑设计防火规范》（GB 50016—2006）规定，不具备自然排烟条件的防烟楼梯间、消防电梯间前室或合用前室；设置自然排烟设施的防烟楼梯间，其不具备自然排烟条件的前室必须设置机械加压防烟设施。

防烟楼梯间内机械加压送风防烟系统的余压值应为40～50Pa；合用前室应为25～30Pa。防烟楼梯间和合用前室的机械加压送风防烟系统宜分别独立设置。

最小机械加压送风量计算见表4－2。

最小机械加压送风量　　**表4－2**

条件和部位		加压送风量（m^3/h）
前室不送风的防烟楼梯间		25000
防烟楼梯间及其合用前室分别加压送风	防烟楼梯间	16000
	合用前室	13000
消防电梯间前室		15000
防烟楼梯间采用自然排烟，前室或合用前室加压送风		22000

注：表内风量系数按"开启宽×高＝1.5m×2.1m"的双扇门为基础的计算值。当采用单扇门时，其风量按列表数值乘以0.75计算；当前室由2个或者2个以上的门时，其风量应按列表数值乘以1.50～1.75确定。开启门时，通过门的风速不应小于0.70m/s。

表4－3～表4－5《高层民用建筑设计防火规范》（GB 50045—95）（2005年版）给出了机械加压送风量要求：

防烟楼梯间（前室不送风）的加压送风量　　表4－3

系统负担层数（层）	加压送风量（m^3/h）
<20	25000～30000
20～32	35000～40000

防烟楼梯间（前室送风）的加压送风量　　表4－4

系统负担层数（层）	送风部位	加压送风量（m^3/h）
<20	防烟楼梯间 合用前室	16000～20000 12000～16000
20～32	防烟楼梯间 合用前室	20000～25000 18000～22000

防烟楼梯间采用自然排烟，前室或合用前室不具备自然排烟条件时送风量　　表4－5

系统负担层数（层）	加压送风量（m^3/h）
<20	22000～27000
20～32	28000～32000

注：表4－3、表4－4的风量按开启2.00～1.60m的双扇门确定。当采用单扇门时，其风量可乘以系数0.75；当有两个或两个以上出入口时，其风量应乘以系数1.50～1.75。开启门时，通过门的风速不宜小于0.75m/s。

机械加压的送风防排烟系统的加压送风量应经计算确定，当计算结果与表4－2～表4－5不一致时应采用较大值[8,11]。正压送风量的计算方法较多，有的计算公式是按加压区域需要保持一定压力值而导出的，有的计算公式是按同时开启加压空间的门洞处所要保持一定风速的气流而求出的，有的是经实验得出的。但其共同点就是为了保持加压区一定的正压值，在开启着火层及充烟层疏散楼梯的门时，能有一定流速的气流阻挡烟气侵入楼梯间。详细方法读者可以查阅相关的文献[12,13]。

2. 机械排烟方式和系统组成

机械排烟方式是按照通风气流组织的理论，将火灾产生的烟气通过排烟风机排到室外，其优点是能有效地保证疏散通路，使烟气不向其他区域扩散。常用机械排烟方式包括：（1）全面通风排烟方式；（2）机械送风正压防烟方式；（3）机械负压排烟方式。

机械排烟可分为局部排烟和集中排烟两种方式。局部排烟方式是在每个需要排烟的部位设置独立的排烟风机直接进行排烟；集中排烟方式是将建筑物划分为若干个区，在每个区内设置排烟风机，通过排烟风道排烟。

根据补风形式的不同，机械排烟又可分为两种方式：机械排烟—自然进风与机械排烟—机械进风，图4－4（a）及（b）分别表示了这两种方式。

机械排烟系统是由挡烟壁（活动式或固定式挡烟壁，或挡烟隔墙、挡烟梁）、排烟口（或带有排烟阀的排烟口）、防火排烟阀门、排烟道、排烟风机和排烟出口组成。

3. 机械排烟风量的计算

根据《高层民用建筑设计防火规范》（GB 50045—95）（2005年版）的规定，排烟量

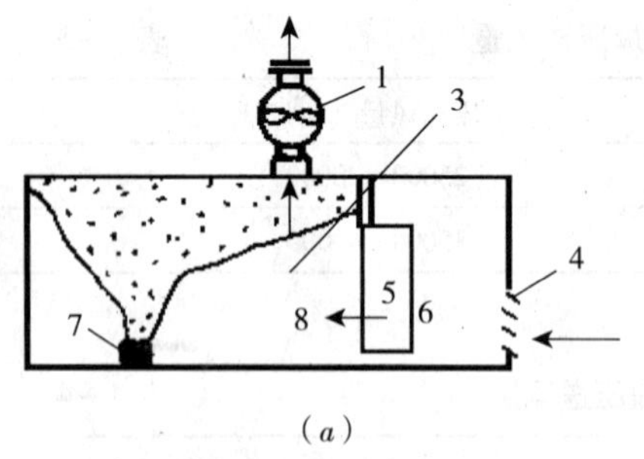

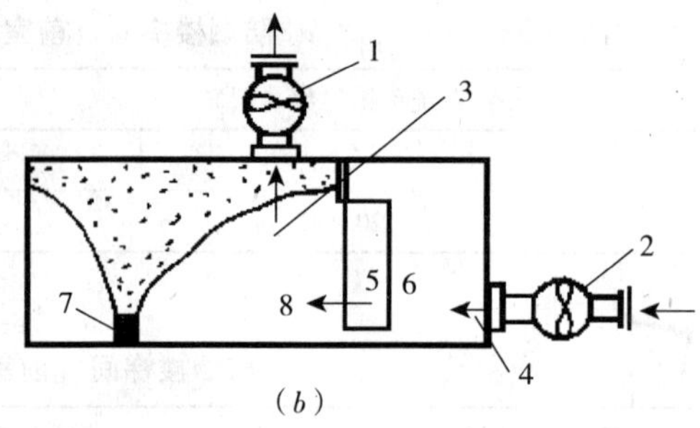

图 4－4　机械排烟方式

(a) 自然进风；(b) 机械进风

1—排烟机；2—通风机；3—排烟口；4—进（送）风口；5—门；6—走廊；7—火源；8—火灾室

按下述方法计算。

(1) 当排烟风机负担一个防烟分区或净空高度大于 6.0m 的不划分防烟分区的大空间房间时，应按该防烟分区面积每平方米不小于 $60m^3/h$ 计算（单台风机最小排烟量不应小于 $7200m^3/h$）；当担负两个或两个以上防烟分区排烟时，应按最大防烟分区面积每平方米不小于 $120m^3/h$ 计算。

(2) 中庭排烟量按其体积大小确定，当中庭体积小于 $17000m^3$ 时，其排烟量按体积的 6 次/h 换气计算；中庭体积大于 $17000m^3$ 时，其排烟量按体积的 4 次/h 换气计算，但最小排烟量不应小于 $102000m^3/h$。

(3) 带裙房的高层建筑防烟楼梯间及其前室、消防电梯间前室或合用前室，当裙房以上部分利用可开启外窗进行自然排烟，裙房部分不具备自然排烟条件时，其前室或合用前室的局部机械排烟量按前室每平方米不小于 $60m^3/h$ 计算。当几个前室共用一台风机时，风机的排烟量按前室每平方米不小于 $120m^3/h$ 计算。

(4) 选择排烟风机应附加漏风系数，一般采用 10% ~30%，排烟系统的管道，应按系统最不利条件考虑，即按照最远两个排烟口同时开启的条件计算。

机械排烟设计应考虑补风的途径，在不能自然补风时应进行机械补风，恰当的补风可使排烟效果更好。一般考虑地上建筑机械排烟时，有门窗洞口及其缝隙的空气渗透，可以不进行补风就能有较好的效果；但是对于地下建筑来说，由于其周边处于封闭条件下，因此必须设有补风系统，且送风量不宜小于排烟量的 50%。

机械排烟系统与空调系统一般情况宜分开设置，当与空调系统合用时，应设有在火灾时能将通风和空气调节系统自动切换为排烟系统的装置。因为空调系统多采用上送下回的送风方式，如利用空调系统作排烟时，一般是多用送风口代替排烟口，烟气又不允许通过空调器，并要把风管与风机连接位置改变，需要装旁通管和自动切换阀。

利用空调系统作为火灾排烟用时，为使烟气不通过空调器，并要保证火灾时只有着火处防烟分区的排烟口开启而其他风口都要关闭，只能在空调器处增加旁通管和自动切换阀，使得平时漏风量及阻力增加，通风空调系统原来常开的每个风口增加自动控制阀，使系统的投资及故障率升高。利用通风系统管道排烟时，应采取可靠的安全措施：

(1) 系统风量应满足排烟量；

(2) 烟气不能通过其他设备（如过滤器、加热器等）；

（3）排烟口应设有自动排烟防火阀（作用温度280℃）和遥控或自控切换的排烟阀；

（4）加厚钢质风管厚度，风管的保温材料必须用不燃材料。另外，设有排烟系统的地下室，应同时设置补风系统，其进风量不宜小于排烟量的50%。

第二节　大空间建筑防排烟系统的特点

由于建筑结构的特殊性和使用功能的具体需要，大空间建筑不宜进行防火防烟分隔。烟气一旦进入到大空间中就会向四周蔓延，进而对大空间内的各区域及与其相连的建筑造成严重影响。由于大空间建筑烟气扩散会出现层化现象和热障效应，在普通建筑中广泛使用的点式感烟或感温火灾探测器在大空间火灾中均无法正常发挥作用，烟气的浓度或温度不足以启动火灾探测器；即使启动，火势也已发展到相当大的规模。同样，依靠温度变化而启动的洒水喷头及其顶棚安装方式也不能有效发挥作用。普通喷头喷出的水滴从十几米乃至几十米的高度落下来，往往到达不了燃烧物表面，达不到有效的灭火目的。另外，危险情况下灭火救援工作和人员的安全疏散相当困难。一旦发生火灾，应当采取灭火与烟气控制的部位较多，而且在浓密的烟气中能见度很低，使灭火工作与救援疏散工作相互影响，变得更加困难。

一、中庭类建筑防排烟特点

中庭是指短边长度不小于6m（半径不小于6m），横截面积不小于100m^2，且其共享层数不少于3层的带有顶盖的室内庭院。设有中庭的建筑称为中庭建筑。中庭建筑具有采光、通风、节能、室内景观好等特点，近年来越来越多地赢得了国内外建筑师的青睐。中庭建筑结构形式的特殊性，也决定了其防排烟系统设计的复杂性。建筑综合体一般体型巨大，常常布置一个甚至多个中庭。中庭的最大特点是它具有一个或多个在竖直方向上的连续贯通多层的封顶或者不封顶的大空间。与低顶棚建筑部位在同等火灾载荷情况下，中庭由于空间高大并且较易获得建筑外环境风量补偿，顶棚射流温度和速度较低，火灾初期烟气层下部距疏散人群头部之间距离大。火灾产生的热量不易在高大的中庭空间聚集，不容易发生轰然现象。高大的中庭空间对人员安全疏散不利方面在于：烟气上升到顶棚要经历较长的路程，而且容易被稀释，这会造成在中庭顶棚安装普通温度感应器和烟气感应器反应比较慢，火灾报警时间比较长。一旦失火，火灾所产生的高温烟气在上升过程中将会逐渐冷却，烟气层会迅速下降到中庭地面，使疏散人员中毒或者迷失方向。

1. 中庭建筑排烟量规定[1,8]

当火灾发生时，中庭是烟气较易聚集的部位。一般情况下，在高度20m以下的中庭内烟气可自行上升并从顶层排烟窗中排出去；而在高度较高的中庭里，上升的烟气会因高度的变化逐渐冷却，最终使得浮力小于重力而停止升高并沿中庭的边墙下降或扩散，这样烟气将无法自动排出中庭，就必须使用动力装置进行排烟。《高层民用建筑设计防火规范》（GB 50045—95）（2005年版）对中庭的自然排烟和机械排烟有以下规定：中庭自然排烟的条件为“净空高度小于12m的中庭可开启的天窗或高侧窗的面积不应小于该中庭地面积的5%。”“不具备自然排烟条件或净空高度超过12m的中庭”应设置机械排烟；“中庭体积小于17000m³时，其排烟量按其体积的6次/h换气计算；中庭体积大于17000m³时，其排烟量按其体积的4次/h换气计算；但最小排烟量不应小于102000m³/h”。

中庭建筑防排烟的目的，不仅要防止烟气蔓延，还要控制烟气浓度，从而保证一定时间内建筑内人员疏散的安全。由于该规定未考虑火灾强度、中庭高度以及建筑结构形式的影响，中庭排烟系统的设计排烟量简单地按照换气次数或开窗面积比来计算是不全面的。

2. 中庭建筑防排烟设计目标与分类[9]

中庭建筑防排烟系统设计目标包括：及时排除减少着火层的热量；当围护结构局部被破坏时阻止烟气蔓延进入中庭；排除中庭内热烟气以减少着火层以上各层由于分隔措施被破坏而造成的危险。

中庭类建筑防排烟方式主要有分散式排烟和集中式排烟两种方式。中庭式建筑烟气控制方法有三种途径：着火层排烟、回廊排烟、中庭排烟。前两种方法为分散式排烟，即利用设在与中庭相通又无分隔的中庭周围的房间内的各个部位的排烟风口将烟气直接排至室外。该方法对周围房间的排烟有利，但却不能排除中庭着火时产生的烟气、四周各层房间着火后蔓延到中庭的烟气。

如图4－5所示。火灾发生时，着火部位（例如，与中庭相通又无分隔的中庭周围的房间）烟感器发生报警信号，消防控制中心将着火处的排烟阀打开，排烟风机联动开启排烟。它具有排烟量小，可把烟气控制在着火区域而不向其他非着火区域扩散等优点，但其设计、控制较集中，排烟复杂，且日常维护管理工作量大、系统可靠性较差，造价和运行费用均较高，而且一旦中庭发生火灾则无法有效排烟。

后一种为集中式，即在中庭顶部设置排烟口，进行自然排烟或机械排烟，如图4－6所示。该系统运行可靠，易于控制，维护管理方便，但当中庭周围房间着火且火势很大时，它的排烟效果不够理想。

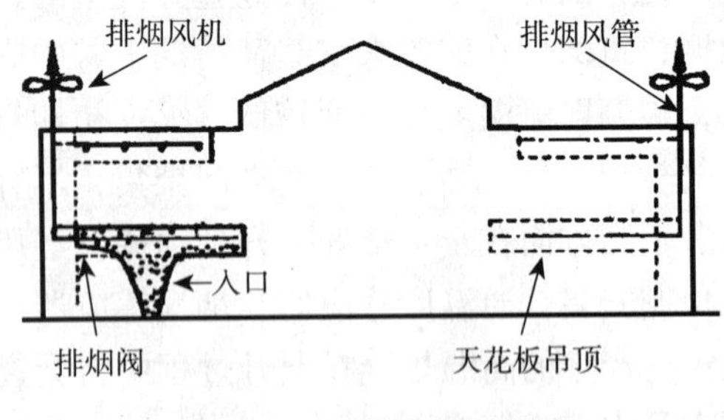

图4－5　分散排烟示意图

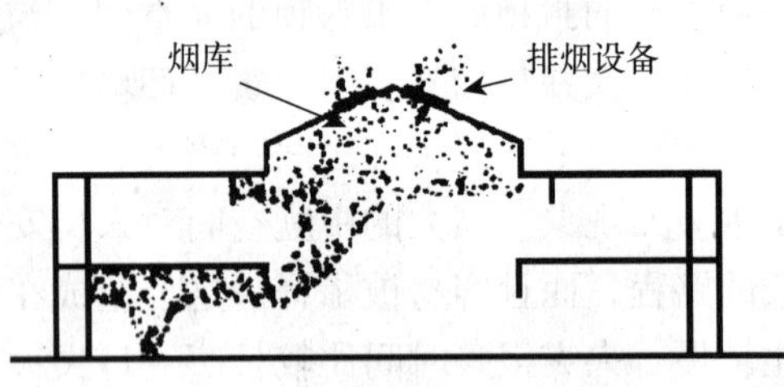

图4－6　集中排烟示意图

3. 中庭建筑的分类以及相应防排烟要求[10]

根据中庭与室内建筑的关系以及其围封的形式，中庭建筑大致可划分为如下四类。不同类型的中庭不仅在建筑形式、使用功能上有所区别，而且在消防安全方面也是不同的，防排烟设计措施也应根据不同建筑类型区别对待。

（1）长廊式中庭　长廊式中庭实际上是一种加了盖的街道，有许多现代商业步行街采用的就是这种形式，也可称之为长廊道、连拱廊，由于这样一条有顶盖的中庭两面是敞开的，甚至部分长度较长的长廊式中庭在其中部按照一定的间距也设有敞开的进出口。因此长廊式中庭的一个显著特点便是在其内部空间具有对流的自然风，也就是说这样的中庭是半室外化的。

长廊式中庭是半室外的空间，具有良好的自然通风。因此按一定面积比例在屋顶玻璃棚设置可自动开启的排烟窗，防止烟气在中庭内积聚，可为人员疏散和消防救援提供有利条件。

（2）封闭式中庭　图4-7、图4-8分别给出封闭式中庭以及集中排烟示意图。这类中庭显著的建筑特点便是除中庭的首层与主体建筑相连通外，建筑主体的其他楼层与中庭是具有外墙分隔的，甚至有的只是相邻于建筑物的一侧。从宏观上讲，相对于整个建筑物而言，这类中庭只不过是建筑物一个宏伟而别致的室内化的门厅或四季花园。由于与周围建筑物之间相互独立，火灾烟气不易通过中庭蔓延至周围邻室区域。封闭型中庭在划分防火分区时常作为一个独立的防火空间，与其周围的邻室区域设有独立的防排烟系统，当火灾发生在中庭内部时，可以充分利用自然风和烟囱效应进行排烟。在自然排烟无法满足要求时，可以采用机械排烟的方式。

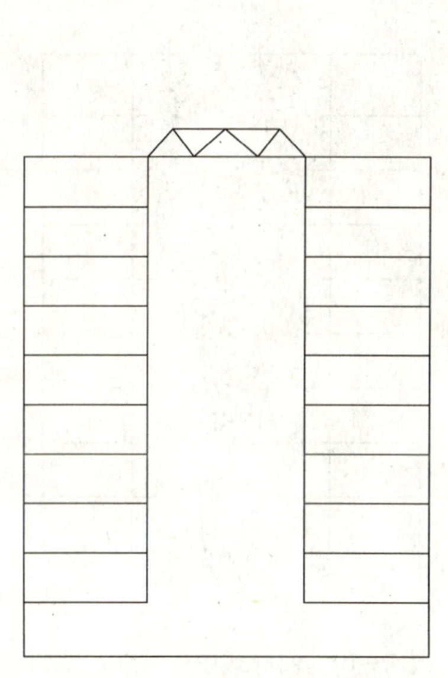

图4-7　封闭式中庭示意图

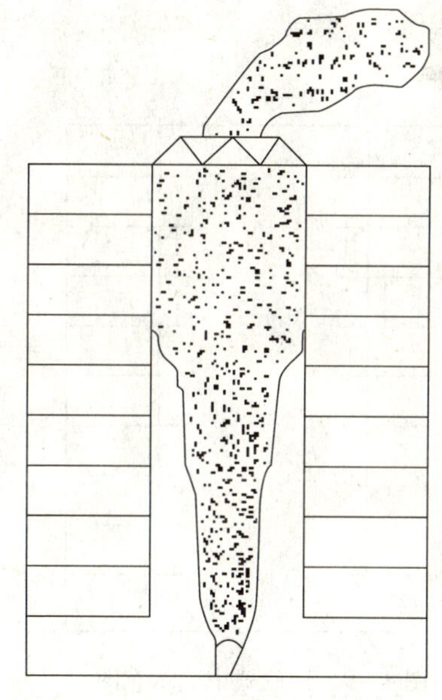

图4-8　封闭式中庭排烟示意图

中庭与四周房间采用钢化玻璃幕墙隔断，目前采用水幕保护。中庭四周的房间一般采用电子控制的自动喷洒系统，不设机械排烟系统，只在内通道及与中庭相连的电梯前室、疏散楼梯前室设机械排烟系统。香港中国银行大楼采用此方法设计，其防火排烟性能得到评价甚高。

封闭式中庭只在个别楼层（通常是建筑首层）与建筑主体相通，而在其他楼层都有外墙加以分隔。虽然中庭是一个竖直方向的共享空间，但火灾情况下各楼层间通过中庭相互影响的可能性较小。

防排烟措施应按防火分隔情况分别加以考虑。

1）如果与中庭相邻的使用区域外墙满足规范要求的耐火极限，一般不会造成火灾竖向蔓延，不需要考虑特别的消防措施。

2）如防火分隔仅具备完整性而不能保证外墙满足规范要求的耐火极限，可通过安装自动喷水灭火系统或设计排烟系统以保持中庭的烟气温度不高于300℃，以减少对其他楼层潜在的热辐射。如果防火分隔采用不易燃但不耐火的玻璃如钢化玻璃来封闭，则建筑物应全部装有自动喷水灭火系统，并设计排烟以保持着火层以上两层的玻璃区域温度低于300℃或低于玻璃被破坏的温度，取二者较低值。

（3）回廊式中庭　回廊式中庭建筑周围的房间是通过走道与中庭相联系（图4－9、图4－10），也就是说中庭通过层层的回廊与其周围的房间发生空间上的联系，这类中庭是宾馆、办公楼、公寓等设计中建筑师们较为喜爱的方案。如上海锦江大酒店、芝加哥WTP大楼。在火灾情况下，如果回廊的防火墙分割不合理或耐火极限达不到要求，就可能造成烟气和火焰蔓延到整个空间；同时回廊不可能起有效疏散人群的作用。

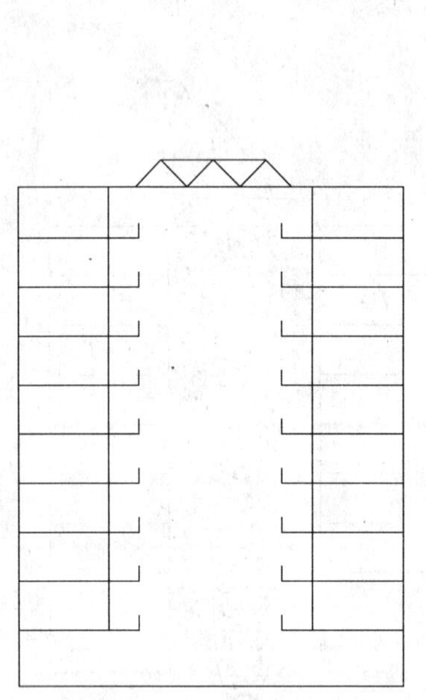

图4－9　回廊式中庭示意图

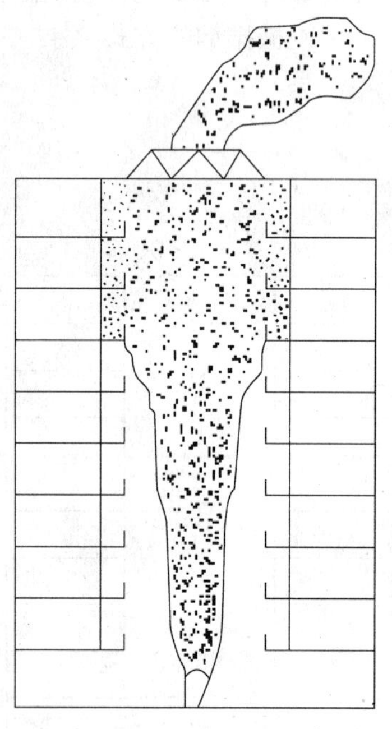

图4－10　回廊式中庭排烟示意图

回廊型中庭一般可以利用自然或者机械排烟方式进行排烟，排烟风机和排烟口由中央控制室集中控制。对于回廊这一重要的火焰缓冲区，除了进行合理的防火分割外，还应该在各楼层的回廊边缘设由烟感探测器启动的活动挡烟垂壁或者建筑物内永久的固定式垂壁。当建筑发生火灾时，可以通过中庭顶部的排烟口自然排烟或开启排烟风机进行强制排烟，同时开启回廊内排烟系统排出回廊内的烟气，保证这一疏散通道的安全。

回廊式中庭的建筑特点决定了火灾情况下这种竖向共享空间对于周围区域的影响将大于封闭式中庭。中庭回廊作为人员疏散和消防救援的必经之地，应着力对中庭回廊加以保护。中庭和回廊四周的房间均应设置有效的排烟设施，以防止烟气通过中庭回廊相互扩散。应综合考虑建筑火灾荷载、使用者特征（是否清醒，是否有行动能力，对建筑物是否熟悉）、建筑疏散设施情况（楼梯宽度、疏散距离）等，按性能化方法设计排烟量，至少应保证整个撤离时间内各使用层人员逃生的安全。

（4）互通式（楼层开敞型）中庭　中庭空间与人员使用的楼层空间直接相互贯通，在空间上的统一性是这种中庭的最大特点（图4－11、图4－12）。这种敞开式的中庭在现代商业建筑中随处可见，如广州的白天鹅宾馆、东京世纪塔楼。这类中庭与周围建筑之间设有水幕系统和防火卷帘。

互通式中庭的防排烟系统可以分成两类：通过中庭排烟和从中庭外排烟；通过中庭排烟是利用中庭的排烟口以自然或者机械排烟方式进行排烟，这种情况下需要对未着火的房间进行加压送风，避免火灾烟气蔓延；从中庭外排烟即火灾烟气不通过中庭而直接排出室外，通常对于火灾发生于中庭周围邻室时适用。当火灾发生时，非着火层的送风机进入正压送风状态，直接从室外抽入空气对中庭加压，阻止烟气进入中庭。

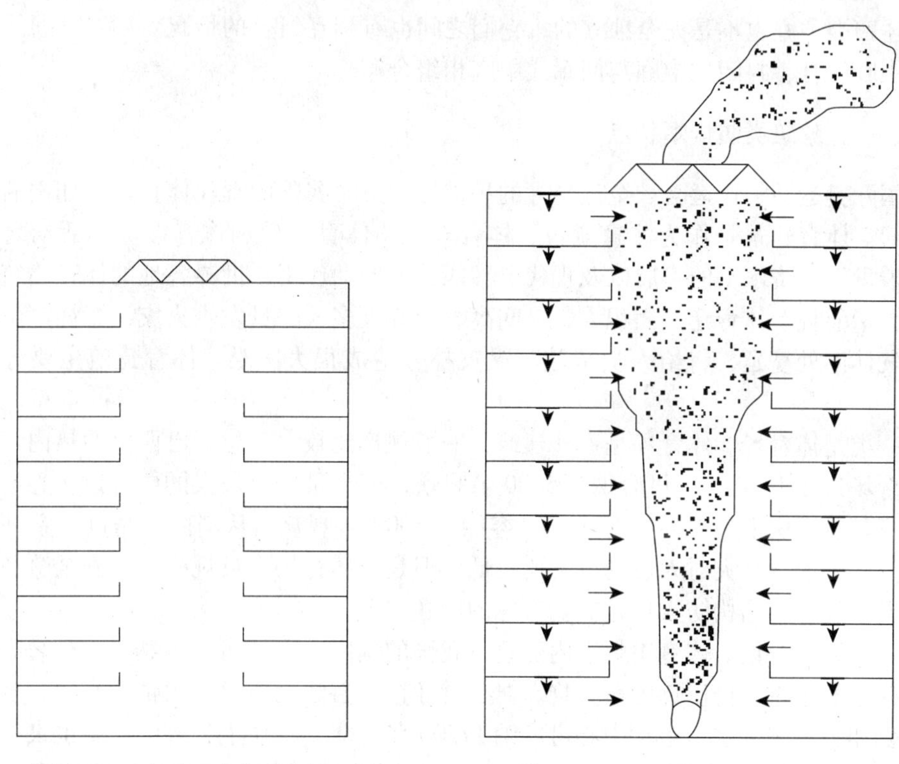

图4－11　互通型中庭示意图　　图4－12　互通式中庭排烟示意图

互通式中庭是各种中庭火灾情况下最不利于烟气及火焰控制的一种形式，互通式中庭不同于回廊式中庭，没有可供分隔和缓冲的区域，因此要求它的防火分隔措施应当更安全、更可靠。

该类型中庭建筑可以采用：1）中庭集中排烟法；2）中庭建筑集中式和分散式相结合的方法。一般来说，应将着火层四周通向中庭开口部的防火卷帘同时下落。首层如不设防火卷帘，宜设挡烟垂壁。如果是中庭内着火，为防止火灾上窜蔓延，应至少下落中庭10m以下的防火卷帘，通常不少于两层（即二、三层）。中庭和每一层面的使用区域都应分别考虑有效的排烟措施。火灾时只打开着火层区域的排烟以集中对付发生火灾楼层的烟气，而在未发生火灾的楼层宜送空气。正压空气会流向中庭，从而防止弥漫的烟气进入未发生火灾的楼层。另外，可在每层设置独立于防火分区的“相对安全区域”，此区域应能够容纳该楼层内全部人员，以便其在进入楼梯疏散之前在此等候。在非紧急情况时，此区域可作为写字间或其他用途。如果采用此防火疏散策略，设计的烟控系统应保持这一区域为正压，以确保烟气不会威胁逃生区。

以上两种防排烟系统的设计排烟量或送风量，应根据性能化设计方法计算确定。应当指出，第二种方法确定的总排烟量要大于第一种方法的总排烟量。这是因为中庭最大排烟量按规定为其体积的换气量，而房间的机械排烟的最小为60m^3/（h·m^2）。因为只有当房间的层高超过10m才可能达到机械排烟的最小排烟量。因此，中庭体积加上每小时6次所有房间换气量的体积要小于中庭每小时6次换气量体积与所有房间的机械排烟量体积之和[10]。

上述四类中庭也不是完全独立的，它们之间也有相互组合的情况。如：互通式中庭与回廊式中庭组合，封闭式中庭与回廊式中庭相组合等。

二、体育建筑类防排烟特点[17]

在国际奥运会、亚运会、全运会等的积极推动下，我国的现代体育建筑如雨后春笋般拔地而起。体育建筑是作为体育竞技、体育教学、体育娱乐和体育锻炼等活动之用的建筑。随着世界经济水平的发展以及现代奥林匹克的推动作用，世界各地的体育建筑如雨后春笋般大量涌现。体育建筑面积大、空间高、聚集人多，一旦发生火灾，燃烧产生的有毒和有害气体四处蔓延，将给人员疏散与火灾扑救造成很大困难。体育建筑主要分为以下两类：

第一类是体育场。体育场是室外建筑，一般规模比较大。位于巴西里约热内卢的马拉卡纳体育场建于1950年，可容纳205000名观众，至今是世界最大的体育馆。悉尼奥林匹克体育场是奥运史上最大的体育场，可容纳115000名观众。从消防的角度，室外建筑有利于烟气的扩散，火灾对人员的危害比较低。但是，体育场人员规模大，安全疏散问题是主要问题。另外，结构防火也是需要考虑的问题。

第二类是体育馆。体育馆是室内建筑，我国的国家体育馆可以容纳19000名观众。相对于其他建筑来讲，可以算庞然大物。对于游泳馆，游泳设施存在大量的水源，规模也比较大。例如悉尼国际水上运动中心可容纳17500名观众。本质上，游泳设施也隶属于体育场或者体育馆，因而其消防问题与体育场、体育馆相同。但是，游泳设施的火灾危险性较低。

1. 现代体育场馆建筑的发展特点

（1）功能多元化以及重视赛后利用　比赛场馆已经不仅仅简单服务于体育比赛，为了更好综合利用场馆，增加比赛场馆自身生存能力，它们的功能还包括休闲、餐饮、购物和娱乐。另一方面，比赛场地功能也趋向多样化。例如篮球场与手球场、体操场共用等。在场馆设计阶段中，就融入赛后利用方案。有些场馆附带商业设施等。

（2）绿色化　建筑的绿色化逐渐成为建筑业的趋势，无污染、节能成为体育场所必须遵守的原则。尤其注意利用自然采光和自然排烟措施。

（3）新技术、新材料大量应用　钢结构的大量使用，新材料座椅更具舒适性，符合人体功能，具有优良的防火特性。纳米材料用于防水和吸声。膜结构被用于体育馆中，例如东京棒球场。膜结构是一种建筑与结构完美结合的结构体系。它是高强度柔性薄膜材料与支撑体系结合形成的具有一定刚度的稳定曲面，能承受一定外负荷的空间结构形式。奥运建筑国家游泳运动中心和国家体育场引进膜结构。

2. 体育场馆建筑火灾特点

现代化体育建筑，电气设备多，线路错综复杂，通风空调管道四通八达，无论是多功能体育馆、游泳馆，还是室内溜冰场或冰球馆等，一旦发生火灾，在比赛大厅内，火焰中心垂直上升气流，就会以较高的速度向顶棚和屋架蔓延，这时馆内的各种竖井，如新风，排风，送、回风及其他各种管道井，楼梯间和电梯井都可能成为火灾蔓延的通道。由于烟囱效应的热压作用将造成烟火迅速扩展，甚至通过伸缩缝迅速传播。

3. 体育场馆建筑防排烟系统选择与设计

现代体育建筑除了设置自动报警、自动喷洒灭火系统及消防诱导灯和安全出口标志外，采取有效的排烟措施是非常必要的。我国于2003年10月1日颁布了《体育建筑设计规范》(JGJ 31—2003)，在《建筑设计防火规范》、《建筑内部装修规范》和《火灾自动报警系统设计规范》等规范中也涉及到体育建筑的要求。体育场馆类比赛大厅的排烟方式大致可以分为自然排烟和机械排烟两大类。

（1）自然排烟　是利用设在比赛大厅顶部的天窗（或排烟口）或侧墙上的高窗进行排烟。其排烟机理是利用火灾时产生的高温热压和浮力将烟气从开口直接排到室外去，这种自然排烟方式，不需电源，不设风机，一次性投资费用少，同时还可兼作通风换气之用。

但是由于自然排烟效果是靠烟气的热压和浮力来保证的，如由于某种原因使烟气受到冷却失去浮力，则烟气也就完全失去排至室外的能力。由于自然排烟效果的影响因素多，可靠性差，故我国《高层民用建筑设计防火规范》对体育建筑比赛大厅的自然排烟面积未作出具体规定。日本建筑法规明确指出建筑面积大于500m^2的体育馆、滑冰馆、游泳馆、训练场等场所必须设置机械排烟设施。

（2）机械排烟　是依靠消耗电力的排烟风机，将比赛大厅内的烟气从屋顶内抽出排至室外或从观众席上部抽出排至室外。机械排烟方式排烟量的计算方法可按《高层民用建筑设计防火规范》中关于中庭的规定来进行计算，即中庭体积小于17000m^3时，其排烟量按其体积的6次/h换气计算，中庭的体积大于17000m^3/h时，其排烟量则按其体积的4次/h换气计算，但其最小排烟量不应小于102000m^3/h。

机械排烟系统中，当任一个排烟口或排烟阀开启时，其排烟风机应能自行启动。按排烟系统最不利环路进行排烟风机全压计算，其排烟量应增加漏风系数（一般可取1.1～1.3）。排烟口应设在顶棚上或靠近顶棚的墙面上，设在顶棚上的排烟口，距可燃构件或可燃物的距离不应小于1.0m。排烟口平时应关闭，并应设有手动和自动开启装置。防烟分区内的排烟口距最远点的水平距离不应超过30m。在排烟支管上应设有当烟气温度超过280℃时，能自行关闭的排烟防火阀。

对于体育建筑其他房间，排烟系统选择与设计如下：

1）凡有条件设置外窗，且可开启的外窗面积大于房间面积的1/5时，可考虑自然排烟的方式。

2）面积超过100m^3，且经常有人停留或可燃物较多的无窗房间和地下室的房间，应考虑机械排烟设施。排烟量的确定为：担负一个防烟分区排烟或净高大于6.00m的不划防烟分区的房间时，应按不小于60m^3/（h·m^2）进行计算（单台风机最小排烟量不小于7200m^3/h）；担负两个或两个以上防烟分区排烟时则应按最大防烟分区不小于120m^3/（h·m^2）计算。

3）无直接采光和自然通风，且长度超过20m的内走廊或虽有直接采光和自然通风，但长度超过60m的内走廊，均应设计机械排烟设施。因为任何一个房间着火，烟气都会窜入走廊，而人员必须通过走廊才能疏散，据火灾现场的实测，人在浓烟中低头掩鼻最大通行的距离只能在20～30m之内，所以体育建筑防火设计应考虑走廊的排烟问题。

正压送风系统的作用是在火灾发生时控制楼梯间、消防电梯间、前室和合用前室与通道之间维持一定的正压值，使外部烟气不致侵入，保证有足够的新鲜空气及保持楼梯间内有较高的能见度和清晰的光线，确保火灾发生时楼梯间和消防电梯间的安全，以供建筑内人员的安全疏散，并为消防人员能够安全迅速地通过、尽快地扑灭火灾提供条件。

体育建筑防烟楼梯间及其前室、合用前室和消防电梯间（含残疾人专用电梯）及其前室的机械加压送风量应由计算确定。机械加压送风量的计算方法很多，大体上可以归纳为压差法、门洞风速法、层均风量法和综合计算法等四类，而这其中以压差法和门洞风速法最为实用。

4. 性能化设计理念在体育建筑排烟系统设计的应用[19]

体育建筑的突出特点是人员密集、空间高大。除了比赛大厅、训练大厅、休息大厅等大空间场所，一般区域的排烟设计都可以依据常规规范进行设计。在常规的排烟设计中，体育场馆高大空间的排烟量设计主要参照《高层民用建筑设计防火规范》对中庭排烟量的要求进行设计，具体要求上文已经给出。对于体育场馆内的超大空间按照上述方法计算得出的排烟量往往非常大，给设计与施工带来很大的难度，设计人员也常常对如此大排烟量的必要性产生疑问。性能化设计与常规的排烟设计不同，性能化设计根据被保护区域内的可能火灾规模、设计烟层高度等参数来确定必需的排烟量。

（1）火灾规模　比赛场大空间内的火灾主要来自观众席和比赛场地内。观众席火灾一般来自座椅、仪器设备和装饰物；比赛场地内的火灾一般来自比赛器械以及作为娱乐演出时搭建的舞台，器械发生火灾的可能性微乎其微，且火灾规模有限，因此可以仅考虑舞台作为火灾荷载。在火灾规模的设计中，要综合考虑场地使用中可能出现的各种情况和可燃物布置，以包含大多数可能出现的火灾规模。国内外参考文献中尚无舞台火灾规模的实验数据，但是在性能化设计案例中有一些经验数据，一般采用10～30MW的规模。事实上，火灾规模除了与可燃荷载的性质、数量有关，还与灭火措施有关。在国际上，对于受水喷淋保护的区域，确定火灾规模时，可以通过水喷淋动作时间来预测。在体育建筑的高大空间中，虽然未设置水喷淋系统，但是目前国内许多新建的体育建筑，已经开始引入自动水炮进行保护。自动水炮的灭火效果较好，可以对初期火灾起到扑灭作用，在设置火灾规模时应当考虑自动水炮的作用。虽然国际上尚无水炮保护区域火灾规模的通用计算方法，但是可以借鉴水喷淋动作时间的预测方法进行计算。

（2）烟气层的设计高度　性能化的排烟系统设计目标主要是满足人员安全疏散的需要，排烟量的设计目标应当是保证人员免受烟气的侵扰，因此烟气层的设计高度应当高于观众可能停留的最高位置，并还应当额外有一个身高的富裕量，例如 1.8m 或者 2m。体育场馆内的坐席一般都沿着一定的斜面布置，观众所在的高度不同，所以应取比最高位置观众高 1.8m 或者 2.0m 的位置作为设计烟气层高度。另外，最小烟层的厚度与顶棚射流有关，顶棚射流的厚度为燃烧面到顶棚距离的 10% ~20%。因此，设计烟层厚度应大于顶棚射流的厚度，否则所设计的烟层厚度将是不合理的。

（3）排烟量的确定　对于体育建筑的高大空间，国际上的一般方法是利用羽流模型计算烟气的生成量，然后令排烟量等于烟气生成量。随着 CFD 技术在消防性能化设计中的广泛应用，可以利用计算机软件对设计的排烟量进行模拟和验证排烟效果，以便对设计进行更加深入的对比[13]。

总体而言，我国现行专门用于体育场馆设计的防火要求在上述国家规范中尚无体现。现行的防火规范针对体育场馆而言要求过于滞后和笼统。例如对体育馆的排烟问题规定较为笼统，仅规定了设置排烟设施的场所，没有详细规定排烟量、自然排烟开口面积、自然排烟进风口面积的计算方法。所以在体育场馆类建筑设计中需要引入性能化消防设计的理念。在国外，美国、加拿大防火设计参考《NFPA101 Life Safety Code》和《International Building Code》，澳大利亚参考《Building Code of Australia》，规范中日本国家防火规范也有一些相应的防火要求。但是，所有规范中规定的特殊要求是为了满足体育馆一些普遍的功能要求，然而无法适用体育馆尤其是大型奥林匹克体育馆的防火设计。因而法律上允许用性能化设计去解决条文规范无法解决的一些专门问题。建立了一套运用调查类比、理论分析、模拟实验研究和计算机数值模拟相结合的火灾风险评估方法，并将该方法应用到国家重大工程的风险评估和消防性能化设计中。性能化评估不仅优化了上述重大工程项目的防火设计和消防投资，而且解决了依靠现行国家消防规范无法解决的消防设计重大技术难题，得到了行业部门的充分肯定。

目前国内许多学者进行体育场馆类建筑防排烟系统性能化设计研究。秦挺鑫等[14]针对一个典型的大型室内篮球场馆内的火灾过程进行了大涡模拟。篮球场馆总体长度为 60m，宽度为 46m，高度为 28.8m，在 14.4m 高度以上，篮球馆的顶棚呈弧形结构。室内四周均为观众席，观众席呈阶梯状分布，有两扇门通往篮球馆内，门宽度为 3.5m，高度为 2.4m，两扇门始终都是开着的。四面墙上总共有 20 扇窗户，每扇窗户长 1m，高度为 1.6m，窗户下沿离地面高度为 11.2m。顶棚上有一个面积为 3.1m×3.1m 的天窗。各扇窗户既可以作为自然排烟口也可以作为机械排烟口。假定火源位于篮球馆的正中心，大小为 4m×4m，火源所用燃料为原油，单位面积火源功率为 800kW。运用大涡模拟方法模拟了大型室内体育场馆火灾过程中烟气的充填过程，比较了不同排烟方式（自然和机械排烟）的排烟效果。研究发现，当大型室内体育场馆发生火灾时，为了阻止烟气迅速向下沉降，最佳的排烟位置应该设计在顶棚处，其减缓烟气下沉的效果远远好于其他自然排烟和机械排烟方式，但是顶棚的机械排烟很难控制，场馆内火灾发生时功率大小并不一样，若采用顶棚机械排烟方式，只有当排烟速度大于自然排烟时烟气流出顶棚的平均速度时才会有效果。相对无排烟情况，侧壁自然排烟和机械排烟虽然能够降低烟气的沉降速度，但效果并不显著。采用壁面机械排烟方式时，只有当烟气已经沉降到机械排烟口以下时，机械排烟才能有效减缓烟气沉降的速度。

三、航站楼建筑防排烟特点[8,15~17]

随着航空业的迅猛发展，现代化的机场航站楼建筑正处在向大型化、功能多样化发展的过程中。典型建筑如香港国际机场航站楼、北京首都国际机场的T3航站搂等。

1. 现代化的机场航站楼建筑主要特征

(1) 面积巨大，空间互通。现代化的机场航站楼建筑多采用单一大屋顶结构（Mall）形式，这种结构形式的建筑通常表现为面积巨大，此外还呈现空间巨大，几层空间相互连通等建筑特点。(2) 功能多样化，体现以人为本的设计理念。机场航站楼作为机场建设的重要组成部分，其功能多样，设施先进，耗资巨大。现代化的机场航站楼一般均包括以下功能区域：旅客办票区、离港区、到达区及迎客区域；旅客候机及登机的区域；与航空相关的商务设施，如航空公司办公区、餐饮区和零售商店等；行李交运、行李传输处理、行李提取等区域；与建筑运营管理相关的设备用房等区域。(3) 人员众多、组成复杂，人员机场旅客航站楼建筑的使用功能、建筑特点，决定了其人员组成复杂，人员众多，进出港大厅出入口等处人员密度高，人员一般对建筑疏散出口、路径及其他消防设施不熟悉。对于国际机场，往往包含众多国籍和文化不同的人员，具有人员组成的国际性。

2. 机场发生火灾的危害以及消防设计的主要问题

一般认为，机场航站楼建筑火灾载荷相对较低，管理水平相对较高，火灾很少发生。然而，一旦出现就会造成严重后果，造成人员伤亡或者机场商业运行中断。这是因为机场发生火灾后蔓延很快。火可以通过传导、对流和辐射在巨大的空间内直接连续发展，也可以形成间接的蔓延途径，有时会蔓延到整幢大楼，甚至会波及其他建筑物。火灾产生在大空间内烟气容易扩散。在失去控制的火灾中，吸入烟和有毒的气体都是致命的，它还会使紧急出口标志、疏散指示牌变得模糊，让人看不清；火灾产生的热会给建筑物构造的完整性带来巨大损失，就像印度德里的机场航站楼的倒塌。

航站楼建筑消防设计面临着许多的难题，其主要表现在以下几个方面。

(1) 功能的需要与规范的矛盾　现代化的机场航站楼拥有综合性的功能，需要宽阔的、开放性的流动空间，这种功能的需要和建筑特征意味着航站楼建筑设计常常会超出多数国内建筑规范。建筑设计方面考虑保持大楼的开放性和光线充足以及保证旅客流动的便捷性，而消防设计需要防止火灾和烟气的蔓延扩大，设定一定的防火分区，进行一定的防火分隔。如航站楼建筑行李领取和旅客换登机牌等区域需要大面积且无墙体分隔，这样无法在不阻碍旅客在机场中自由流动的前提下，用传统的隔墙来限制火灾及烟气的蔓延。此外，有许多区域的疏散设计、消防系统设计也难以依据现行的规范进行设计。

(2) 运营的需要与消防安全的冲突　机场安全方面的考虑不允许空侧与陆侧区域的混杂，这将给疏散设计带来难题；商业运作使得航站楼内不可避免地设置大量分散的商店，给航站楼带来了火灾风险，而大空间的机场建筑，人员密集、疏散困难，且火灾烟气在无分隔的大空间易于迅速蔓延。

(3) 建筑美观与消防安全以及规范要求间的冲突　机械排烟是依靠消耗电力的排烟风机，将空间内的烟气从屋顶内强制抽出排至室外的一种排烟方式。该排烟方式排烟效果相对自然排烟要好，但对于机场大空间区域，其设置位置难以选择，其设置位置可能会对建筑顶部视觉观感产生影响。由于自然排烟效果是靠烟气的热压和浮力来保证的，如由于某种原因使烟气受到冷却失去浮力，则烟气也就完全失去排至室外的能力，此时自然排烟只能作为火灾时的一种辅助作用。

机场航站楼作为重要的公共交通类建筑，一般各个区域均设置有自动灭火系统，而对于走廊等公共人流区域，由于火灾载荷较低不设置喷淋系统是可行的，通过设置自动火灾报警探测系统、消防卷盘和室内消火栓、手提火灾灭火器，控制室安装闭路电视，监控这些区域等措施可以弥补未设置自动消防灭火系统的不足。

（4）疏散引导技术与安全疏散需求尚不协调　现代的航站楼建筑已经不再是孤立的个体，错综复杂的建筑平面，即使在日常行走中，也需借助于标志指示灯或是指示牌，更不用说在火灾发生时的混乱局面。需要一种消防智能应急疏散指示逃生系统引导人们避开烟雾逃生，从听觉、视觉等感观上引导人们正确逃生。

（5）大空间灭火问题　航站楼办票（值机）大厅、出发大厅、行李提取大厅、迎取大厅等区域多为大空间设计，而现行的国家标准《自动喷水灭火系统设计规范》（GB 50084）对大空间场所（超过 8m 的民用建筑和工业建筑）的喷淋系统设置未做出明确规定。在工程中遇到大空间场所，一般有以下几种处置方式：不设置任何消防措施；采用雨淋系统；借鉴国外权威机构 FM 试验数据，设置闭式喷头；设置智能型主动灭火系统。

大空间区域不设置任何消防措施，显然不能控制火灾的规模、阻止火灾的蔓延扩大、减少火灾造成的财产损失。而采用雨淋系统，我国现行规范未对设置雨淋系统的场所室内净空高度上限值和保护面积作出规定，当净空高度超出一定限值或保护面积大于某一数值时，系统设计是否有效，是否经济合理还需要探讨。国家标准《固定消防炮灭火系统设计规范》（GB 50338—2003），广东省地方标准《大空间智能型主动灭火系统设计规范》（DBJ 15—34—2004）先后编制出台，为大空间场所的探测与灭火提供了一个解决途径，但其经济性是否会制约其推广应用值得关注。

到目前为止，我国还没有专门的针对机场航站楼等大空间公共建筑的消防法规。现有的建筑防火规范，不能完全满足建筑物在使用功能方面的要求。如何保证消防系统的安全性和可靠性，是一项具有探讨性意义的工作。现代化机场航站楼的建筑特征和火灾特点，决定了其防火设计难以依据传统的规格式设计方法进行。性能化消防设计方法在机场航站楼的出现，为机场航站楼等大空间公共建筑的发展提供了解决途径，目前在世界众多国家和地区，国内外大部分现代化机场设计、建设均引入了消防性能化的设计理念。如美国肯尼迪机场 4 号大楼、英国斯坦斯特德机场、英国希思罗机场 5 号大楼、澳大利亚墨尔本机场、日本关西机场、马来西亚吉隆坡国际机场、中国香港赤蜡角新机场、西安机场、重庆机场、北京首都机场 T3 航站楼等。

3. 机场航站楼主要消防技术管理对策

性能化防火设计给建筑设计与建造者、机场运营与管理者以及消防监督管理者等与机场航站楼利益相关的各方提出了更高的要求，带来了巨大的挑战。但是防火安全不能仅仅是一个说明性的解决方案。必须在设计与管理中重视防火策略。主要对策包括：（1）限制使用严重影响疏散的建筑装饰、装修材料，以及固定的家具；（2）应用新的设计理念限制火灾蔓延扩散，保证火灾时结构安全，可以利用“舱概念”等性能化设计理念进行火灾控制；（3）合理疏散设计，制定详细而妥善的疏散计划；（4）采用适当的早期火灾探测和报警系统、以及适当的固定自动灭火系统；（5）针对不同功能区域采用适当的防排烟措施控制烟气蔓延扩大；（6）加强管理措施的制定和落实以及合理配置外部消防救援队伍；（7）避免外部火灾的影响，合理控制其他建筑如维修库、储油罐、货运中心等与航站楼的防火间距，确保火灾不影响到航站楼的建筑安全。

第三节 大空间建筑防排烟系统研究

大空间建筑由于其空间结构特点，不可能采用普通建筑物的防火对策。在第三章已经讲述过大空间建筑火灾的特点。本节以中庭类建筑为主介绍大空间建筑排烟系统的研究。

中庭建筑防火需要解决的问题很多，其根本问题是一旦发生火灾，要能够阻止火焰蔓延，以及能够保证人员安全疏散。中庭建筑必须设置防排烟系统，《高层民用建筑设计防火规范》对中庭排烟的要求如下：（1）净空高度小于12m的中庭，当其可开启的天窗或高侧窗的面积不小于中庭地面面积的5%时，可以利用天窗或高侧窗自然排烟；（2）不具备自然排烟条件或净空高度超过12m的中庭，应设置机械排烟设施。本节分别介绍两种类型的中庭建筑防排烟系统。

一、大空间建筑自然排烟系统研究

（一）中庭类建筑自然排烟系统工程实例介绍

1. 中庭建筑自然排烟系统设计

自然排烟系统，是中庭烟气管理系统的主要形式之一，采用自然排烟的中庭无需装设排烟风机等专用的防排烟设施而是借助室内外温差所引起的热压作用和室外风力所造成的风压作用，形成室内烟气与室外空气的对流运动。自然排烟以其安装和使用上的经济性受到了越来越多的关注，在英国、新西兰、澳大利亚等国家和地区得到了广泛使用，取得了许多研究成果，制定了一些相应的规范。我国在相关领域开展必要的研究已势在必行。

《自然排烟系统设计施工及验收规范》（DBJ 01—623—2006）规定：采用自然排烟系统的中庭以及建筑面积大于500m^2且高度大于6m的大空间场所，应设置自动自然排烟系统。自动自然排烟系统应与火灾自动报警系统联动。

自然排烟系统由位于中庭屋顶或上部侧墙的开敞通风口组成，这些通风口可以在没有排烟风机帮助的情况下让烟气流到室外。火灾发生时，当探测器检测到火险时，通风口就被打开排烟，为室内人员疏散提供所需的时间，为消防扑救创造一个可以容忍的环境条件。

对一个带中庭的多层购物中心，其通风排烟系统可根据实际情况采用自然排烟或与机械组合排烟等方法。图4－13显示了该类建筑可采用的三种排烟设计。

（1）在中庭顶部设置可自动开启的排烟通风窗进行自然排烟；

（2）在各楼层外墙上设排烟口，将起火楼层中的烟直排室外；

（3）在各楼层上设置机械抽风系统，与自然排烟系统组合工作，将起火楼层中的烟气抽出。

2. 补风设计

自然排烟系统有效性的前提条件之一就是要确保充分的补风量。因此自然排烟设计中

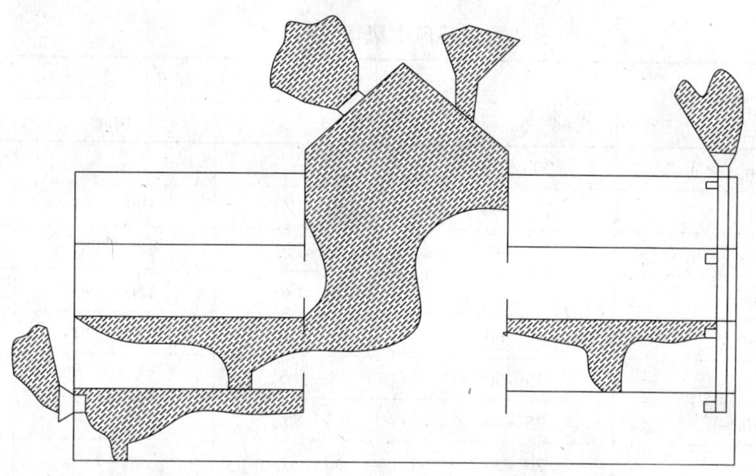

图 4-13　中庭建筑三种不同自然排烟方式

的重要内容之一就是确定补风口的位置和预估补风量。从理论上讲，自然排烟系统的进、出空气量至少一样，该系统才是正常循环的系统；从实用的角度看，进风口可设计成下述的任一种方式或几种组合的方式。

（1）利用邻近的非着火区域的进风口向着火区域自然送风；

（2）在各着火区域的下部空间开设入风口，使其与上部的排烟口实现气流循环；

（3）在建筑的相关部位设置若干扇可在火灾中自动开启的门，以保证外部新鲜空气的流入。

上述三种进气方式如图 4-14 所示。

补风系统可以采用机械通风或自然通风的方式。补风系统符合下列要求：（1）当采用自然通风方式进行补风，补风空气应直接从室外引入。其补风口有效面积可按表 4-6 选取。（2）采取机械补风时，送风口的风速不应大于 5m/s，送风量可按表 4-7 选取[14]。

自然补风口所需有效面积（m^2）　　**表 4-6**

设计烟层厚度 d	空间净空高度 H			
	6m	8m	10m	12m
0.5m	21 ~ 39	—	—	—
1.0m	12 ~ 21	24 ~ 75	31 ~ 75	—
1.5m	9 ~ 18	18 ~ 27	36 ~ 31	54
2.0m	8 ~ 12	12 ~ 18	33 ~ 38	45 ~ 54
2.5m	6 ~ 9	9 ~ 16	27 ~ 33	36 ~ 51
3.0m	4 ~ 6	6 ~ 9	15 ~ 27	27 ~ 42
3.5m	3 ~ 6	5 ~ 8	9 ~ 15	18 ~ 27
4.0m	3	5	7 ~ 10	17 ~ 20

注：本表数据是基于火灾规模为 5MW 的场所，且防烟分区面积为 500 ~ 2000m^2 情况下测算得到的结果，当空间场所火灾荷载较多，其补风口面积应取较大值；反之，其补风口面积可取较小值。

机械补风送风量（m^3/h） **表 4－7**

设计烟层厚度 d	空间净空高度 H			
	6m	8m	10m	12m
0. 5m	90～120	—	—	—
1. 0m	75～100	130～170	190～250	—
1. 5m	70～90	120～150	180～220	245～310
2. 0m	50～70	100～120	160～190	220～290
2. 5m	45～60	90～110	150～170	205～270
3. 0m	35～50	75～105	135～170	190～250
3. 5m	25～40	65～85	115～150	175～230
4. 0m	20～35	50～70	100～130	150～190

注：本表数据是基于火灾规模为5MW 的场所，且防烟分区面积为500～2000m^2 情况下测算得到的结果，当空间场所火灾荷载较多，其补风口面积应取较大值；反之，其补风口面积可取较小值。

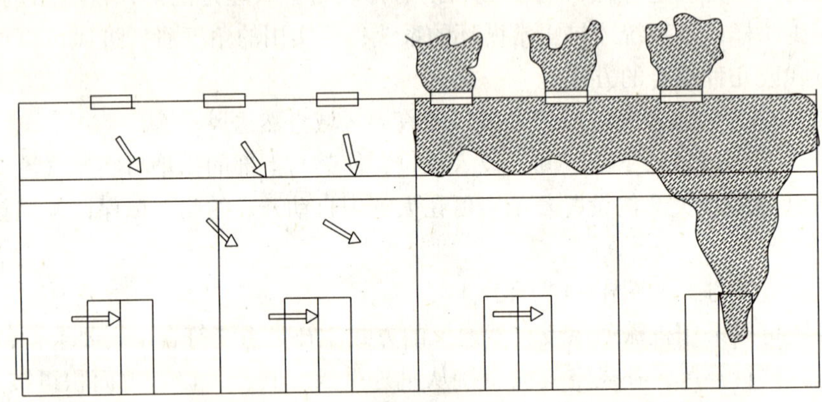

着火区域的通风系统负责将烟雾抽走，同时空气从邻近的非着火区域进入补充

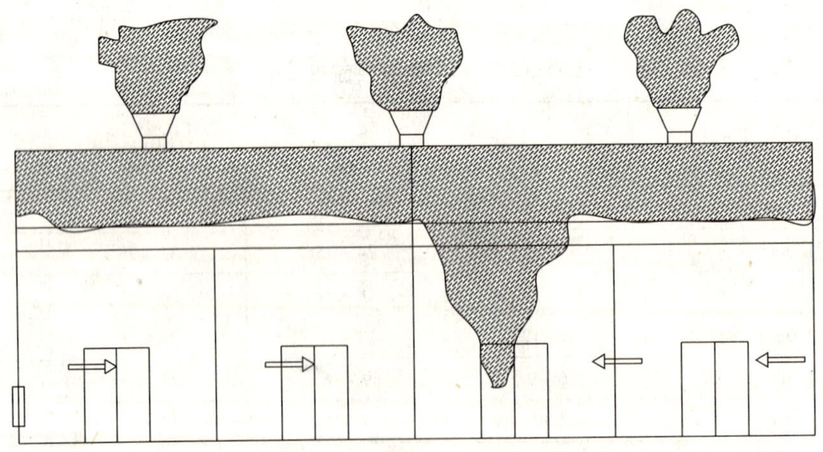

如果是无邻近区域，则需要在较低位置设置空气入口，自动开启通风口或自动开启门都能达到这一目的

图 4－14　自然排烟下建筑内进气方式示意图

（二）体育场馆类建筑自然排烟系统设计实例

张和平[18]、陈建国[13]等研究在体育场馆内火灾发生后，发现自然通风排烟过程中，由于烟气的排出，位于层高处的观众席入口为补充新鲜空气的进口，补充空气形成的气流对上升的烟气羽流及整个流场有极大的湍流扰动作用，称这种效应为门效应。主要原因是由于补风口位置高于火源位置。而当与火源高度相当的补风口开放时，门效应可以得到一定的缓解。因此设计自然排烟系统应注意避免门效应。

李引擎等[11]对一篮球馆利用自然排烟方案进行详细分析。该篮球馆由两大部分组成，上部为体育产业与文化娱乐中心，下部为多功能体育馆，设计方案如图4－15。多功能体育馆为一个可容纳约18000观众的比赛馆，面积为58980m^2（含热身训练馆面积2867m^2。体育产业与文化娱乐中心面积为60845m^2，其中群众文化活动中心20000m^2。

1. 自然排烟系统初步设计

在该篮球馆的设计方案中，所采用的双曲面体无疑是建筑设计中的一个亮点。这些双曲面位于上部商业设施的中庭中，底部与篮球馆相连通（图4－15）。这个设计方案构思奇特，形成上部商业设施中庭中的二道宏伟的景观。除了景观功能，建筑设计方希望这些双曲面体能为下部篮球馆提供通风，以及作为消防排烟之通道，可以更加有效地体现“绿色奥运”的概念。消防性能化设计针对双曲面体是否可作为消防排烟通道进行了定性研究。

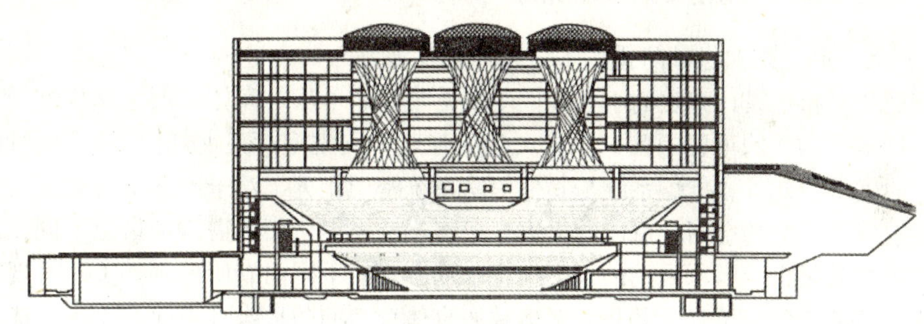

图4－15　某篮球馆设计方案

在概念设计阶段的初步方案为：用双曲面体作为自然排烟通道，排烟口位于双曲面体上部侧面；篮球馆入口大门、篮球馆外立面百叶窗等在探测到火灾时通过火灾自动报警系统联动打开，提供自然补风；在双曲面体内部设置气流方向探测装置，联动双曲面体底部的百叶窗，出现外部气流倒灌时关闭该双曲面体底部的百叶窗。

2. 性能化设计认定的方案

通过性能化设计，对原设计方案进行了调整：用双曲面体作为自然排烟通道，排烟口位于双曲面体顶部，通过百叶窗开放，开放面积至少达到双曲面顶部面积的50%；增加机械补风，利用空调送新风管道送入新风（表4－8）。

篮球馆自然排烟系统性能化设计中火灾场景设置 **表4-8**

场景	机械补风	火灾位置	火灾规模（MW）	火灾类型	排烟口位置
1	全部开启	场心1/4处（演唱会时舞台位置）	10	稳态火	双曲面体顶部开口面积50%
2	除起火看台外其他看台开启	看台中部距离双曲面体最近的座椅处	3	稳态火	双曲面体顶部开口面积50%
3	全部开启	场心正中	10	稳态火	双曲面体顶部开口面积100%
4	除起火看台外其他看台开启	看台中部距离双曲面体最近的座椅处	3	稳态火	双曲面体顶部开口面积100%

采用CFD手段模拟不同场景下自然排烟效果，模型中不仅包括下部篮球馆、上部商业设施和双曲面体，还包括了外界环境。双曲面体连通下部篮球馆和外界环境。研究结果发现，该设计方案均能够有效实现排烟；开口面积越大，篮球馆内温度越低；火源位于双曲面体正下方时，该双曲面体较容易形成“烟囱效应”；双曲面体内热烟气最高温度仅达82℃，不需要进行防火保护。另外研究表明，影响自然排烟的因素很多，例如内外温差、排烟口的开口面积、排烟口的朝向、补风口的开口面积、补风口的朝向、外界环境风速的大小、火灾的规模、火灾的位置等，而且各种因素互相影响、无法彼此割裂。

二、大空间建筑机械防排烟系统研究

（一）大空间建筑对机械防排烟系统设计的要求

常规的机械排烟设计方法的不合理性主要由于其简单从空间体积上考虑排烟量，而忽视了其他影响排烟量的重要因素，如火灾危险性、火灾类型、火灾规模、烟层设计高度、人员疏散时间等。此外，排烟系统与其他消防系统密切相关，对于配备了自动灭火系统的空间和没有灭火系统的空间，可能的火灾规模将不一样，从而所需排烟量也不同，而且排烟系统的排烟效果也会因所采用的火灾报警联动方式的不同而有所差别。美国的现行条文式规范无法适用于体育馆，尤其是大型奥林匹克体育馆的防火设计。而在美国，法律上允许用性能化设计去解决条文式规范无法解决的一些专门问题。亚特兰大奥运会体育场馆的防火设计就是通过性能化设计的方法解决的。性能化的排烟系统设计目标主要是人员安全疏散要求，排烟量的设计目标应当是保证人员免受烟气的危害。

在目前进行大空间建筑的性能化设计中采取研究步骤包括：首先综合分析建筑中可能出现的火灾规模、烟层设计高度等参数以及有关消防系统，设置一定数量的典型火灾场景。然后可以利用《高层民用建筑设计防火规范》、《Guide for Smoke Management Systems in Malls，Atria，and Large Areas，NFPA92B》、上海市工程建设规范《民用建筑防排烟技术规程》（DGJ 08—88—2000）为依据进行烟气控制系统的初步计算和设计。然后依据结构尺寸建立计算模型后，通过CFD技术对典型火灾场景下的火灾发展过程及烟气控制过程进行数值模拟计算，验证初步设计的烟气控制效果，并及时对初步设计的烟气控制系统及其参数进行优化调整以满足设计要求，从而最终确定有效的烟气控制系统及其设计参数值，从而为设计方案的确定提供参考。

在大空间建筑中，机械排烟口的位置确定必须进行深入的研究。秦挺鑫等[14]模拟了大型体育馆内火灾过程烟气的充填过程，比较了不同排烟方式（自然排烟和机械排烟）的效果。当大型体育场馆内发生火灾时，当烟气上浮运动碰到屋顶结构后形成顶棚射流向四周分散，随后因受建筑空间的限制而开始在训练馆上空蓄积；高温烟气携带火源释放出的热量，在运动过程中不断与其周围的冷空气进行热交换，导致训练馆上空温度开始升高。在排烟系统启动后，有效地排出了大量烟气及其产生的热量，烟层温度和厚度的增加渐渐受到限制，同时训练馆上空较大的蓄烟空间也在一定程度上延缓了烟气下降到人员活动空间的时间。为了阻止烟气迅速向下沉降，最佳排烟位置应该设计在顶棚处。但顶棚的机械排烟很难控制，由于火源功率不同，只有当排烟速度大于自然排烟流出顶棚的平均速度时才有效。侧壁机械排烟只有当烟气已经沉降到机械排烟口以下时，机械排烟口才能有效减缓烟气的沉降速度。

（二）中庭类大空间建筑机械排烟量确定[19~21]

由于高层建筑的中庭类型多种多样。中庭烟控设计复杂，难以做到完善。也没有用模拟试验或实际工程得到正确答案。国内外几种关于中庭排烟量的计算方法分述如下[20]：

（1）按中庭占地板面积计算其排烟量　面积小于500m^{2}也应以负担两个或两个以上防烟分区处理，按每平方米排烟不少于120m^3/h计算。

实际上，中庭本身（除底层的地面外）是不产生烟气的，它的烟气来源是由失火层的走廊溢出的。或者失火层就是地面层。由于失火层的走廊排烟系统已排除绝大部分的烟气，溢入中庭的烟气量从理论上讲它的量是不大的。因此中庭的地面层与每层的排烟总量达到或超过120m^3/L时排烟效果应该没有问题。

（2）按中庭容积换气次数来计算排烟量　根据我国《高层民用建筑设计防火规范》第7.2.10条规定，换气次数按4~6次/h计，体积小于1.7万m^{3}时为6次/h；体积大于1.7万m^{3}时为4次/h，最小排烟量不得小于10.2万m^3/h等。照此法计算一般比（1）法计算出风量要大些，但仍有人认为不可靠。日本规定中庭排烟按20次/h的换气次数来计算的，两者相差3倍多。

正确确定中庭的排烟体积十分重要，它与中庭建筑防火分区面积的确定原则基本相同，应按表4－9中的几种情况分别考虑。

中庭式建筑防火分区面积及排烟体积的确定　　表4－9

中庭与周围房间的分隔情况	中庭防火分区面积	中庭的排烟体积
中庭空间与周围房间相通，无防火、防烟卷帘分隔	应按上下层连通的面积叠加计算（即包括中庭在内以及与中庭相通的内部各楼层的全部空间面积）	中庭以及与中庭相通的内部各楼层的全部空间的体积
中庭空间与周围房间相通，但有防火、防烟卷帘分隔	中庭面积	中庭空间本身体积
中庭空间只与中庭回廊相通而与周围房间不相通	包括中庭以及与中庭相通的内部各楼层回廊的面积	包括中庭以及与中庭相通的内部各楼层回廊的全部空间的体积
中庭空间只与中庭回廊相通，但回廊与中庭之间设有防火、防烟卷帘分隔	中庭面积	中庭空间本身体积
中庭空间只与周围房间不相通，有防火、防烟卷帘分隔	中庭面积	中庭空间本身体积

下面以深圳发展中心大厦工程为例介绍中庭排烟设计。该大厦中庭平均截面为 $70m^2$ 左右、高度 100m，目前是我国最高中庭建筑，容积约为 $7000m^3$，最大断面面积 $F=400m^2$，按排烟最小风速 0.7m/s 计（国外做过试验发现在垂直方向清除中庭的烟气起码要 0.2m/s 风速）。

中庭的排烟量：

$$L=70\times0.7\times3600=176400m^3/h$$

选用风机压头为 $44mmH_2O$（431.5Pa）。

容积换气次数 $n=176400/7000=25.2$ 次/h，超过日本规定的 20 次换气。

比我国《高规》规定值 4～6 次/h 要大 4 倍多，由于中庭断面较小，仅以地板面积计算排烟量，那就更小。

如果按中庭占地板面积 $F=140m^2$ 计算排烟量，则有：

$$L=140\times120=16800m^3/h$$

因此设计选用排烟量 $L=176400m^3/h$，比按地板面积计算要大 10 倍之多。

超高层建筑应考虑高空风环境下，受均压环的影响为了使排烟风机克服最不利时间的外面风压影响。最后选择压头为 $H=640Pa$。

该建筑消防系统验收过程中，在无烟测试时当 100m 高处排烟风机开启时，中庭的地板上 2m 处仍然无风感觉，风速仪上读不出数字。可能是内走廊的门没有关严。从上层走廊的门或门缝中逸入空气，形成短路，使地板面上感觉不到风机抽力。当有烟时，而且烟气温度达 800℃时，由于热压加上风压同时作用，排烟效果才能显示出来。

中庭建筑的排烟系统的排烟量按换气次数法确定是缺乏科学性的，误差较大。它未考虑建筑的用途与火灾程度以及中庭高度，1993 年美国统一建筑规范（ICB01994）均已将换气次数法改为新的计算法。新方法不但考虑到火灾稳态产热量，中庭高度，还考虑了其他因素，使计算结果更加接近实际。

（三）性能化设计在体育场馆类建筑机械排烟系统设计应用实例

王婉娣等[22]采用性能化设计思路对体育建筑大空间场所排烟系统的优化设计。以北京某曲棍球训练馆为分析对象，该训练馆净空最大高度 23m，最低高度 21m，体积 $171\,000m^3$，主体结构中采用了钢管混凝土柱及屋面拉索管桁架。训练馆主入口位于曲棍球馆东侧中部，为贵宾、运动员及辅助办公人员出入口，观众入口位于曲棍球馆南北两侧，通过室外直跑大楼梯直接上到二层入口平台，另外，在一层曲棍球场地四周设有应急疏散出口，以满足比赛及训练时运动员疏散要求观众席共设有 951 座，其中主席台 55 座，普通观众 896 座。

按照常规设计，其排烟量将为 $171000\times4=684000m^3/h$。该排烟量实现上较为困难，为此需对排烟系统进行优化设计，以提供切实可行的设计方案。主要工作包括：

（1）确定火源规模以及类型　由于训练馆主要用于曲棍球训练及比赛，比赛场地为草坪，比赛时还要喷水润湿，因此其火灾危险性较小。分析过程中将曲棍球训练馆比赛大厅近似处理为无喷淋的中庭。将火灾设置于比赛场地中央，依据上海市工程建设规范《民用建筑防排烟技术规程》（DG J08—88—2000）确定火灾模型，比赛场地的火灾规模设为 4MW，为快速 t^2 型增长火源。

（2）确定烟气层设计高度　由于看台区域为人员主要活动区域，看台最高处座椅距地面6m，取的烟层设计高度比看台最高处座椅高出2m，因此烟层设计高度为8m。对于曲棍球训练馆检验烟气控制系统设计是否满足要求的判定条件是：满足人员安全疏散的需要，判断指标为：火灾发生1200s时间内，低于烟层设计高度（8m）的空间区域内烟气温度低于60℃，即危险来临时间大于1200s。火灾发生时，取球馆内设置的红外光束感烟探测器探测时间60s，考虑消防联动风机运转的时间120s。则烟气控制系统启动时间为：60s + 120s = 180s。

依据NFPA92B以及《民用建筑防排烟技术规程》提供的相关烟气计算理论和公式进行预测，得出初步设计结果。分别利用本书的第二章中式（2－3）、式（2－5）、式（2－6）来计算轴对称性烟羽流的烟气生成量、排烟量以及烟羽流的平均温度。

根据以上理论计算，曲棍球训练馆排烟系统初步设计如下：

1）有效排烟量为140000m^3/h，远小于按照体积换气系数法设计排烟量；

2）排烟口数量10个；

3）排烟口有效尺寸0.8m×0.8m；

4）排烟口分两列布置，每列均匀分布在场馆顶棚上，由消防中心控制，一旦发生火灾，由烟感器通知消防中心，指令排烟口和排烟风机启动，风机在280℃时能连续运转30min，系统设有超过280℃时能自动关闭的排烟防火阀，在高温排烟风机出口处装有止回阀，防止气流倒灌。

（3）CFD技术模拟验证　用CFD技术模拟验证火灾下烟气扩散情况。火灾场景为非稳态过程，设定在初始时刻，火源热释放率为零；机械排风系统关闭。外界空气采用北京地区室外夏季计算干球温度，将外界空气温度设为33.2℃。计算结果表明在火灾发生的1200s内，距地面8m高度处的温度分布为除火源附近燃烧区域外，其余区域温度在37～40℃之间。烟气控制系统保证了火灾发生后的1200s时间内，从比赛场地到看台以上2m高度的人员活动空间内，除火源燃烧区域外，温度不超过60℃。可以推断烟气控制系统的初步设计能够在1200s的时间内保证人员安全疏散，同时也为消防救援创造了良好条件。

第四节　地铁车站防排烟系统设计与分析

地下铁道（简称地铁）是构筑于地下的大容量轨道交通系统。由行车隧道、客运设施、客车、变配电设施、通信信号、通风和给水排水等设备及行车调度指挥机构组成。因具有载客量大、运行速度快、准时等特点，地铁运行越来越得到人们的青睐。虽然我国地铁发展的历程比之国外晚，北京1969年第一条地铁线建成通车，成为我国最先开通地铁的城市。但是随着国民经济的发展，我国十几座城市将拟建地铁作为公交系统，这其中包括沈阳地铁以及为2008年奥运会顺利进行扩展的北京四号线、五号线、十号线和机场线路。毫无疑问，地铁已经成为城市交通现代化的重要标志之一。

但地铁是深埋在地下的极为复杂的系统工程，与其他地面工程相比，具有以下特点：地铁建筑结构复杂，出入口少，通道狭窄；环境密闭，通风照明条件差；地铁又是一个复杂的联动体系，地下各种机械电气设备种类多，数量大；车辆运行，设备运转，人员办公生活用电量大；同时地铁还是一个人员高度密集的公共场所。由于以上原因，地铁火灾扑救极为困难，往往会造成巨大的人员伤亡和财产损失，英、法、德、日、韩、美等国家都曾经发生过严重的地铁火灾事故并造成人员伤亡[23~25]。

一、地铁车站火灾事故及造成人员伤亡原因分析[26]

地铁车站火灾的特点在第三章已经阐述，大量的火灾事故统计分析表明，火灾中产生的有毒烟气是人员生命的最大威胁。火灾的危害主要来源于热烟气的高温辐射、烟气的毒性以及缺氧。对地铁进行消防系统的设计时，防止人们受到烟气的危害保护生命的安全是非常重要，烟控系统必须能够控制典型区域的烟气的流动以及迅速排出。地铁防灾设备必须强化紧急情况下的控制能力，提高安全性能，主要表现在：（1）紧急情况（列车阻塞、发生火灾）期间控制气流的方向；（2）控制烟雾的浓度；（3）控制空气温度。

二、地铁车站防排烟系统的设计原则[27]

当地铁车站发生火灾时，由于火灾空间受限，往往火势蔓延快且温度较高，加之站内没有更多的通道与外界相连，火灾时产生的大量烟雾无法迅速排出，容易造成人员的窒息伤亡，消防人员也无法迅速进入。地铁车站的防排烟不仅是安全疏散的需要，也是扑救火灾的需要。因此地铁建筑的防排烟比地上建筑更为重要，它成为整个防灾设计的重要组成部分。

国内对地铁消防系统设计主要依据《地铁设计规范》（GB 50157—2003）等，是参考国内相关规范，包括《建筑设计防火规范》（GB 50016—2006）、《高层民用建筑设计防火规范》（GB 50045—95）（2005 版）和《人民防空工程设计防火规范》（GB 50098—98）（2001 年版）。另外，还注意借鉴国外相关规范，如美国的《有轨交通系统标准》（NF-PA130：Standard for Fixed Guideway Transit and Passenger Rail Systems）。随着地铁建筑结构复杂化和功能多样化，在设计地铁系统防排烟系统过程中，大量引入性能化设计理念，尤其是利用 CFD 手段辅助进行防排烟系统的设计。

地铁车站应严格进行防排烟分隔，将着火区域所产生的烟气控制在一定的区域之内，不使其蔓延扩散。并应在着火区域内积极有效地进行排烟。其具体设计应执行《地铁设计规范》（GB 50157—2003），主要包括以下内容：

（1）地下车站及区间隧道内必须设置防烟、排烟与事故通风系统。由于地铁对外连通的口部相对来说是比较少的，一旦发生火灾，浓烟很难自然排除，并会迅速蔓延充满隧道，给救援工作带来极大的困难，同时由于人员要在狭长的隧道中撤离，需经过较长的路程才能到达口部，若浓烟充满隧道可见度较低，人员不易行走，未到达口部就会被烟气熏倒。较好的方法是使人、烟分向流动，用机械排烟设备使烟气在隧道内顺着一个方向流动排出地面，人员从另一个方向撤离，这样才易于脱险。且防烟、排烟系统在风量、风压及设备的耐温标准等方面都有特殊要求，不可简单的用正常运行的通风系统代替。设计时若考虑共用一个系统，则应同时满足防烟、排烟和正常通风的要求。

（2）地铁的下列场所应设置机械防烟、排烟设施：

1）地下车站的站厅和站台；

2）地下区间隧道。

应设置机械排烟设施的地下场所：

1）同一个防火分区内的地下车站设备及管理用房的总面积超过 200m^2，或面积超过

50m^{2}且经常有人停留的单个房间；

2）最远点到地下车站公共区的直线距离超过20m的内走道；连续长度大于60m的地下通道和出入口通道。

本条规定同一个防火分区内的地下车站设备及管理用房的总面积超过200m^{2}时应设置机械排烟设施，是参照《高层民用建筑设计防火规范》制定的。根据本规范车站建筑防火的有关规定，地下车站内的消防泵房、污水泵房、蓄电池室、厕所、盥洗室、茶水室、清扫室等房间的面积不计入防火分区面积内，且这些房间因没有人员经常停留，也不易发生火灾，可以不设机械排烟。同时本条规定将地铁设备及管理用房的内走道视为与地面建筑物的内走道性质相同，地面建筑物发生火灾时，人员是从房间通过内走道，到达楼梯间，再通过楼梯间疏散到室外；地铁设备及管理用房发生火灾的人员疏散情况与此基本一致，首先通过内走道到达车站公共区，然后，再通过公共区，经由出入口疏散至地面。可以看出二者在原理上是相同的，因此，参照《高层民用建筑设计防火规范》规定，当地铁的设备及管理用房的内走道最远点到车站公共区直线距离超过20m时，应设置机械排烟。同样，由于出入口通道或地下通道两端与外界或车站公共区直接相通，可以认为有自然通风，但当这些通道的长度超过60m时，参照《高层民用建筑设计防火规范》规定应设置机械排烟。

（3）当防烟、排烟系统与事故通风和正常通风与空调系统合用时，通风与空调系统应采用可靠的防火措施，且应符合防烟、排烟系统的要求，并应具备事故工况下的快速转换功能。

地铁地下车站和区间隧道可提供给通风与空调系统利用的空间是很有限的，正常通风与空调系统的管道断面尺寸一般很大，本身布置难度就很大，而且通风机房面积很大，若另单独设置一套防烟、排烟和事故通风系统，需要再增加防烟、排烟与事故通风机房，面积就更大，有时难以实现，因此，实际工程中，往往将防烟、排烟系统与事故通风和正常的通风与空调系统合用。此种情况下，为安全起见，确保火灾发生时能及时有效满足防烟、排烟和事故通风的要求，就需要通风与空调系统采取可靠的防火措施，且应符合防烟、排烟系统所需达到的各项要求，且必须设计一套可靠的控制系统，确保当发生火警时，能从正常通风与空调模式快速转换为防烟、排烟运行模式。

（4）防烟、排烟系统与事故通风应具有下列功能：

1）当区间隧道发生火灾时，应能背着乘客疏散方向排烟，迎着乘客疏散方向送新风；

2）当地下车站的站厅、站台或设备及管理用房发生火灾时应具备防烟、排烟和通风功能；

3）当列车阻塞在区间隧道时，应能对阻塞区间进行有效通风。

地铁可能发生火灾的三个主要地域分别为区间隧道、车站的站厅和站台、车站设备及管理用房。根据其情况不同，分别作了规定：①区间隧道发生火灾时，应组织背着乘客疏散方向排烟，迎着乘客疏散方向正压送风，形成推拉式的防烟排烟系统；②当站厅或站台发生火灾时，应能组织机械排烟，并相应送风，保证入口为正压进新风，乘客向地面疏散；③设备及管理用房火灾时，应有机械排烟及送风系统。对用气体灭火的房间设排风及送风系统。地铁事故通风主要是指列车因非火灾的其他故障不能正常行驶而停在区间内，称作列车阻塞在区间隧道。乘客困在车内等候修理或有组织地向安全地点疏散，均需要一定的时间才能完成，但在这段时间内列车和乘客仍在散发大量的热，由于列车停止行驶失去了活塞效应的通风，车辆的空调器也难以运行，从而使空气温度上升，乘客难以忍受。必须通过机械通风的方法，对事故地点送排风，以降低隧道内空气温度，保证车辆的空调器正常运行，因此本条确定了事故通风功能是向事故地点送排风。

（5）地下车站站厅、站台的防火分区应划分防烟分区，每个防烟分区的建筑面积不宜超过 750m^2，且防烟分区不得跨越防火分区。

本条是参照日本防火法规和我国《高层民用建筑设计防火规范》制定的。但考虑到地铁的站厅或站台的使用面积为 1500m^2 左右，为使一个站厅或站台厅划分为两个防烟分区，故将每个防烟分区的建筑面积定为不宜超过 750m^2。

（6）防烟分区可采用挡烟垂壁等设施实现。挡烟垂壁等设施的耐火极限不应小于 0.5h。

（7）区间隧道排烟风机及烟气流经的辅助设备如风阀及消声器等，应保证在 150℃时能连续有效工作 1h。

第 7 条参考美国 NFPA130 制定。该标准在 1988 年版规定“用于事故通风的风机，其电动机和全部暴露在气流中的部件，须设计为能在 149℃（300°F）的外界气流中至少运转 1h。”但在 2000 年版中作了修改，规定“用于事故通风的风机，其电动机和全部暴露在气流中的部件，须设计为能在 250℃（482°F）的外界气流中至少运转 1h，其实际值应通过设计分析确定，任何情况下，其值不能低于 149℃（300°F）运转 1h”。根据地铁区间隧道的实际情况分析，火灾时多为列车电器着火，可燃物不多，没有熊熊烈火，烟气温度并不高。同时由于地铁区间隧道火灾排烟时，要送进大量的新鲜空气，结合一些工程实例计算，单洞风量可达 50～60m^3/s，这一风量不但起到诱导乘客撤离方向的作用，同时起到冲淡烟雾的浓度，降低烟气温度的作用。

（8）地下车站站厅、站台和设备及管理用房排烟风机及烟气流经的辅助设备如风阀及消声器等，应保证在 250℃时能连续有效工作 1h。

地铁车站站厅、站台和设备及管理用房与地铁区间隧道不同，火灾时有可能存在明火，且没有区间隧道那么大的通风量，排烟温度要比区间隧道略高，参照美国《有轨交通系统标准》（2000 年版），规定其排烟风机及烟气流经的辅助设备应能保证在 250℃时连续有效运转 1h。

（9）列车阻塞在区间隧道时的送风量，按区间隧道断面风速不小于 2m/s 计算，并按控制列车顶部最不利点的隧道温度低于 45℃校核确定，但风速不得大于 11m/s。

（10）排烟口的风速不宜大于 10m/s。

（11）当排烟干管采用金属管道时，管道内的风速不应大于 20m/s，采用非金属管道时不应大于 15m/s。

（12）通风与空调系统下列部位风管应设置防火阀：

1）穿越防火分区的防火墙及楼板处；

2）每层水平干管与垂直总管的交接处；

3）穿越变形缝且有隔墙处。

三、地铁车站排烟量的确定

车站站台必须划分防烟分区，一般站台公共区的有效面积不超过1500m^2。根据现行规范按每个防烟分区面积不超过750m^2，划分为两个防烟分区。

《地铁设计规范》对地铁站台和区间的排烟量有明确的规定：

（1）地下车站站台、站厅火灾时的排烟量，应根据一个防烟分区的建筑面积按1m^3/(m^2·min)计算。当排烟设备负担两个防烟分区时，其设备能力应按同时排出2个防烟分区的烟量配置。当车站站台发生火灾时，应保证站厅到站台的楼梯和扶梯口处具有不小于1.5m/s的向下气流。另外，在站台与站厅层连接口处应设置挡烟垂壁，在站台发生火灾时进行可以蓄烟，防止烟气流出站厅层。

本条规定的排烟量是采用日本国际协力事业团为上海地铁一号线制定的车站内排烟标准的数据，即“防烟分区部分按地面面积每平方米要具有1m^3/min以上的排烟能力”。我国《人民防空工程设计防火规范》、《高层民用建筑设计防火规范》其规定内容与此相同。

需要说明的是本条的下半条“当排烟设备负担两个防烟分区时，其设备能力应按同时排除两个防烟分区的烟量配置”与上述规范规定不同。上述规范规定“当排烟设备担负两个或两个以上防烟分区时，应按最大防烟分区面积每平方米不少于2m^3/min计算”。本条是根据地铁具体情况制定的，地铁的站台、站厅，其面积都在1500m^2左右，具备可划分两个750m^2左右的防烟分区条件，设备按同时能排除两个防烟分区的烟量配置，能力为$2\times750\times1=1500$$m^3$/min；按上述规范的含意计算，地铁最大防烟分区的面积规定为750m^2，其能力为$750\times2=1500$$m^3$/min，结果是吻合的。

（2）区间隧道火灾的排烟量，按单洞区间隧道断面的排烟流速不小于2m/s计算，但排烟流速不得大于11m/s。

本条参考美国《有轨交通系统标准》制定。基于两方面考虑，其一是发生火灾时，烟气水平方向流动的速度为0.3～0.8m/s，因此送排风的速度必须大于0.8m/s才能使烟气流按规定的方向流动；其二是地铁发生火灾时，规定了乘客迎着新鲜空气流入的方向迅速撤离，因此必须造成一种气流使乘客感受到有新鲜空气流动，指示其撤离的方向。同时当乘客感受到有新鲜空气流动时，从心理上就产生了安全感，会鼓足勇气迅速地迎着新鲜空气流入的方向步行到安全地带。使人们能感受到新鲜空气流动的最低速度为2m/s，采用2m/s的排烟速度，就能同时满足上述两方面的要求。此外，本条又规定了排烟流速不得大于11m/s，因为当排烟速度大于11m/s时，新鲜空气的流动速度也大于11m/s，在此速度下乘客不能行走，无法安全撤离。

四、地铁车站防排烟环控系统[27～31]

地铁车站的环控系统包括区间隧道通风系统，车站隧道通风系统（包括轨顶排热系统和站台板下排风系统），站厅、站台公共区通风空调系统和设备管理用房通风空调系统等。下面我们将对其具体内容加以介绍：

1. 站台层公共区的防、排烟系统

站台层一般是地下车站的最下层，火灾时自然状态下烟气的流向与乘客疏散方向相同且乘客疏散的条件最差。若站台长度为140m，站台宽度为12m时，扣除站台上的设备用房面积，一般站台公共区的有效面积不超过 $1500m^2$。根据现行的《地铁设计规范》按每个防烟分区面积不会超过 $750m^2$ 划分为两个防烟分区，最大计算排烟量约为 $9\times10m^3/h$，考虑10%漏风系数后约为 $10\times10m^3/h$，而140m站台内会均布两组扶梯和一组楼梯，其开口面积总计约为 $30\sim32m^2$，若地下车站公共区排烟的新风补给全部采用通过出入口自然引入，楼扶梯开口处的风速仅为0.93m/s，根本无法控制烟气不向上一层蔓延。

在这方面，国外的一些基础研究部门进行了较多的试验研究，其中香港采用的英国标准排烟模型较有参考价值，但也有一些特定适用条件，其排烟模型较适合站台层吊顶以上高度超过2m，吊顶以上具有较强蓄烟能力的情况（香港地铁站台层层高在5.5m以上，通透式吊顶完成后为3.3m），其设计计算的基本模型如图4－16所示[28]。当车站站台发生火灾时，产生的热烟气上升积聚在站台的顶板以下一定高度空间内，允许的烟气高度要求确保逃生高度不小于2.5m，即确保站台上2.5m以下空间内烟气的浓度不能影响乘客的安全疏散，同时保证上部空间一定蓄烟能力的条件下来确定站台的排烟量，例如当站台高度为5.5m，逃生高度为2.5m，列车火灾规模10MW时，其排烟能力要求达到 $46m^3/s$，由于顶部蓄烟能力强，试验效果非常理想，基本上无烟气向上一层蔓延。国内的设计情况与香港不太一致，目前各城市地下车站站台层的层高一般为4.2～4.4m，装修吊顶（通透式）完成后为3.0m，同时吊顶以上设有大量的管线，空间所剩无几，蓄烟的效果差。因此若在不改善层高的前提下，站台层排烟能力应以控制烟气不向上一层蔓延作为设计原则，即站台火灾时楼扶梯或斜通道保持大于4m/s的向下风速，乘客到达该通道或上一层已离开烟雾区而进入了相对安全的区域。

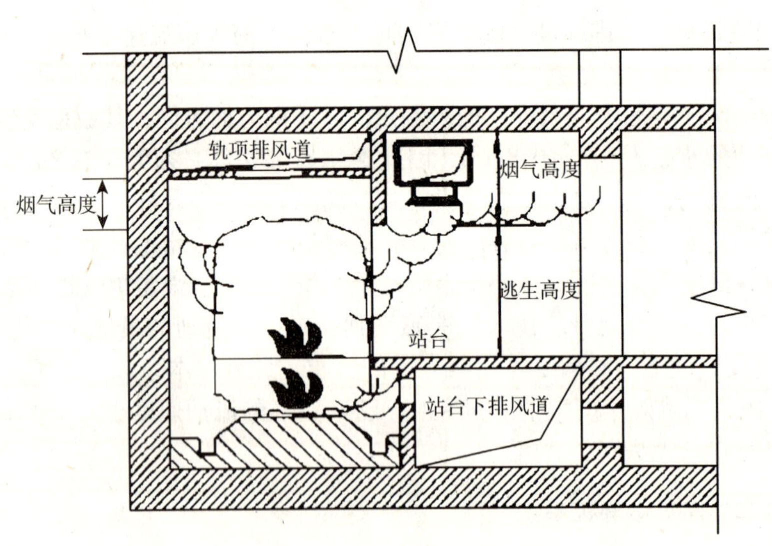

图4－16　车站排烟计算基本模型

要达到4m/s向下的风速，一般车站站台的排烟量将需达到至少 $128m^3/s$，相当于现行规范要求排烟量4倍的能力。这样大的排烟量若仅依靠车站站台的排烟系统实现显然非常困难，那么必须采取其他措施。其实要实现上述排烟量不需要增加任何设备，只需要综合利用车站所安装的风机设备协助排烟即可，因为在车站除布置有服务于公共区的通风空调系统外，不论是否采用屏蔽门系统，一般在车站的两端还布置有隧道通风系统，以广州地铁屏蔽门系统为例其系统型式如图 4－17 所示[29]。

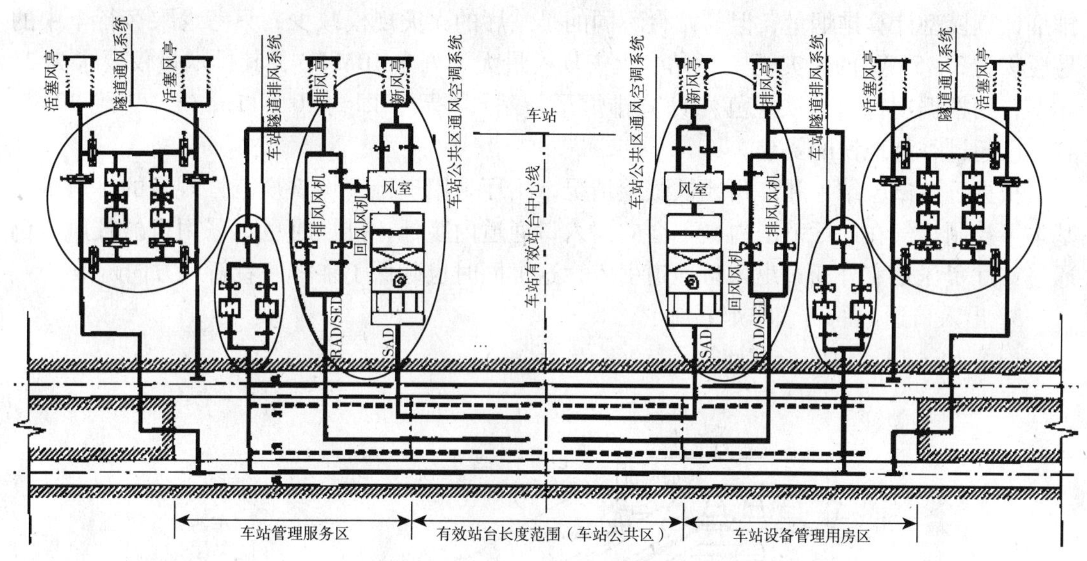

图 4－17　典型车站防排烟系统配置图（屏蔽门系统）

UPE—站台下排风道；OTE—轨顶排风道；SAD—空调送风管；RAD/SED—回风管/排烟风管

隧道通风系统一般会在车站两端头配置两台流量达 50～60m³/s 的隧道风机，全压一般达到 800～1200Pa，正常运营时一般不开启；车站隧道排风系统一般会在车站两端环控机房内配置车站隧道排风机，每侧车站停车位置范围内排风量达到 40～50m³/s，正常运营时该系统处于运行状态。

当车站站台发生火灾时可在车站控制室控制打开屏蔽门，同时开启打开屏蔽门侧的隧道风机（共两台），利用开启屏蔽门侧车站隧道排风系统和该侧的两台隧道通风机协助车站站台排烟系统进行排烟，补给风通过站台负压从车站的出入口通道经站厅引入，乘客会迎着新风方向疏散至上一层（站厅）后再到地面，气流组织合理。这样调整后的排烟量至少可达到约 150m³/s（隧道风机排除的风量有约 20% 通过相邻区间补给），已完全满足控制烟气不向上蔓延的要求。

广州地铁一、二号线的消防验收对防排烟效果及不同排烟模式均进行了烟雾弹对比试验，其结果证明当采用仅靠车站公共区通风空调系统排烟时，在同样产烟条件下的排烟时间至少需 20min 以上，且烟气有向上一层蔓延的情况；当采用系统综合协助排烟模式时，排烟时间只需要 3～10min，且烟气不会向上一层蔓延，站台楼扶梯口处有较好的新风补给，乘客到达楼扶梯口部处已感觉非常安全。

对于无屏蔽门的开闭式系统，由于车站公共区通风空调系统排烟量已接近 80～90 m³/s，再加上两端各开一台隧道风机时其总计排烟量已达约 180m³/s，其排烟及烟气控制能力已完全满足要求。

2. 站厅层公共区的防、排烟系统

站厅层用于乘客的购票和快速通过，宽约为 15～20m，长约为 60～100m，空间较为开阔，有不少于2个通道直通室外。国内地下车站站厅高度一般采用4.2～4.6m，而出入口通道的高度一般为2.5m或与站厅交接通道处设置离地面高为2.5m的挡烟垂壁，这样站厅顶棚有1.7～2.1m的蓄烟高度，因此蓄烟能力比站台大大增强。同样采用香港地铁的排烟计算模型计算排烟量，但与站台不同的是站厅的火灾规模减少，只考虑乘客行李中的易燃物为3～5MW的火灾规模（站台火灾规模最大为列车10MW），其排烟量仅要求为21 m^3/s，而根据现行《地铁规范》计算排烟量与站台一致，即约 $10\times11m^3/h$（不到 $30m^3/s$），已超过香港地铁的要求。

根据香港试验结果和广州地铁试验情况，站厅采用现行《地铁规范》规定的排烟量已基本可控制烟气在站厅范围内，不会向出入口通道内蔓延，排烟时也不采用机械补风，仍通过站厅负压从室外通过出入口通道引入，这样同时也确保了乘客迎着新风方向疏散。

3. 出入口通道的防、排烟系统

（1）出入口通道的长度计算：

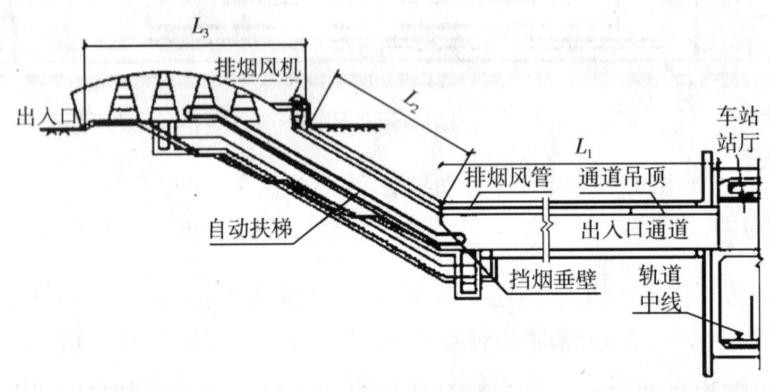

图4－18　出入口通道排烟系统布置图

《地铁设计规范》规定，对于连续长度大于60m的出入口通道应设置机械防、排烟设施。但规范并没有对出入口通道的长度如何计算作具体的规定，因而目前的做法也不尽相同。常见的有以下几种做法（图4－18）：第一种是按照站厅至扶梯底第一个踏步的长度（L_1）进行计算，第二种是按照站厅至通道地面开口开始部位长度（L_1+L_2）进行计算，第三种是按照站厅至通道开口结束部位长度（$L_1+L_2+L_3$）进行计算。

关于连续长度大于60m的出入口通道应设置机械防、排烟设施的原因，并未见有关的权威解释，结合其对超过20m的内走道应设置防、排烟设施之规定的解释，应该主要是考虑到人的疏散距离。《高规》在条文说明中指出，人在浓烟中低头掩鼻可通行的最大距离为20～30m，由于这些出入口通道两端连接车站站厅与外界，可以认为有自然通风，烟气积聚不像内通道那样严重，因此对出入口通道的规定比内走道宽松，但其保证最不利疏散距离仍不超过30m。出入口通道扶梯第一个踏步处设置的挡烟垂壁可将出入口通道划分为两个防烟分区。挡烟垂壁至外界部分划分为一个防烟分区，该防烟分区由于与地面连通，可按照自然防、排烟考虑，不必考虑防、排烟设施。挡烟垂壁至车站站厅部分划分为一个防烟分区，该防烟分区应满足最不利疏散距离不超过30m的要求，也就是说该防烟分区长度不应超过60m，否则应设置机械防、排烟设施。因此，对于出入口通道的长度计算应按照站厅至扶梯底第一个踏步进行计算，该长度超过60m应设置机械防、排烟设施。

（2）出入口通道防、排烟系统的设置　设计中常从车站站厅层公共区排烟干管引出支管作为出入口通道的排烟管，由其负责出入口通道的排烟。该方式看似简单，但存在以下问题：站厅公共区排烟量大，系统难于与出入口通道的排烟量匹配；需要设置相应排烟阀，控制复杂；排烟管道穿越多个防火分区，管道的耐火极限要求提高；由于站厅与出入口通道的高度要求不同，排烟管道难以进入出入口通道（对于暗挖施工的车站，结构上也难以处理）。因此，通常这种方式难以满足实际的排烟要求，效果较差。

出入口通道应单独设置机械排烟系统，排烟风机布置与地面出入口结合。该方式尽管增加了一台排烟风机，但由于其控制简单，易满足出入口通道的排烟要求，且容易实施，因此出入口通道排烟应采用单独设置机械排烟系统的方式。

4. 车站设备管理用房区的防排烟系统

地铁车站的设备及管理用房区是车站安全运营的心脏部位，因而其防排烟系统的设置是非常重要的。当个别设备及管理用房发生火灾而不能安全有效地迅速排除烟气时，会影响到其他房屋的安全，极易造成整个设备管理用房区的混乱，进而严重影响整个车站甚至整个地铁的正常运营。

但是，由于设备管理用房小而凌乱，各种房屋的使用功能以及火灾性质差异很大，因而给防排烟系统的设置带来了很大的困难。在较为集中的设备及管理用房区内至少需要设置通风、空调风管系统7个以上，而且还有众多的电力电缆桥架、通信电缆桥架和各种口径的水管，各系统的管路像蜘蛛网一样纷杂交错。在有限的空间中布置如此复杂的系统，其难度可想而知。在目前的地铁设计中，往往要求对每个房间都考虑设置机械排烟，这更大大增加了管线布置的困难，导致了层高增加，同时由于系统过于复杂，实际效果难以达到设计要求，降低了系统的可靠性。因而，应在满足消防安全和人员疏散要求的前提下，尽可能地简化设备管理用房区的防排烟系统，以减小层高，降低造价。

地铁车站设备及管理用房可以划分为三类：气体灭火房间，主要有通信设备室、信号设备室、变电所等；面积超过50m²的房间，主要是通风空调机房、制冷机房等；面积小于50m²的房间。从表4－10可以看出，除气体灭火房间和通风空调机房等无人房间外，没有超过50m²的单个房间；气体灭火房间需要根据气体灭火的要求排除废气，不必设置机械排烟系统；空调机房、制冷机房等面积超过50m²的房间，基本无人员停留且无可燃物，可以不设置机械排烟设施；面积不超过50m²的房间由于面积较小，人员容易逃离，采用简单有效的密闭隔断防烟措施即可。因此对于地铁的单个房间可以不考虑设置排烟设施。

由于站厅层两侧的设备及管理用房总面积通常大于200m²，因此应设置机械排烟设施，但并非在每个房间内都应设置机械排烟。设置机械排烟设施的目的是保证人员疏散，对于单个房间应遵循其面积是否超过50m²的规定，总面积超过200m²时，在其内走道内设置机械排烟即可，使之在一段时间内成为无烟区，为人员的疏散提供安全的通道。内走道设置机械排烟设施时，排烟口的设置宜使烟流方向与人员疏散方向相反，排烟口与安全出口的距离不应小于1.5m（尽量远离安全出口），排烟口距最远点的水平距离不应大于30m（特别是对于U形和L形通道）。

总之，地铁车站内部管理人员较少，管理人员对地铁内部地形熟悉，火灾时不会出现混乱的情况，容易疏散。单个房间面积较小，可燃物较少，应以密闭防烟为主，除极个别情况外，可以仅在其内走道设置机械排烟设施，以简化系统，降低造价，并提高系统的可靠性。

某城市地铁车站主要设备管理用房面积 **表 4－10**

用房名称	数量	参考面积（m^2）	用房名称	数量	参考面积（m^2）
车站控制室	1	40～45	信号设备室	1	40～125
站长室	1	15	通信设备室	1	60
多功能室	1	30～40	公安消防无线室	1	15
警务室	2	12×2	公众通信引入室	1	45
站务室	1	12～15	通风空调机房	2	480×2
站台值班室	1～2	12	制冷机房	1	100
司机换班室	1	12	环控电控室	2	40×2
信号工区及值班室	1	20	降压变电所	1	200
票务室	1	15	牵引降压混合变电所	1	275
备品库	1	20	污水泵房	1	20
配电室	4	15×4	废水泵房	1	30

5. 区间隧道火灾事故通风系统[31]

在站台层或站厅层的两端设有隧道通风设备，用于阻塞运行和区间隧道火灾时的相邻隧道的通风，也可用于正常运行时的区间隧道通风。图 4－19 为某市地铁车站隧道通风系统示意图。隧道通风设备一般设于车站两端。每个系统包括隧道风机、电动风阀和阻塞运行时用于把高速空气喷入隧道的冲量风机及喷嘴。通过隧道风机的正或反转以电动风阀的协调关闭或开启来实现向隧道送风或排风。列车发生火灾后，排烟系统的任务是确保火灾期间的排烟和乘客安全疏散。确认发生火灾后，首先应尽可能将列车行驶至车站进行人员疏散和灭火工作。如列车停留在隧道内，中央控制室根据火灾列车在区间隧道内的位置、列车哪节车厢发生火灾、火源距安全通道的距离等决定通风方向。隧道两端 2 个车站的隧道通风系统协调运作，一端向隧道内送风，一端由隧道内排风，共同形成一股流过隧道断面的气流。排烟空气流动方向与乘客疏散的方向相反，以使乘客疏散区段处于新鲜空气区域。区间隧道断面空气流动的速度最低为 2m/s，但不得大于 11m/s，否则将造成乘客不能行走，撤离困难。要求排烟风机可反转，耐温 150℃，并可持续运转 1h。这一点与《高层民用建筑设计防火规范》的规定不尽一致，其规定为："排烟风机应保证在 280℃时能连续工作 30min。"主要是因为地下铁道火灾时，可燃的材料不多，不会产生熊熊大火，而多为材料燃烧产生的有毒气体，温度并不很高，所以对排烟风机的耐温要求相对低一些。

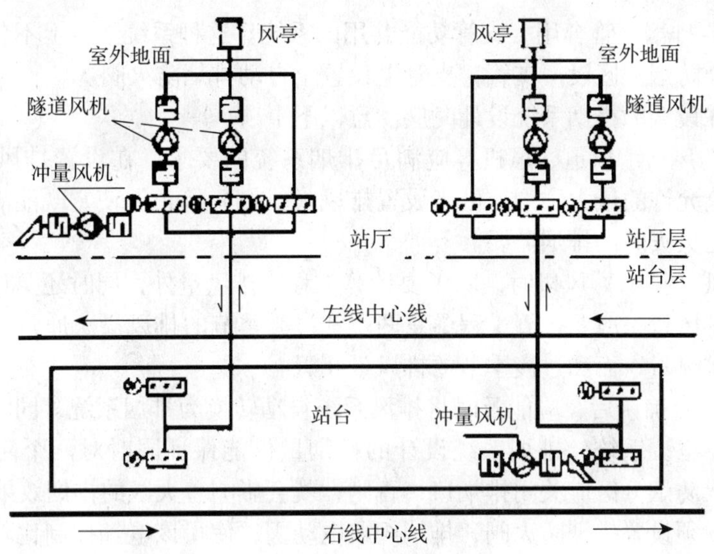

图 4－19 设于车站的隧道通风系统示意图

五、地铁车站防排烟系统的形式

地铁车站的防排烟系统按是否与排风系统管道合并设置可分为独立设置的排烟系统和合并设置的排烟系统两种。《地铁设计规范》允许机械排烟系统可单独设置或与排风系统合并设置，但要求两种系统必须能够快速切换。

独立设置的排烟系统，即排风系统与排烟系统管路分开设置的系统又可分为完全独立的排烟系统和排烟风机与排风机共用但管道相对独立的排烟系统两种。其特点是系统占用地下空间多，管路复杂，一次性投资高。

而合并设置的排烟系统，即排风与排烟共用一套管道的系统，平时可做排风用，火灾时由消防自控系统控制进行消防排烟。该系统具有管路简单，可避免管道交叉、降低吊顶高度，节省投资等优点。

目前地铁车站排烟系统多采用与排风系统合并设置的形式。工程上合并设置的排烟系统常有以下几种形式：

（1）排风、排烟管道合用，排风、排烟风口合用的系统。这种系统优点是排风均匀，排烟点到位，便于及时排烟，缺点是排风与排烟转换全部靠风口完成，故自动风口数量多控制机械复杂，因而造价较高，该系统由于控制环节多，可靠性差。

（2）排风、排烟管道合用，单独设置排风风口和排烟风口的系统。这种系统中每个防烟分区设排烟风口，只有必要部位设置电动排风口。火灾时关闭所有排风口，排烟口根据消防控制室指令打开排烟。这种系统优点在于控制简单可靠，但有时为节省造价尽量减少电动排风口，就有可能造成排风效果较差，形成通风死角。

（3）排风、排烟干管合用，支管功能分开的系统。这种系统干管上不装风口或只装排烟时一次性关闭的排风口，支管分为设有电动排烟调节阀的排风支管和排烟支管，日常排风和火灾时排烟靠切换相关阀门来实现。这种系统较①、②模式电动风阀数量少，但由于设置了双重支管，风管造价高，占用空间也多。

(4) 排风、排烟干管合用，支管功能共用的系统。这种系统干管上不装设排风或排烟口，而只在每个防烟分区设一支管，支管上设置全自动排烟防火阀。

在进行合并设置的排烟系统设计时应注意以下事项：

(1) 系统的风口、风道、风机等应满足排烟系统的要求。在设置排风（排烟）支管时，应按照规范允许的最大防烟分区来设置排风（排烟）管道，使它既能满足平时的排风需要，也能满足火灾时的排烟需要。

在选择排风（排烟）风机时，除了要计算工程的排风量外，同时还要计算最大防烟分区的排烟量。排风量一般要计算工程冬夏两季和过渡季节的排风量。通常，最大排烟量大于冬夏两季的排风量，而和过渡季节的排风量相近。

(2) 当火灾被确认后，应能及时将排风系统自动转换为排烟系统，同时自动关闭与排烟无关的通风、空调系统。排烟系统设计的排烟量仅能保证同时对两个防烟分区进行排烟，其他未着火防烟分区应关闭排烟口，否则，就会影响着火区的排烟效果。

系统管道中须设置排烟防火阀，排烟阀或电动阀，使得该电气控制比较复杂，控制点多，对排烟防火阀或电动阀的可靠性要求高，依据目前国产阀门及系统维护管理水平，应尽量使一个排烟系统仅负担1~2个防烟分区，只要其中一个分区着火就开启全部排烟风机及排烟口，对两个分区同时排烟，以保证排烟效果。

(3) 通风排烟系统划分应结合建筑防火分区来考虑，做到既有利于通风系统兼作排烟系统，又不会出现排烟风管跨越防火分区现象。

六、地铁车站防排烟设施的设置与完善

1. 系统中阀门的设置

在地铁车站防排烟系统设计中，阀门的选择是非常重要的环节，合理选用排烟阀、排烟防火阀、防火阀，不但可以使系统启动迅速、运行自如，而且可以在一定时候切断重要设备房间与火灾区域的联系，保全贵重仪器设备。系统中排烟阀、排烟防火阀的设置有以下几种情况。

(1) 安装在排烟支管上的全自动排烟防火阀　全自动排烟防火阀有以下特点：

1) 它是常开的，因为排烟管又兼作平时的排风系统的排风管，保持常开状态，可以保证平时排风管道的畅通无阻。

2) 它是全自动的，可输出开、闭两个信号，可由自动系统来控制关闭。通常，火灾有它的不可预见性，发生火灾时，平时的排风系统转换成排烟系统一定要迅速，才能及时有效地排除烟雾。同时，排烟防火阀要迅速动作，以便其他区域的排烟支管迅速关闭，防止火势和烟雾蔓延至其他区域。

3) 当火灾发生到一定程度，管道温度达到280℃，阀门可以自动关闭，及时切断气流和火势。

(2) 安装在进入排烟（排风）机房的排风干管上的排烟防火阀　每个防烟分区的排烟支管都与排烟干管相连，排烟干管通向排烟（排风）机房与排烟风机相连，火灾发生时，排烟系统自动启动后，烟雾通过干管由排烟风机排至室外，此处安装的排烟防火阀，应保持常开状态，以保证平时排风管道的畅通。因为它是排烟的主要干道，应有较高的自动关闭功能，通常管道温度达到280℃时，阀门自动关闭，切断气流和火势，保全排烟风

机等贵重设备。

(3) 安装在排烟管道上的排烟阀　排烟阀平时常闭，火灾时通过火灾探测器或电信号打开，并联动排烟风机启动，可输出开、闭两个信号。

(4) 安装在其他部位的防火阀　在进出空调机房的送风管上和穿越防火墙的通风管道上，都应安装常开的防火阀，当管道温度达到70℃时都能自动关闭，切断气流和火势，防止火势和烟雾通过风管蔓延至其他区域，以保全空调机房和其他区域的贵重仪器设备。

2. 排烟风机

为保证地铁建筑的排烟效果，风机及管道应采用耐高温排烟风机、风道或在排烟风机入口前的烟道内设置自动喷水冷却装置，降低烟气温度。

3. 新型防排烟设施

新型防排烟设施有消烟剂和静电消烟装置等，这些措施和传统的通风换气配合使用，将使防排烟效果更加理想。消烟剂是一种惰性雾状化学消烟剂，可用于消除烟气中的毒气，使烟气的毒害性大大降低。静电消烟装置，能使带电的烟粒子经过静电场时实现定向移动，并积聚到电极上后予以消除，可用于消除烟气中的烟粒子，提高可见度，为人员疏散和扑救火灾扫清障碍。随着科学技术的进步，今后将不断开发出更加有效的防排烟措施。

第五章 建筑火灾防治技术

为使建筑物的火灾安全状况良好，既要采取技术措施，又要加强安全管理。而具有至关重要作用的是不断提高火灾防治安全技术。

现行《建筑设计防火规范》和《高层民用建筑设计防火规范》等规范规定了建筑设计防火应采用的技术措施，其按工种概括起来有以下四大方面[1,2]：

（1）建筑防火；

（2）消防给水、灭火系统；

（3）采暖通风和空调系统防火、防排烟系统；

（4）电气防火，火灾自动报警控制系统等。

火灾防治安全技术可分为两类，一类是“主动”防火对策，即采用预防起火、早期发现（如设火灾探测报警系统）、初期灭火（如设自动喷水灭火系统）等措施，尽可能做到不失火成灾。这类措施又被称为“积极”对策。采用这类防火对策为重点进行防火，可以减少火灾发生的起数，但却不能排除遭受重大火灾的可能性。另一类是“被动”防火对策，即采用以耐火构件划分防火分区、提高建筑结构耐火性能、设置防排烟系统、设置安全疏散楼梯等措施，尽量不使火势扩大并疏散人员和财物。这类措施又被称为“消极”对策。以“被动”防火对策为重点进行防火，虽然会发生火灾，但却可以减少发生重大火灾的概率。“被动”防火对策和“主动”防火对策的目的是一致的，都是为了减轻火灾损失，保证人员的生命安全。

第一节 建筑火灾被动防治技术

目前，就我国经济实力和公众防火意识而言，被动防火安全系统的设计更具普遍性、可靠性、长久性和经济性特点。被动防火安全系统的基本功能包括[3]：

1）需尽量将火势及烟气蔓延限制在起火居室内，以减少生命及财产损失；

2）需防止建筑物结构体提前崩塌；

3）需防止火势蔓延至邻近区域或防止火势从邻近区域延烧过来；

4）与主动防火系统实现有机的互补。

常用的被动防火技术包含：采用阻燃或者难燃材料；采用防火涂料；设置防火分区和防烟分区；划分建筑物耐火等级；使用各种管道孔洞的封堵与防火封堵材料；设计安全疏散线路。下面分别予以介绍。

目前国内关于建筑火灾被动防治技术的有关标准有《建筑设计防火规范》（GB 50016—2006）、《高层民用建筑设计防火规范》（GB 50045—95）（2005 版）、《混凝土结构防火涂料》（GA 98—2005）、《建筑内部装修设计防火规范》（GB 50222—95）、《2006 年最新建筑装饰装修工程施工质量验收标准规范》、《饰面型防火涂料》（GB 12441—

2005)、《建筑物内装修防火涂料防火性能分级标准》。国内的相关法规经常参考美国的相关消防法规《Standard for Fire Retardant Impregnated Wood and Fire Retardant Coatings for Building Materials：NFPA703》即《防火浸渍木材和建材用防火涂料标准》。

一、阻燃材料及其应用[4~8]

凡是能在空气、氧气或其他氧化剂中发生燃烧反应的物质均为可燃物。可燃物依据化学组成可分为有机可燃物和无机可燃物；被广泛应用的以高聚物为基础制造的塑料、橡胶和纤维三大合成材料及其制品多数是可燃或者易燃的。其燃烧时大多放出浓烟和有毒气体，对人员生命构成威胁。

阻燃性指的是使材料具有减慢、终止或防止热辐射的特性。降低聚合物的可燃性主要有两种方法，一是合成耐热材料；二是利用物理的或化学的方式，将阻燃添加剂加入到聚合物的表面或体内。阻燃剂是提高材料难燃性的一类主机。可燃物的燃烧通常可以分为热分解、热自燃、热点燃阶段，针对不同的阶段可以采用凝聚相阻燃、气相阻燃或中断热交换阻燃等途径使可燃材料达到难燃或者不燃。经过阻燃处理后的材料，在燃烧过程中，抑制阻燃剂在不同相区内起到抑制燃烧的作用。

塑料是以高聚物为主要成分，再加入填料、增塑剂、抗氧化剂及其他助剂，经某种方法加工制成的材料。使塑料阻燃化的主要手段是添加各种阻燃剂。现在应用于塑料的阻燃剂分为有机型和无机型。有机型主要包括氯化石蜡、氯化聚乙稀、六溴苯等，无机型主要包括三氧化二锑、硼酸锌、水合氧化铝等。目前常用的阻燃性塑料有阻燃高冲聚苯乙烯粒料、阻燃聚乙稀塑料。主要用于制作管材、板材、轻纺、化工、建筑等工业用材料。

阻燃性橡胶制品是在橡胶硫化（橡胶加工过程必须经过的工艺）前将硫黄（若氯丁橡胶则用 ZnO 和 MgO 为硫化剂）硫化促进剂以及其他助剂一起混炼混和，然后经过硫化最后制成各种阻燃橡胶制品。对于大分子主链只含碳、氢的橡胶（称烃类橡胶）的阻燃，天然橡胶（NR）、丁苯橡胶（SBR）是加入三氧化二锑或氯化石蜡等可以可捕捉自由基 HO 的物质，使之组成复合阻燃体系另外还要加入受热分解时可吸收热量或稀释橡胶热分解的可燃性气体的物质如氢氧化铝等，它同时可以起消烟作用。

阻燃性纤维材料主要有以下几类方式：

木材的阻燃主要方法是浸渍和表面涂层，如有机磷酸酯乳液结合防腐剂浸渍、磷和卤素有机化合物溶液浸渍等。

棉和其他纤维素制品的阻燃主要使用三氮丙啶基氧化磷（APO）和四羟甲基氯化磷（THPC）作为棉纤维整理体系。

毛类织物较不易燃烧，同时消费量远小于棉纤维，阻燃性改性途径有：（a）非耐久性处理；（b）纤维改性而发展的体系，其中以卤素化合物为主；（c）给予钛和锆的复合物同时加入苹果酸或溴代苯二甲酸在低 pH 值下做耐久处理，主要为地毯、毛织物等开发的。

聚酯纤维时热塑性纤维，燃烧能收缩，并熔融滴落，具有自熄倾向。阻燃改进方法是在合成时用含溴或磷化合物共聚单体如二溴对二苯甲酸等。

聚烯烃纤维由于易燃，而且降解物迅速着火，滴落物也能燃烧，因而化学阻燃改性比较困难。其主要用途是作为地毯背衬，可以在胶粘剂中加含氯单体共聚。

混纺纤维的阻燃特性由于可变因素（如纤维种类、比例、可溶性等）很多而增加了复杂性，没有一个普遍的方法。阻燃剂有四羟甲基磷类化合物、十溴二苯醚加氧化锑等。同一可燃物燃烧的难易程度也会因其内在条件改变而改变。如对易燃、可燃材料进行组分改变或阻燃处理可以使其转变为难燃或不燃性材料。室内装修防火，在防火设计中应根据建筑物性质、规模，对建筑物的不同装修部位，采用相应燃烧性能的装修材料。要求室内装修材料尽量作到不燃或难燃化，减少火灾的发生和降低蔓延速度。

二、防火涂料[3,4,9,10]

防火涂料又称阻燃涂料，它除了具有一般涂料的装饰性和保护性能外，还有两个特殊性能。其一是涂层本身具有不燃性或难燃性，即能防止被火焰点燃；二是能阻止燃烧或对燃烧的拓展有延滞作用，即在一定的时间内阻止燃烧和抑制燃烧的扩展。

按照防火原理，防火涂料可以分为膨胀型和非膨胀型防火涂料两大类。膨胀型防火涂料应用广泛。它被涂成膜后，常温下是普通的漆膜，但在火焰或者高温作用下，涂层发生膨胀炭化，形成一种比原来厚度大几十倍甚至几百倍的不燃海面炭层，它可以切断外界火源对基材的加热，从而起到阻燃作用。膨胀剂防火涂料通常含有成膜剂、发泡剂、成炭剂、脱水成炭催化剂、防水添加剂、无机颜料、辅助剂等。

基料与其他组分匹配，既保证涂层在正常工作条件下具有一般的使用功能，又能在火焰或高温作用下使涂层具有难燃性和膨胀效果。通常使用的基料主要有水性树脂和含氮树脂等。

防火涂料应用范围不断扩大，按照用途有饰面型防火涂料、电缆防火涂料、钢结构防火涂料等。很多国家已经制定法律，规定用于学校、医院、电影院等公共建筑内的涂料必须是阻燃的。国内也出版相关规范如《钢结构防火涂料通用技术条件》（GB 14907—2002）等。

三、防火分区设计以及防烟分区划分[1,2,11~14]

在建筑设计中进行防火分区的目的是防止火灾的扩大，可根据房间用途和性质的不同对建筑物进行防火分区，分区内应该设置防火墙、防火门、防火卷帘等设备。防火和防烟分区的划分是极其重要的。在大型建筑中，除应减少建筑物内部可燃物数量，同时对装修陈设也应尽量采用不燃或难燃材料以及设置自动灭火系统之外，最有效的办法是划分防火和防烟分区。

防火分区的划分，既要从限制火势蔓延，减少损失方面考虑，又要顾及到便于平时使用管理，以节省投资。比较可靠的防火分区应包括楼板的水平防火分区和垂直防火分区两部分。水平防火分区即是阻止水平方向火灾蔓延而考虑实施的防火解决办法之一。一般来讲，水平防火分区是由防火墙、防火卷帘、防火门及防火水幕等防、耐火非燃烧分隔物达到其防火阻焰的目的。垂直防火分区，就是将具有1.5h或1.0h的耐火极限的楼板和窗间墙（两上、下窗之间的距离不小于1.2m）将上下层隔开。当上下层设有走廊、自动扶梯、传送带等开口部位时，应将相连通的各层作为一个防火分区考虑，即应把连通部位作为一个整体看待，其建筑总面积不得超过规定，如果总面积超过规定，应在开口部位采取防火卷帘分隔设施，使其满足要求。在建筑设计中，通常规定：楼梯间、通风竖井、风道空间、电梯、自动扶梯升降通路等形成竖井的部分要作为防火分区。

根据我国现行《高层民用建筑设计防火规范》中规定的防火区的分区面积为：一类建筑：$1000m^2$；二类建筑：$1500m^2$；地下室：$500m^2$；设有自动灭火系统时，其允许最大建筑面积可按上述规定增加一倍；高层建筑内的商业营业厅、展览厅等，设有火灾自动报警系统和自动灭火系统，且采用不燃或难燃材料装修者，地上部分可达 $4000m^2$；地下部分可达 $2000m^2$。一般来说，竖向防火分区为每一楼层一个分区，大多数建筑规范将一般情况下的防火分区面积限制在 $2500 \sim 3000m^2$。

防烟分区则是对防火分区的细分化，防烟分区内不能防止火灾的扩大。它仅能有效地控制火灾产生的烟气流动，首先要在有发生火灾危险的房间和用作疏散通路的走廊间加设防烟隔断，在楼梯间设置前室，并设自动关闭门，作为防火、防烟的分界。此外还应注意竖井分区，如商场的中央自动扶梯处是一个大开口，应设置用烟感器控制的隔烟防火卷帘。

现行规范对于防烟分区规定不应超过 $500m^2$，而且防烟分区不得跨越防火分区。防烟分区的分隔，可用隔墙，也可用挡烟垂壁（从顶棚下突出约 500mm 的用非燃材料制作）当火灾时由人工放下。挡烟垂壁也可用透明材料制作，并固定安装，或用从顶棚下突出不小于 0.5m 的梁划分防烟分区。

防烟分区的划分原则如下：

（1）不设排烟设施的房间（包括地下室）和走道，不划分防烟分区。

（2）走道和房间（包括地下室）按规定都设置排烟设施时，可根据具体情况分设或合设排烟设施，并按分设或合设的情况划分防烟分区。

（3）当走道按规定应设排烟设施而房间不设时，若房间与走道相通的门为防火门，可只按走道划分防烟分区；若房间与走道相通的门不是防火门，则防烟分区的划分还应包括房间面积。

（4）当房间按规定应设排烟设施而走道不设时，若房间与走道相通的门为防火门，可只按房间划分防烟分区；若房间与走道相通的门不是防火门，则防烟分区的划分还应包括走道面积。

（5）一座建筑物的某几层需设排烟设施，且采用垂直排烟道（竖井）进行排烟时，其余各层（按规定不需要设排烟设施的楼层），如增加投资不多，可考虑扩大设置范围，各层也宜划分防烟分区，设置排烟设施。

在采暖通风和空调系统防火设计时，设计防排烟系统要根据建筑物性质、使用功能、规模等确定好设置范围，合理采用防排烟方式，划分防烟分区，做好系统设计计算，应按规范要求选好设备的类型，布置好各种设备和配件，做好防火构造处理等。

四、建筑物耐火等级[15,16]

划分建筑物耐火等级是建筑设计防火规范中规定的防火技术措施中最基本的措施。它要求建筑物在火灾高温的持续作用下，墙、柱、梁、楼板、屋盖、吊顶等基本建筑构件，能在一定的时间内不被破坏，不传播火灾，从而起到延缓和阻止火灾蔓延的作用，以防止建筑物发生完全或局部的倒塌，并为人员疏散、抢救物资和扑灭火灾以及为火灾后结构修复创造条件。

建筑构件耐火性测试分为承重构件和分隔构件两类。构件耐火性用三个指标综合判定：①稳定性；②完整性；③隔热性，平均温升不大于140℃，最大温升不大于180℃。

目前，我国和世界大多数国家采用如图5－1所示的国际标准ISO830标准火灾升温曲线来检验建筑构件的耐火时间。规定承重构件耐火度的目的是使建筑物在火灾中不致倒塌，而分隔构件还应防止火灾向其他分区蔓延，这就要求承重、分隔构件不但要保持自身的稳定性，还应在一定时间内保持完整性，即不出现可被火焰穿过的裂隙。另外，其背火面温度的升高不能超过一定的限制。限制背火面温度是为了防止非着火分区温度过高以致其中物品被点燃而造成火灾蔓延。因此，确保建筑构件耐火极限是实现防火分区设计的最基础的条件。

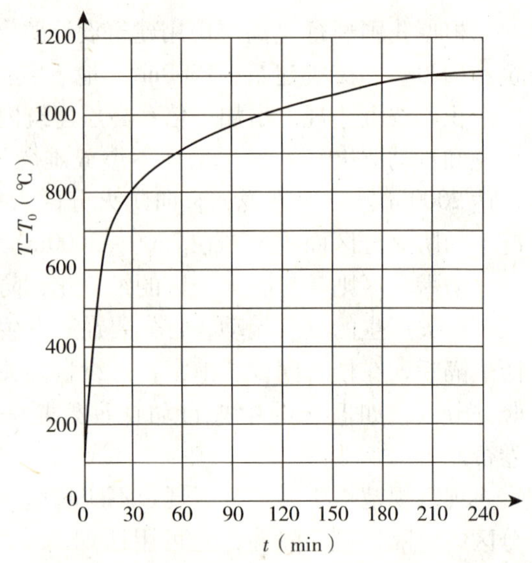

图5－1　国际标准火灾曲线

五、各种管道孔洞的封堵与防火封堵材料[17,18]

建筑物中不可避免的有输送流体（水、气、蒸汽等）的管道和电缆需要穿过结构构件，若处理不好，势必会成为火灾扩大蔓延的洞口。防火封堵材料用于封堵建筑内的各种贯穿孔洞，如电缆、风管、油管及天然气管等穿过墙（仓）壁、楼（甲）板时形成的各种开口以及电缆桥架的分段防火分隔，以免火势通过这些开口及缝隙蔓延，具有防火功能，便于更换。主要包括无机防火堵料、有机防火堵料、阻火包及阻火圈等四类产品。

无机防火堵料又称为速固型防火堵料。它是以快干水泥为基料，再配以防火剂、耐火材料等经研磨、混合均匀而成。该产品对管道或电线电缆的贯穿孔洞，尤其是较大的孔洞、楼层间孔洞的封堵效果较好。它不仅具有较高的耐火极限，而且还具备较高的力学强度。在对孔洞进行封堵时，管道或电线、电缆表皮需堵一层有机堵料，以便贯穿物的检修和更换。

有机防火堵料是以有机合成树脂为胶粘剂，配以防火剂、填料等经碾压而成的材料，具有可塑性和柔韧性。该类堵料的可塑性好，长久不固化，可以切割、搓揉，用以封堵各种形状的孔洞。为了保证贯穿物（如电缆）的散热性，可以不必封堵严密。当火灾发生时，堵料受热膨胀，将遗留的缝隙或小孔封堵严密，有效地阻止火灾蔓延与烟气的扩散传播。这类堵料主要可应用于管道或电线、电缆贯穿孔洞的防火封堵工程中，多数情况下与无机防火堵料、阻火包配合使用。

阻火包是用不燃或阻燃性的布料将耐火材料固定成各种规格的包状体，在施工时可堆砌成各种形态的墙体。尤其适用于大孔洞的封堵，以起到隔热阻火的作用。阻火包主要应用于电缆隧道和竖井中的防火隔墙和隔离层，以及贯穿大孔洞的封堵，制造或更换重做均十分方便。施工时应注意管道或电线电缆表皮处需配合使用有机防火堵料。

六、安全疏散线路的合理设计[19]

当某一防火区域内着火时，该区内的人员必须能尽快地撤离出去。为此设计防火分区时，应认真考虑人员的安全疏散问题，一般应做到如下几点：

1）每个不在避难层的防火分区必须有两个以上的楼梯间（内部和外部均可），可以通向避难层及其他楼层。

2）疏散路线必须满足室内最远点到最近楼梯间的行走距离的限值。

3）楼梯间的人口以能自动关闭的防火门来保护。

4）通向地下层的楼梯不得与地上的楼梯相连，应该用防火墙分隔，通过防火门出入。

安全疏散设计要充分考虑人员特征因素，包括：警觉度、行动能力、所处位置、环境熟悉度、群聚的社会性、防灾意识和知识等。

第二节　建筑火灾主动防治技术

建筑火灾的主动防治指的是直接限制火灾发生和发展的技术，可以分为火灾自动报警系统以及自动消防联动控制系统。其结构框图如图 5－2 所示。前者包括火灾参数的探测技术、火灾信息处理与自动报警技术，后者包括消防联动设备与协调控制技术（主要指消火栓系统、喷洒泵、气体以及干粉灭火系统、防排烟设备、防火门以及防火卷帘等的控制）以及消防疏散指挥、火灾事故广播、警铃和消防电话系统等。火灾自动报警以及自动消防联动控制是一项综合性的消防技术。

建筑主动防火系统的基本工作原理是：当某区域出现火灾时，该区域的火灾探测器探测到火灾信号，输入到区域报警控制器，再由集中报警控制器送到中心监控系统，该中心判断了火灾的位置后即发出指令，指挥自动喷洒装置、气体或/和液体灭火器进行灭火。与此同时，紧急广播发出疏散广播，照明和避难诱导灯亮。此外，还可启动防火门、防火阀、排烟门、卷闸、排烟风机等进行隔离和排烟等。

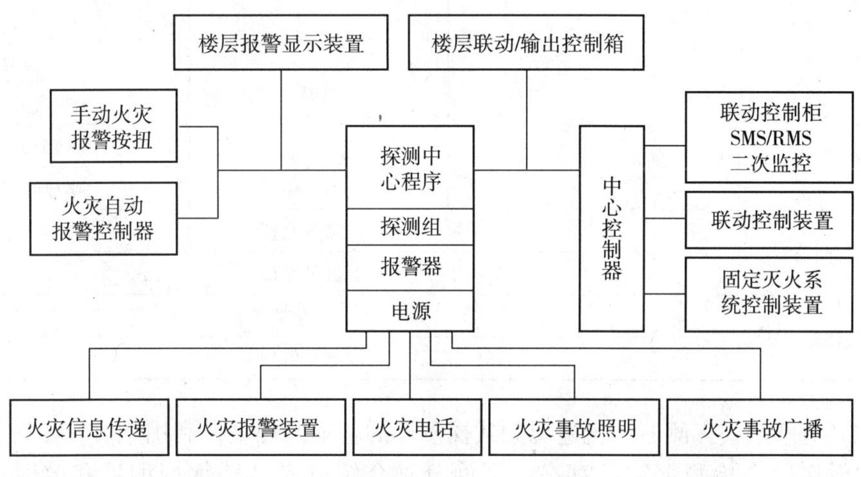

图 5－2　建筑火灾主动防火系统的结构框图

一、火灾自动报警系统[21,22]

火灾报警系统（Fire Alarming System）作为智能建筑三大子系统之一的建筑自动化系统（Building Automation System 简称 BAS）中的一个非常重要的独立子系统，火灾自动报警系统设计应根据国家标准《火灾自动报警系统设计规范》（GB 50116—98）规定，基本设计形式包括：区域报警系统、集中报警系统和控制中心报警系统等。

1. 普通建筑常用的火灾探测技术

火灾发生时，会产生出烟雾、高温、火光及可燃性气体等理化现象，火灾探测器按其探测火灾不同的理化现象而分为四大类：感烟探测器、感温探测器、感光探测器、可燃性气体探测器。按探测器结构可分为点型和线型。详细分类表如表 5－1 所示。

（1）离子感烟式探测器　离子感烟式探测器适用于点型火灾探测。根据探测器内电离室的结构形式，又可分为双源式感烟探测器和单源式感烟探测器。离子感烟探测器感烟的原理是，当烟雾粒子进入电离室后，被电离部分的正离子和负离子吸附到烟雾粒子上，使正、负离子相互中和的概率增加；同时离子附作在体积比自身体积大许多倍的烟雾粒子上，会使离子运动速度急剧减慢，最后导致的结果就是离子电流减小。显然，烟雾浓度大小可以以离子电流的变化量大小进行表示，从而实现对火灾过程中烟雾浓度这个参数的探测。

火灾探测器分类表　　　　**表 5－1**

<table>
<tr><td rowspan="5">感烟探测器</td><td colspan="3">离子感烟型</td></tr>
<tr><td rowspan="4">光电感烟型</td><td rowspan="2">线型</td><td>红外光束型</td></tr>
<tr><td>激光型</td></tr>
<tr><td rowspan="2">点型</td><td>散射型</td></tr>
<tr><td>逆光型</td></tr>
<tr><td rowspan="7">感温探测器</td><td rowspan="3">线型</td><td rowspan="3">差温
定温</td><td>管型</td></tr>
<tr><td>电缆型</td></tr>
<tr><td>半导体型</td></tr>
<tr><td rowspan="4">点型</td><td rowspan="4">差温
定温
差定温</td><td>双金属型</td></tr>
<tr><td>膜盒型</td></tr>
<tr><td>易熔金属型</td></tr>
<tr><td>半导体型</td></tr>
<tr><td rowspan="2">感光探测器型</td><td colspan="3">紫外光型</td></tr>
<tr><td colspan="3">红外光型</td></tr>
<tr><td rowspan="2">可燃性气体探测器型</td><td colspan="3">催化型</td></tr>
<tr><td colspan="3">半导体型</td></tr>
</table>

（2）光电感烟式探测器　光电感烟式探测器的基本原理是，利用烟雾粒子对光线产生遮挡和散射作用来检测烟雾的存在。下面分别介绍遮光型感烟探测器和散射型感烟探测器。

1）遮光型感烟探测原理：遮光型感烟探测器具体又可分为点型和线型两种类型。

点型遮光感烟探测器原理如5－3所示。其中的烟室为特殊结构的暗室，外部光线进不去，但烟雾粒子可以进入烟室。烟室内有一个发光元件及一个受光元件。发光元件发出的光直射在受光元件上，产生一个固定的光敏电流。当烟雾粒子进入烟室后，光被烟雾粒子遮挡，到达受光元件的光通量减弱，相应的光敏电流减小，当光敏电流减小到某个设定值时，该感烟探测器发出报警信号。线型遮光感烟探测器在原理上与点型探测器相似，但在结构上有区别。文献介绍有关电感烟探测器结构以及原理的详细信息[22]。

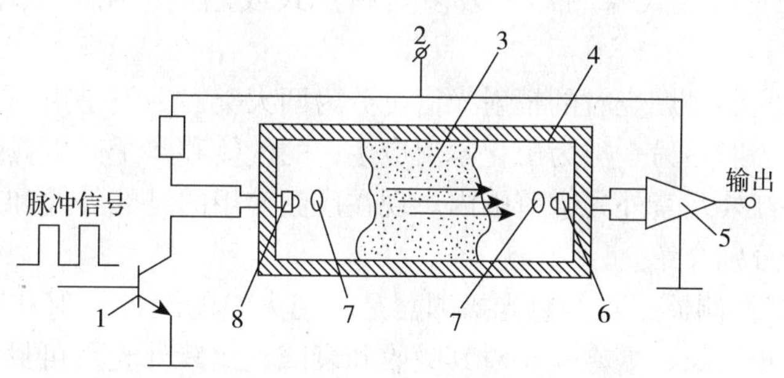

图5－3　遮光型探测器结构及原理示意图

1—开关器件；2—电源；3—烟粒子；4—暗箱；5—控制放大器；6—光敏二极管；7—光学透镜；8—发光二极管

2）散射型感烟探测原理：散射型感烟探测原理如图5－4的烟室也为一特殊结构的暗室，进烟不进光。烟室内有一个发光元件，同时有一受光元件，但散射型感烟探测器不同的是，发射光束不是直射在受光元件上，而是与受光元件错开。这样，无烟时受光元件上不受光，没有光敏电流产生。当有烟进入烟室时，光束受到烟雾粒子的反射及散射而达到受光元件，产生光敏电流，当该电流增大到一定程度时则感烟探测器发出报警信号。

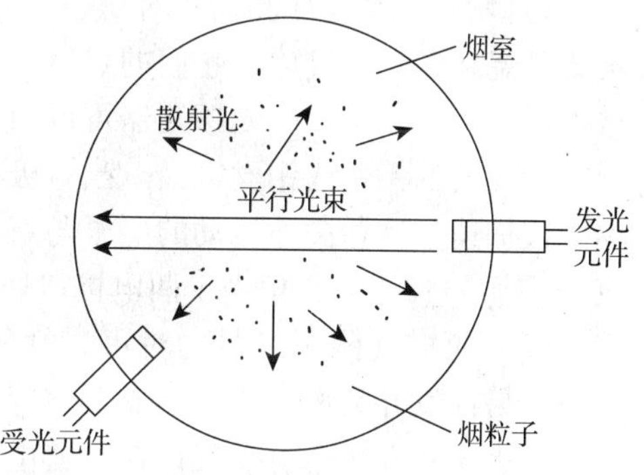

图5－4　散射型光电感烟探测器的结构示意图

（3）感温式探测器　感温式探测器根据其对温度变化的响应可分为以下三大类。

1）定温式探测器：定温式探测器是在规定时间内，火灾引起的温度达到或超过预定值时发出报警响应，有线型和点型两种结构。其中线型是当火灾现场环境温度上升到一定数值时，可熔绝缘物熔化使两导线短路，从而产生报警信号。点型则是利用双金属片、易熔金属、热电偶、热敏电阻等热敏元件，当温度上升到一定数值时发出报警信号。这种定温探测器由热膨胀系数不同的双金属片和固定触点组成。当环境温度升高时，双金属片受热膨胀向上弯曲，使触点闭合，输出报警信号。当环境温度下降后，双金属片复位，探测器状态复原。

2）差温式探测器：差温式探测器是在规定时间内，环境温度上升速率超过预定值时报警响应。它也有线型和点型两种结构。线型是根据广泛的热效应而动作的，主要感温器件有按探测面积蛇形连续布置的空气管、分布式连接的热电偶、热敏电阻等。点型则是根据局部的热效应而动作的，主要感温器件是空气膜盒、热敏电阻等。

空气膜盒是温度敏感元件，其感热外罩与底座形成密闭气室，有一小孔与大气连通。当环境温度缓慢变化时，气室内外的空气可由小孔进出，使内外压力保持平衡。如温度迅速升高，气室内空气受热膨胀来不及外泄，致使室内气压增高，波纹片鼓起与中心线柱相碰，电路接通报警。

3）差定温式探测器：顾名思义，这种探测器结合了定温和差温两种工作原理，并将两者组合在一起。差定温式探测器一般多为膜盒式或热敏电阻等点型的组合式感温探测器。

（4）感光式探测器　燃烧时的辐射光谱可分为两大类：一类是由炽热炭粒子产生的具有连续性光谱的热辐射；另一类为由化学反应生成的气体和离子产生具有间断性光谱的光辐射，其波长多在红外及紫外光谱范围内。现在广泛使用的是红外式和紫外式两种感光式火灾探测器，下面分别介绍。

1）红外式感光探测器：红外感光探测器是利用火焰的红外辐射和闪烁现象来探测火灾的。红外光的波长较长，烟雾粒子对其吸收和衰减远比紫外光及可见光弱。所以，即使火灾现场有大量烟雾，并且距红外探测器较远，红外感光探测器依然能接收到红外光。要强调指出的是，为区别背景红外辐射和其他光源中含有的红外光，红外感光探测器还要能够识别火光所特有的明暗闪烁现象，火光闪烁频率在3～30Hz的范围。

2）紫外式感光探测器：对易燃、易爆物（汽油、酒精、煤油、易燃化工原料等）引发的燃烧，在燃烧过程中它们的氢氧根在氧化反应（即燃烧）中有强烈的紫外光辐射。在这种场合下，紫外式感光探测器可以很灵敏地探测这种紫外光。紫外光探测器玻璃罩内是两根高纯度的钨丝或钼丝电极。当电极受到紫外光辐射时即发出电子，并在两电极间的电场中被加速，这些高速运动的电子与罩内的氢、氦气体分子发生撞击而使之离化，最终造成“雪崩”式放电，相当于两电极接通，导致探测器发出火灾报警信号。

（5）可燃气体探测器　对可燃性气体可能泄漏的危险场所（如厨房、燃气储藏室、油库、易挥发并易燃的化学品储藏室等）应安装可燃气体探测器，这样可以更好地杜绝一些重大火灾的发生。可燃气体探测器主要分为半导体型和催化型两种。

1）半导体型可燃气体探测器：这种由半导体做成的气敏元件，对氢气、一氧化碳、天然气、液化气、煤气等可燃性气体有很高的灵敏度。该种气敏元件在250～300℃温度下，遇到可燃性气体时，电阻减小，电阻减小的程度与可燃性气体浓度成正比。

2）催化型可燃气体探测器：采用铂丝作为催化元件，当铂丝加热后其电阻会随所处环境中可燃气浓度的变化而变化。具体检测电路多设计成电桥形式，检测用铂丝裸露在空气中，补偿用铂丝则是密封的，两者对称地接在电桥的两个臂上。环境中无可燃性气体时，电桥平衡无输出。当环境中有可燃性气体时，检测用铂丝由于催化作用导致可燃性气体无焰燃烧，铂丝温度进一步增大，使其电阻也随之增大，电桥失去平衡有报警信号输出。

（6）吸气式感烟探测报警系统[4,23]　吸气式感烟探测报警系统主要由气体采样管网、空气分配阀、空气过滤器、抽气泵、氙灯光电探测器和报警器等组成，其系统组成如图5－5所示。

吸气式感烟探测报警系统的工程设计，应按有关的消防法规及标准的规定执行，其中

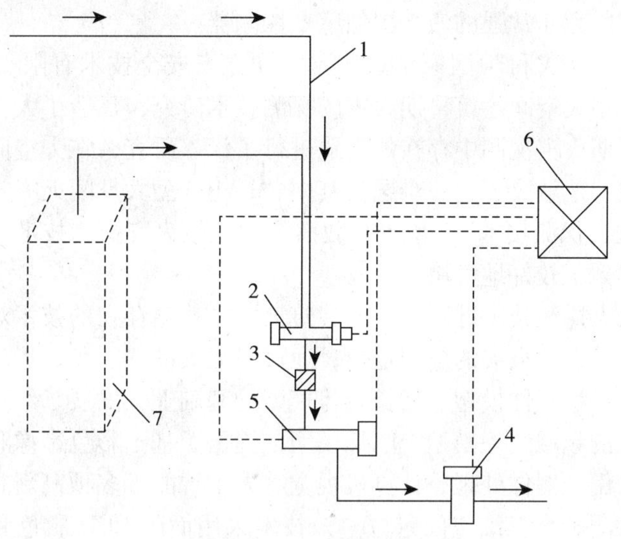

图 5-5　吸气式感烟探测报警系统组成

1—气体采样管网；2—空气分配阀；3—空气过滤器；4—抽气泵；
5—氙灯光电探测器；6—报警控制器；7—计算机柜（气体采样场所）

最大响应时间，单个采样点的最大保护面积，采样点到墙壁的距离及两个采样点之间的最大间隔等为考虑的重点。吸气式感烟探测报警系统在公共场所或娱乐设施，如剧院、影院、展览馆、体育馆、图书馆、有历史意义的建筑或房屋以及电器或电子设备室，如计算机房、电信机房、广播电视发射机房得到大量应用。

2. 大空间建筑早期火灾探测报警技术[24~26]

在大空间火灾探测中，提高火灾探测的灵敏度，则常发生误报现象，降低火灾探测的灵敏度，易发生漏报和报警延误现象，难以解决火灾探测的灵敏度与可靠性之间的矛盾。这是因为：在大空间场所，由于火灾燃烧产物在空间传播受空间高度和面积的影响，采用一般建筑中（其高度通常在6m以下）广泛使用顶棚安装的感烟和感温型火灾探测器常常当火灾发展到相当的程度，探测器才能感应，难以实现早期火灾报警。此外，在环境状况比较恶劣、存在众多干扰的情况下（灰尘、电磁干扰、水蒸汽、空调、光干扰、震动等），现行的火灾探测方法难以正常发挥效用，常发生误报现象。

大空间建筑中烟流上升特征容易造成采用点型、红外光束感烟探测器极易产生延迟报警和漏报现象，达不到火灾早期探测的目的。而采用吸气式系统有助于发现早期火灾，考虑到建筑中央空调系统不是24h连续运行，可以同时加装红外光束感烟探测器，两套系统配合使用。

目前，应用于中庭的线型火灾探测器主要是红外光束感烟探测器和红外光束探测器。它们都由发射器和接收器两部分构成，分别装设于被保护空间内相对的墙壁上，通过发射红外光束或红外脉冲来探测火灾探测距离，长达100m，这就解决了其他探测器保护半径过小而不适合中庭的问题。红外光束探测器抗干扰能力强对日光和荧光灯均不会发生误报因此对于大多玻璃盖顶且具有采光功能的中庭是非常合适的。应用于中庭的非接触型火灾探测器主要是图像探测器如烟雾图像探测器、火焰图像探测器和激光图像探测器等。前二者因其对太阳光会产生误报警，故它们一般用于无采光功能的中庭。对于具有采光功能的中庭可以选用抗干扰能力非常强的激光图像感烟探测器。

中国科学技术大学火灾科学国家重点实验室和立安安全技术有限责任公司，从1991年，开始致力于图像型大空间建筑早期火灾的探测技术研究，建造了大空间建筑火灾实验厅，对大空间建筑早期火灾探测中存在的问题进行了深入研究，在大空间建筑火灾探测技术上有重大突破，成功地解决了这一难题，其中“LA100型大空间火灾安全监控系统”采用“双波段图像型火灾探测技术”，和“光截面图像感烟火灾探测技术”两项技术，使大空间火灾探测问题得到了较好地解决。

双波段图像型火灾探测技术针对大空间建筑火灾中普遍存在的技术难题，即火灾的误报、漏报和报警延误，以及火灾的空间定位，通过对火灾的热、色、形、光谱及运动特性的研究，在色度模型、稳定性模型、增长趋势模型的基础上，发展了纹理模型、立体视角模型、基于红外影像的频域纹理模型、闪烁模型，提出了基于彩色影像和红外影像的双波段火灾识别模型，采用了图像处理、计算机视觉、人工智能等多项高新技术，实现了大空间建筑早期火灾的探测和真三维空间定位。该技术采用面阵CCD彩色和红外摄像机作为探测元件，以此实现获取火灾信息的功能，从而极大地提高了探测距离。在火灾识别认知方面，根据火灾在燃烧过程中的光谱特性、色度特性、纹理特性、运动特性以及频谱特性，将这些特性模型化、工程化，形成计算机可执行的火灾识别判据，由计算机进行火灾有无的判别，以此实现识别火灾信息的功能。通过联动控制器，进行联动扑救动作，以此实现扑救火灾的功能。其系统简图如图5-6所示[25]。

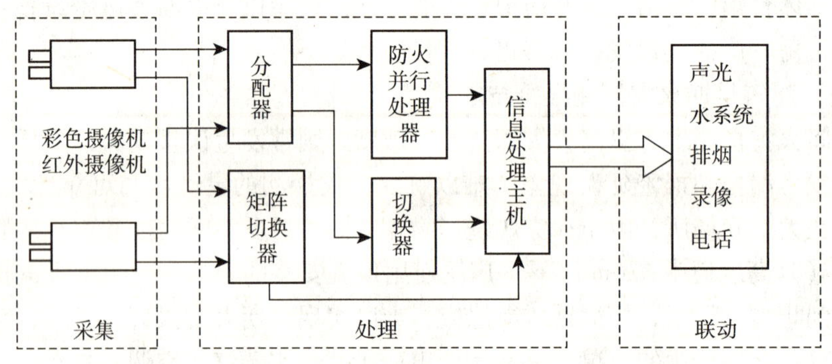

图5-6　双波段图像型火灾探测系统简图

光截面图像感烟火灾探测技术利用主动红外光源作为目标，结合红外面阵接收器形成多光束红外光截面，通过成像的方式和利用图像处理的方法，测量烟雾穿过红外光截面对光的散射、反射及吸收情况，利用模式识别、持续趋势、双向预测算法实现对早期火灾的识别与判断。光截面图像感烟火灾探测系统由光截面发射器、光截面接收器、防火并行处理器、中央处理器、数据处理中心和联动控制报警器组成。其系统组成如图5-7所示[26]。

3. 火灾报警控制器[27]

火灾报警控制器由控制器和声、光报警显示器组成，接收系统给定输入信号及现场检测反馈信号，输出系统控制信号的装置。它是整个火灾报警控制系统的核心和“指挥中心”。

火灾报警控制器性能好坏直接关系到火灾的早期发现和扑救的成功与否，对于能否将火灾带来的损失限制在最小范围内起着决定性作用。火灾报警控制器的重要性决定了它的

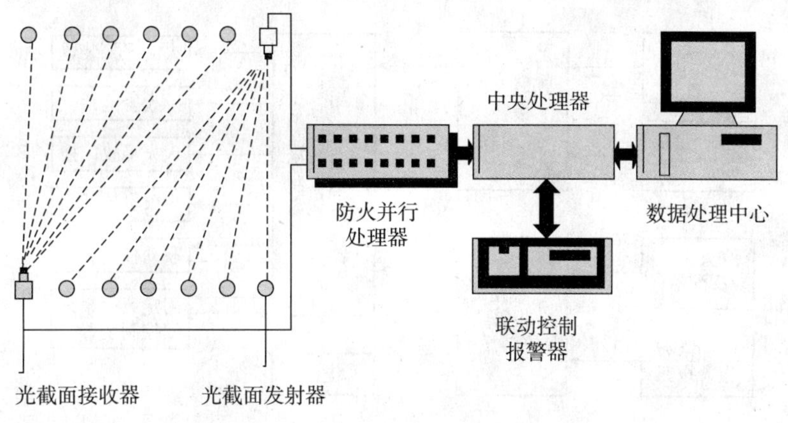

图 5－7　光截面图像感烟火灾探测系统

主要技术性能，包括：确保不漏报；减少误报率；自检和巡检，确保线路完好，信号可靠传输；火警优先于故障报警；电源监测及自动切换，主电源断电时能自动切换到备用电源上，同时具备电源状态监测电路；控制功能，能驱动外控继电器，以便联动所需控制的消防设备；兼容性强，调试及维护方便；工程布线简单、灵活。

火灾报警控制器类型包括：

1）传统火灾报警控制器　通常按其用途分为区域报警控制器和集中报警控制器。区域报警控制器用于对火灾探测器的监测、巡检、供电于备电，接收监测区域内火灾探测器的报警信号，并转换为声、光报警输出，显示火灾部位等。其主要功能有火灾信号处理与判断，声、光报警，故障检测，模拟检查，报警计时，备电切换和联动控制等。对于小型建筑其火灾报警装置由单个区域控制器及火灾探测器、手动报警器、火灾报警装置即可组成，其原理如图 5－8（*a*）所示。集中报警控制器用于接收区域控制器火灾信号，显示火灾部位，记录火灾信息协调联动控制和构成终端显示等。主要功能包括报警显示、控制显示计时、联动联锁控制、信息传输处理等。如果区域内的区域控制器多于 3 台就要采用集中报警系统，其结构与原理如图 5－8（*b*）所示。控制中心报警系统是由区域报警控制器、集中火灾报警控制器、各类火灾探测器以及功能模块联动控制装置等构成，适合于大型建筑群，是高层建筑及智能建筑中自动消防系统的主要类型。其原理图如图 5－9 所示。

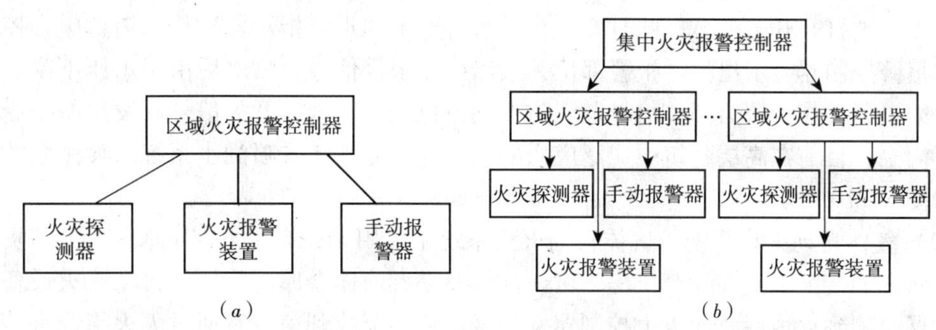

图 5－8　传统火灾报警原理

（*a*）区域报警系统原理图；（*b*）集中报警系统原理图

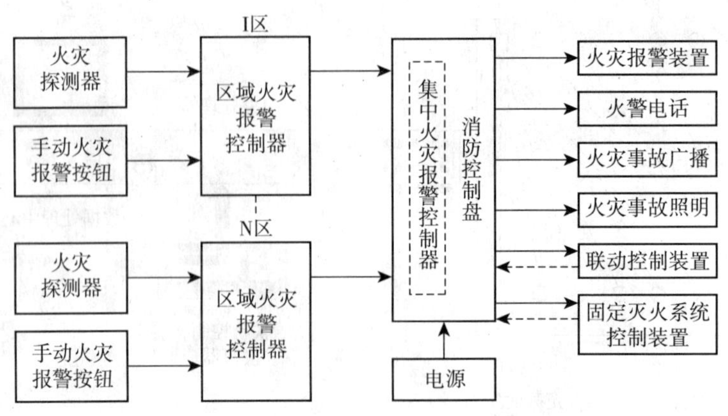

图 5－9　控制中心报警系统原理图

2）智能型火灾报警控制器　智能型火灾报警控制系统利用智能类比式或智能分布式探测器，在所监测的环境范围中采集烟浓度、温度、光对时间变化的综合信息数据连同外界的环境参量一起传送给报警控制器，报警控制器再根据获取的数据与系统主机数据库中存有的大量火情资料进行分析比较（分布式探测器本身即可完成此分析比较），利用火灾判据迅速分清信号是真实火情所致，还是环境干扰的误报（这在常规探测器中是难以办到的）。由于该系统为解决火灾报警系统的误报和漏报提供了新的方法和手段，并在处理火灾真伪方面表现出了明显的有效性和创造性，使火灾报警系统在技术上产生了一个飞跃，从传统型走向智能型是国内外火灾报警系统技术发展的必然趋势。

二、消防联动控制系统[28,29]

消防联动控制系统对消防设施的控制内容包括消防水泵控制、喷淋水泵控制、气体自动灭火控制、防火门的控制、防火卷帘的控制、排烟控制、正压送风控制、疏散广播控制、警铃控制、电梯控制、消防通信及其他消防设施的控制。

（1）自动喷水灭火系统　自动喷水灭火系统按喷水管道内是否充水，分为湿式和干式两种。干式系统中喷水管网平时不充水，当火灾发生时，控制主机在收到火警信号后立即控制预作用阀，使其开阀向管网系统内充水。而湿式系统中管网平时是处于充水状态的。当发生火灾时，着火的场所温度迅速升高，当温度上升到一定值，闭式喷头温控件受热破碎，喷水口被打开开始喷淋，此时安装在供水管道上的水流指示器动作，消防中心控制室的喷淋报警控制器显示出喷淋报警部位并发出声光报警信号。喷水后由于水压下降，从而使压力继电器动作，压力开关信号及消防控制主机在收到水流开关信号后发出的指令均可启动喷洒泵。目前在高层建筑中广泛应用的就是这种充水闭式喷洒水系统。喷洒泵的控制过程如图 5－10 所示。

（2）气体自动灭火系统　气体自动灭火系统主要用于火灾时不宜用水灭火或有贵重设备的场所，如变配电室、计算机房、可燃气体及易燃液体仓库等。气体自动灭火设备是通过探测器探测到火情后，向灭火控制器发信号，控制器收到信号后通过灭火指令来控制气体压力容器上的电磁阀，灭火用气体被放出。

（3）防火门防火卷帘的控制　防火门平时处于开启状态，火灾时可通过自动或手动将

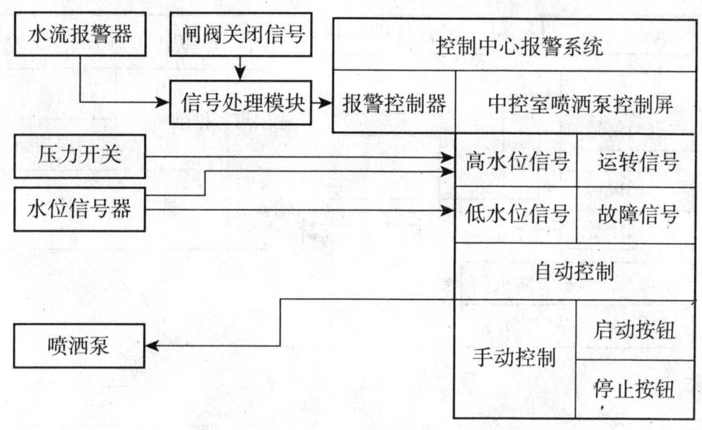

图 5-10　喷洒泵联动控制框图

其关闭。如果门处于开启状态时是由于永久磁铁的吸着力，自动控制时由探测器或消防控制装置发来指令信号，使电磁线圈通电产生的吸力克服永久磁铁的吸着力，从而靠弹簧将门关闭，如果防火门呈开启状态是被电磁锁的固定销扣住，则火灾时由探测器或消防控制装置发出指令性信号使电磁销动作，解开锁扣，防火门靠弹簧力将门关闭，或用手动使门关闭。按现行消防规定，当火灾发生时，首先是根据感烟探测器的动作或消防控制装置的指令信号启动卷帘上方的控制装置，使卷帘下降到距地 1.8m 处时，卷帘限位开关动作使卷帘自动停止，得以让人疏散，延时一段时间（或通过现场感温探测器的动作信号或消防控制装置的第二次指令）启动卷帘控制装置，使卷帘下降到底，以达到控制火灾蔓延的目的。

（4）排烟、正压送风系统控制　排烟阀门一般设在排烟口处，平时处于关闭状态，当火警发生后，感烟信号联动使排烟阀门及送风阀门开启，进行排烟。任何一处排烟阀门及送风阀门的开启，会立即联锁启动排烟风机和送风机，同时联锁关闭相应的空调风机和新风机组，以防止火灾的蔓延。当排烟温度高达 283℃时，装设在阀口的温度熔断器动作，排烟防火阀自动关闭，同时也联锁关闭风机。图 5-11 为机械排烟控制框图，其中(*a*) 中心控制方式，即消防中心控制室接到火灾报警信号，直接产生信号控制排烟设备；(*b*) 模块控制方式，消防中心控制室接到火灾报警信号，产生排烟风机和排烟阀门等的动作信号，经总线和控制模块驱动各个设备动作并接收其返回信号，检测其运行状态。机械加压送风控制原理与排烟控制过程类似，只是控制对象变成正压送风机和正压送风阀门。

（5）疏散紧急广播，警铃控制　疏散紧急广播系统可单独设置，也可与建筑物内的其他广播系统合并设置，平时按正常程序广播节目，当发生火灾时，将正常广播系统强制切换至紧急广播系统，并能用话筒播音，但合并设置时的线路应按照火灾紧急广播系统分层分区控制；警铃一般设置在走道、楼梯及公共场所，其报警控制方式与紧急广播系统相同。

（6）疏散诱导照明，火灾紧急通话系统　疏散诱导灯一般自身带有镍镉电池，当外界供电中断时能维持疏散照明 0.5~2.0h 火灾紧急通话点一般设置在消火栓及区域显示屏的地方，在建筑物的主要场所及机房等处还应设置紧急通话插孔，紧急通话多采用集中式对讲电话，主机设在消防中心。

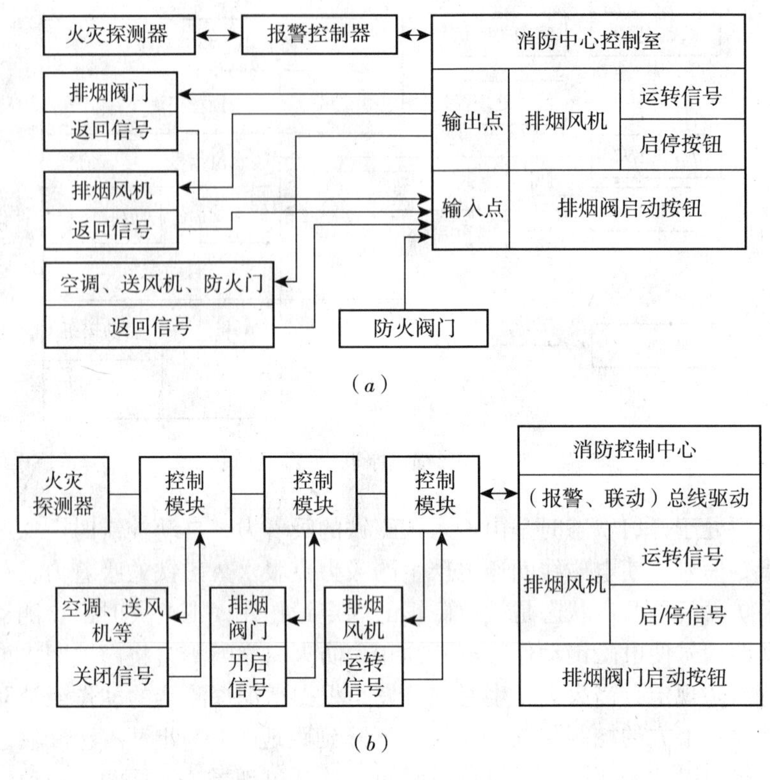

图 5－11　机械排烟控制框图

（a）中心控制；（b）模块控制

（7）消防电梯的控制　消防电梯的控制是通过设置在消防控制室内的电梯控制显示盘控制，或通过设置在建筑物消防控制室或电梯轿厢处的专用开关来控制。火灾时消防控制室发出信号强制电梯降至底层，让乘客先行离去，然后电梯停止运行。应急消防电梯只供消防人员使用。

三、智能消防系统实例

某智能型大厦内的智能消防系统如图 5－12 所示。整个消防系统包括的内容较多，下面逐一介绍。

（1）火灾探测器的选用　大厦中安装了 1182 个感烟探测器，149 个感温探测器，10 个可燃气体探测器。办公室、会议室、通道、机房、变电间安装光电型感烟探测器，车库内安装感温式探测器，厨房内同时安装感温探测器和可燃气体探测器。

（2）区域火灾报警控制器　设置了四台可寻址的区域火灾报警控制器（即 4311 控制箱）。第一台控制器分管地下二层至首层，第二台控制器分管二层至六层，第三台控制器分管七层至十五层，第四台控制器分管十六层至顶层。每一个探测器都连接带地址码的底座，由集中报警控制器（核心为一台主计算机）指定地址，该系统是基于微处理器的可寻址火灾探测系统，可连接 8 个回路，每个回路可连接 60 个可寻址探测器。控制箱内有悬挂式微型打印机，记录数据。探测系统为二总线制，每一回路为一消防分区，每个房间均安装探测器，每层的消火栓和水流指示器，通过输入模块接入报警系统，也对应有地址

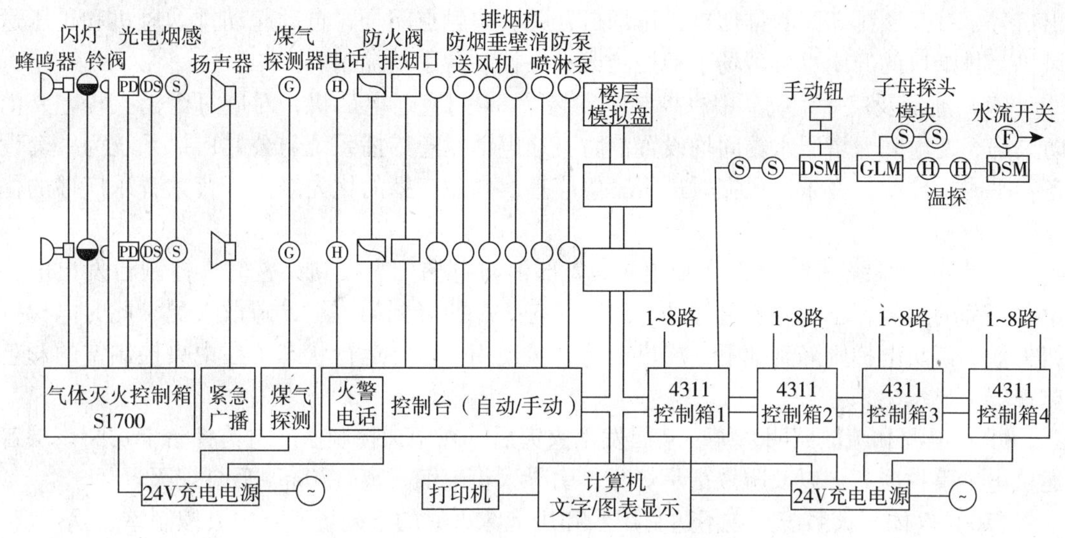

图 5－12　智能消防系统示意图

码。当火灾探测器探测到火情或消火栓动作，则报警信号会对应在该层的模拟盘上，区域火灾报警控制箱内微型打印机记录下报警时间、地点、类别备查。同时，报警信号送往集中火灾报警控制器，主计算机配置的单色监视器上有火灾信息的文字显示，并由打印机打印出来，主计算机配置的彩色显示器上有图形显示，发出声音信号，报出着火点的具体位置、层数、房间号，便于形象直观地发现着火点，并及时扑灭。

（3）消火栓控制系统　发生火灾后，楼内灭火的水源来自消火栓系统，该系统在消防泵房内设两台互为备用的消防泵，消防泵采用减压启动方式，可在泵房、中央控制室、各层消火栓按钮三处控制。当火警发生时，击碎防护玻璃按动消火栓按钮，自动启动消防泵，在模拟盘上对应指示灯亮，水枪喷射出加压水柱进行灭火。

（4）灭火自动喷淋系统　在办公室、商场、通道均设置自动喷淋头，着火后喷淋头的表面温度达到它的破碎温度时，喷头内充有热敏液体的玻璃球破碎，使密封垫脱开，喷出具有一定压力的水花，及时扑灭火灾。喷淋时水流指示器动作，自动启动设置在消防泵房的喷淋泵，给自动喷淋系统增加水压。水流指示器的报警在该层模拟盘上有指示，同时喷淋泵的启动工作在中央控制台上也有对应指示灯亮。

（5）防火卷帘、防火门、防烟垂壁控制系统　该大厦消防设计中，第一层和第二层设置了 13 道防火卷帘门，3 道防火门和 7 道防烟垂壁，可直接控制、中央控制室控制或区域报警控制器联动控制。当发生火灾，卷帘门分隔的两个防火区内设置的两个探测器报警时，中央控制台发出控制信号，卷帘门自动落下，下降到距地 1.8m 时自动停止，延时 3min 自动下降到底。防火门同卷帘门也是受三方面控制，门后墙装有吸合器，火灾发生，防火门分隔的两个防火区内设置的探测器报警时，中央控制台发出控制信号，吸合器脱开，门关闭。防烟垂壁动作过程同防火卷帘，与区域报警控制器联动，动作过程一次完成。

（6）正压送风排烟控制系统　在首层、二层及塔层顶设排烟机房，在塔一层设正压送风机房。当火灾发生时，感烟探测器发出报警信号，按计算机程序的安排，消防控制台发出信号，打开该排烟区的排烟口，排烟口开关盒内触点闭合，自动起动排烟风机和正压送风机。排烟口的开闭也可现场手动控制或中央控制台手动控制。

（7）通信及广播系统　中央控制室安装了84门直通电话机，对应每个消火栓上、消防泵房、变电间、塔层水箱间均设置消防直通电话紧急广播系统与公共广播系统为一套设备，平时播放背景音乐，火灾时进行紧急广播。紧急广播的优先级高于背景音乐广播的优先级。

（8）电梯系统　有10部客货电梯，2部消防电梯。当接到火警时，控制台发出电梯紧急下降的信号，不管客货电梯处于何种状态，一律降到第一层，疏散人员，此时电梯按钮失效。消防电梯则降到地下一层供消防人员使用。电梯运行状态可在中央控制室的彩色监视器上显示出来。

（9）电源和疏散照明系统　某层发生火灾后，在中央控制室配电监控台上切断该层普通供电，事故应急灯以及疏散指示灯亮，引导人员疏散撤离，30min后灯熄灭。

（10）气体灭火系统　在不适宜用水和用泡沫灭火的下列场所：中央控制室、锅炉房、发电机房、油槽室、蓄电池室、配电间、总机房、计算机房采用气体灭火系统。当上述的某个场所发生火情时，第一组灵敏度较高的火灾探测器首先报警，报警信号送至中央控制室，气体灭火控制箱发出信号送至中央控制室，气体灭火控制箱发出信号使该场所警铃响。第二组灵敏度稍低的火灾探测器也报警后，可以确认火灾发生，该场所增加声光报警，气体灭火控制箱发出控制信号，关闭房间的防火阀（PD阀）和空调风阀（FD阀），延时30s后，灭火气体流入管道内，10s内全部喷出灭火。气体灭火系统工作状态在中央控制室有相应的指示灯指示出来。气体灭火系统也可在火灾现场手动控制，进行紧急灭火。

第三节　水系统在建筑灭火中的应用

灭火系统和设备的适用范围是依灭火剂的不同有所不同的。凡是能够有效破坏燃烧条件，使燃烧中止的物质，统称为灭火剂。灭火剂按灭火原理可分为：物理灭火剂（如水、泡沫、二氧化碳等），化学灭火剂（如干粉、卤代烷等）；灭火剂按物质形态分为气体灭火剂（如二氧化碳、卤代烷、洁净气体和惰性混合气体等），液体灭火剂（水、泡沫等）和固态灭火剂（如干粉等）。对于A、B、C、D类火灾，均有适用于不同可燃性物质的灭火方法。水作为一种经济有效的灭火剂，其适用范围十分广泛，除下列不适宜用水扑救的火灾情况外，可应用于各类民用与工业建筑。气体灭火剂主要适用于以下场所火灾的扑救：用于扑救带电设备火灾；用于扑救精密仪器、贵重设备火灾；用于扑救图书馆火灾。泡沫灭火剂主要用于扑救非水溶性可燃液体及一般固体火灾，含特殊泡沫灭火剂的消防系统还可以扑救水溶性可燃液体火灾。干粉灭火剂可分为ABC干粉灭火剂和BC干粉灭火剂。其中ABC干粉灭火剂可以扑救A、B、C类火灾；BC干粉灭火剂可以扑救B、C类火灾，主要用于扑救易燃、可燃液体火灾及易燃气体火灾。

建筑消防给水是指用于保证建筑消防安全需要而设置在建筑内、外的给水系统的总称。建筑消防系统（设备）包括室外消火栓给水系统、室内消火栓给水系统、自动喷水灭火系统（闭式系统、雨淋系统及水幕系统、自动喷水—泡沫联用系统）、水喷雾灭火系统、气体灭火系统、泡沫灭火系统等。建筑灭火器可分为水型灭火器、泡沫灭火器、轻水泡沫灭火器、干粉灭火器、二氧化碳灭火器、卤代烷灭火器等。

关于消防给水设置以及气体灭火剂、泡沫灭火剂、干粉灭火剂的设计应用介绍有许多著作进行了详细介绍[4,29]。水喷淋系统（即自动喷水灭火系统）是一种在发生火灾时，能自动启动喷水灭火，并能同时发出火警信号的灭火系统，是应用最广泛、用量最大的自动灭火系统。该系统具有工作性能稳定、适应范围广、安全可靠、经济实用、灭火成功率高等优点。可用于各种建筑物中允许用水灭火的保护对象和场所。本节重点介绍自动喷水灭火系统，包括水喷淋系统和细水雾系统。

一、自动喷水灭火系统

自动喷水灭火系统（Automatic Sprinkler System）根据系统中所使用的喷头形式不同可分为闭式系统和开式系统两大类，闭式系统包括湿式系统、干式系统、预作用系统、重复启闭灭火系统等；开式系统包括雨淋系统、水幕系统；此外，还有自动喷水—泡沫联用系统。国外的相关标准有《NFPA 13：Standard for the Installation of Sprinkler Systems》，国内的相关标准有2005年出版的《自动喷水灭火系统设计规范》（GB 50084—2001）。

（一）闭式系统（Close-Type Sprinkler System）[21,31]

1. 湿式系统

湿式系统（Wet Pipe System）是指在准工作状态时管道内充满用于启动系统的有压水的闭式系统。图5－13给出系统的示意图。该系统主要由闭式喷头、水流指示器、湿式报警阀组、控制阀和至少一套自动供水系统，以及消防水泵接合器等组成。系统采用湿式报警阀，报警阀的前后管道内均充满压力水，由于该系统在报警阀的前后管道内始终充满着压力水，故称湿式喷水灭火系统或湿管系统。湿式系统的工作原理如图5－14所示，平时管道内始终充满压力水，系统压力由高位消防水箱或稳压装置维持，水通过湿式报警阀导向杆中的水压平衡小孔保持阀板前后水压平衡，由于阀芯的自重和阀芯前后所受水的总压力不同，阀芯处于半闭状态（阀芯上面的总压力大于阀芯下面的总压力）。发生火灾时，火源周围环境温度上升，导致火源上方的喷头开启、出水，由于水压平衡小孔来不及补水，报警阀上面的水压下降，此

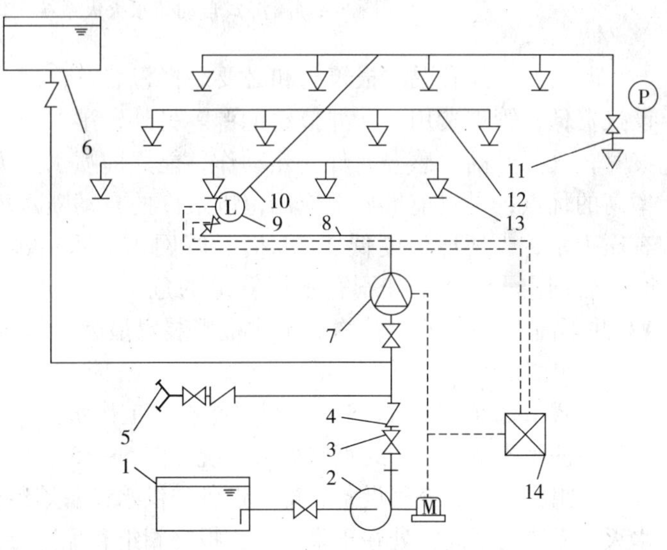

图5－13　湿式自动喷水系统示意图

1—消防水池；2—消防泵；3—闸阀；4—止回阀；5—水泵接合器；6—高位水箱；7—湿式报警阀组；8—配水干管；9—水流指示器；10—配水管；11—末端试水装置；12—配水支管；13—闭式洒水喷头；14—报警控制器；P—压力表；M—驱动电机；L—水流指示器

时阀下水压大于阀上水压，于是阀板开启，向洒水管网及洒水喷头供水，同时水沿着报警阀的环形槽进入延迟器、压力继电器及水力警铃等设施，发出火警信号并启动消防水泵等设施，消防控制室同时接到信号。

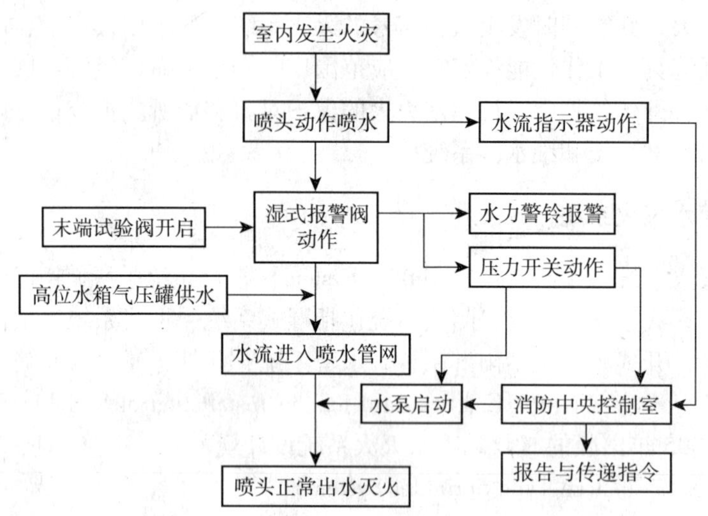

图 5－14　湿式自动喷水灭火系统工作原理流程图

湿式系统仅有湿式报警阀和必要的报警装置，因此系统简单，施工、管理方便；建设投资低；管理费用少，并节约能源。另外，湿式喷水灭火系统管道内充满压力水，火灾时，气温升高，感温元件受热动作，能立即喷水灭火。具有灭火速度快，及时扑救效率高的优点，是目前世界上应用范围最广的自动喷水灭火系统。由于湿式系统管网中充有压力水，当环境温度低于 4℃时，管网内的水有冰冻的危险；当环境温度高于 70℃时，管网内水汽化的加剧有破坏管道的危险。因此，湿式系统适用于环境温度不低于 4℃并不高于 70℃的建筑物。湿式报警装置最大工作压力为 1.2MPa。

2. 干式系统

干式系统（Dry Pipe System）是指在准工作状态时配水管道内充满用于启动系统的有压气体的闭式系统。干式喷水灭火系统如图 5－15 一般是由闭式喷头、管道系统、干式报警阀、报警装置、充气设备、排气设备和供水设备等组成，该系统的组成，与湿式自动喷水灭火系统的不同之处在于采用干式报警阀组和配置保持管道内气压的补气装置。干式报警阀组一般不配置延时器，而是在报警阀附近增设加速器，以便快速驱动干式报警阀。干式系统是为了满足寒冷和高温场所安装自动灭火系统的需要，在湿式系统的基础上发展起来的。干式系统的工作原理如图 5－16 所示，当建筑物发生火灾时，着火点温度上升到开启闭式喷头时，喷头开启（或借助排气阀加速排气阀排气），排除管网中的压缩空气，干式报警阀后管网压力下降，干式报警阀开启，水流向配水管网输入，并从已开启的喷头喷水灭火。

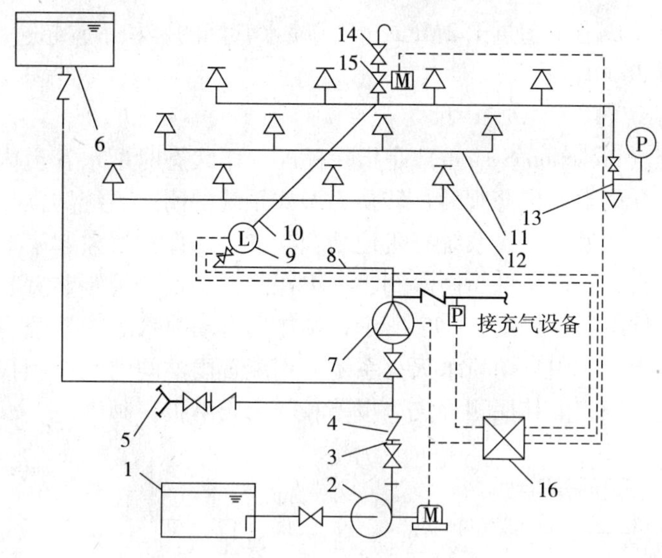

图 5－15　干式自动喷水系统示意图

1—消防水池；2—消防泵；3—闸阀；4—止回阀；5—水泵接合器；
6—高位水箱；7—干式报警阀组；8—配水干管；9—水流指示器；
10—配水管；11—配水支管；12—闭式洒水喷头；13—末端试水装置；
14—快速排气阀；15—电动阀；16—报警控制器

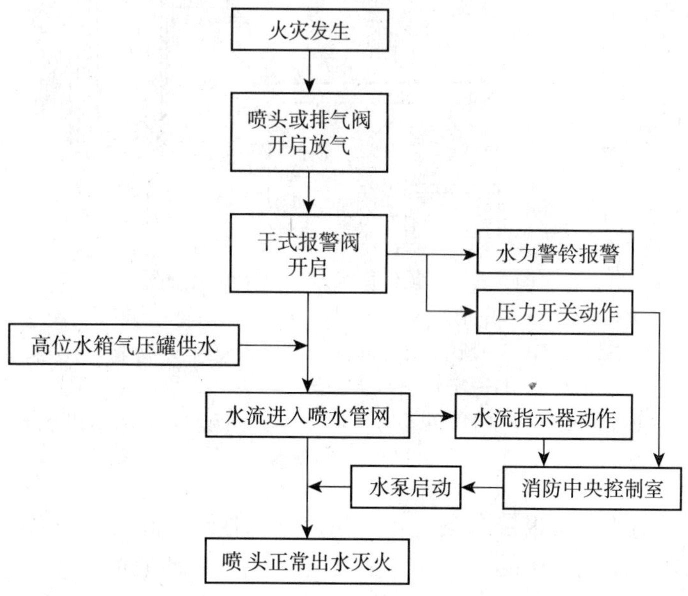

图 5－16　干式自动喷水灭火系统工作原理流程图

干式系统灭火时由于在报警阀后的管网无水，不受环境温度的制约，对建筑装饰无影响，但为保持气压，需要配套设置补气设施，因而提高了系统造价，比湿式系统投资高。干式系统的喷水灭火速度不如湿式系统快。干式系统可用于一些无法使用湿式系统的场所或采暖期长而建筑内无采暖的场所。干式喷头应向上安装（干式悬吊型喷头除外）。干式报警装置最大工作压力不超过1.2MPa。干式喷水管网的容积不宜超过1500L，当有排气装置时，不宜超过3000L。

3. 预作用系统

预作用系统（Preaction System）是指在标准工作状态时配水管道内补充水，由火灾自动报警系统自动开启雨淋报警阀后，转换为湿式系统的闭式系统。预作用系统将火灾自动探测报警技术和自动喷水灭火系统有机地结合起来，对保护对象起了双重保护作用。预作用系统由闭式喷头、管道系统、雨淋阀、火灾探测器、报警控制装置、充气设备、控制组件和供水设施部件组成，如图5-17所示。预作用自动喷水灭火系统与湿式、干式两种系统的不同之处在于预作用自动喷水灭火系统采用配置雨淋阀的预作用报警阀组，并配套设置火灾自动报警系统，由其探测火灾、报警和联动雨淋报警阀组。

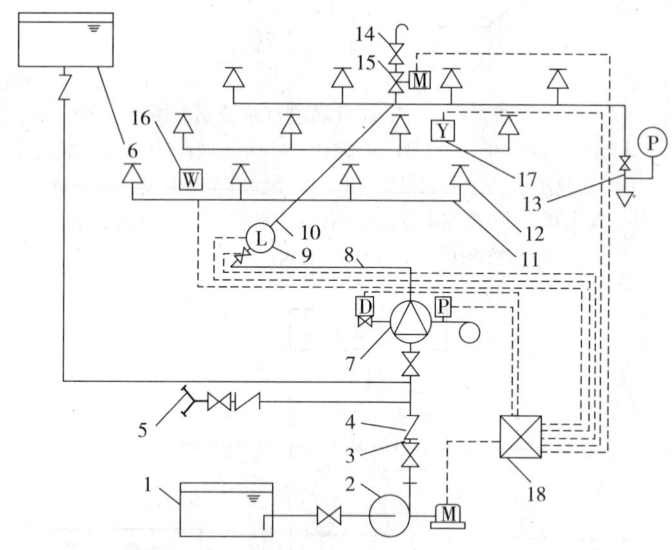

图5-17　预作用喷水灭火系统示意图

1—消防水池；2—消防泵；3—闸阀；4—止回阀；5—水泵接合器；
6—高位水箱；7—预作用报警阀组；8—配水干管；9—水流指示器；
10—配水管；11—配水支管；12—闭式喷头；13—末端试水装置；
14—快速排气阀；15—电动阀；16—感温探测器；17—感烟探测器；
18—报警控制器

预作用系统采用预作用报警阀组，并由配套使用的火灾自动报警系统启动。管网中有时不充水，而充以有压或无压的气体，发生火灾时，由感烟（或感温、感光）火灾探测器报警，同时发出信息开启报警信号，报警信号延迟30s并证实无误后，自动控制系统自动打开控制闸门排气并启动预作用阀门向喷水管网自动充水。当火灾温度继续升高，闭式喷头的闭锁装置脱落，喷头即自动喷水灭火。

预作用系统是湿式喷水灭火系统与自动探测报警技术和自动控制技术相结合的产物，它克服了湿式系统和干式系统的缺点，使得系统更先进、更可靠，可以用于湿式系统和干式系统所能使用的任何场所。在一些场所还可以替代气体灭火系统，但由于比一般湿式系统和干式系统多了一套自动探测报警和自动控制系统，系统比较复杂、投资较大，一般用于建筑装饰要求较高，不允许有水渍损失，灭火要求及时的建筑。预作用喷水灭火系统管线的最长距离，按系统充水时间不超过3min、流速不小于2m/s确定。在预作用阀门之后的管道内充有压气体时，压力不宜超过0.03MPa。

4. 重复启闭预作用系统

重复启闭预作用系统（Recycling Preaction System）是在预作用系统的基础上发展起来的一种自动喷水灭火系统新技术。该系统不但自动喷水灭火，而且当火被扑灭后又能自动关闭系统。这种系统在灭火过程中能尽量减少水的破坏力，但不失去灭火的功能。

重复启闭预作用系统的组成和工作原理与预作用系统相似，不同之处是重复启闭预作用系统采用了一种既可输出火警信号，又可在环境恢复常温时输出灭火信号的感温探测器。当感温探测器感应到环境的温度超出预定值时，报警并开启供水泵和打开具有复位功能的雨淋阀，为配水管道充水，并在喷头动作后喷水灭火。喷水过程中，当火场温度恢复至常温时，探测器发出关停系统的信号，在按设定条件延迟喷水一段时间后关闭雨淋阀并停止喷水。当火灾复燃、温度再次升高时，系统则再次启动，直至彻底灭火。该系统功能优于其他喷水灭火系统，但造价高，一般只适用于灭火后必须及时停止喷水，要求减少不必要水渍的建筑。例如电缆间、集控室计算机房、配电间、电缆隧道等。

（二）开式系统（Open-Type Sprinkler System）[4,32]

1. 雨淋系统的组成

雨淋系统（Deluge System）是指有火灾自动报警系统或传动管控制，自动开启雨淋报警阀和启动供水泵后，向开式洒水喷头供水的自动喷水灭火系统。发生火灾时，火灾探测器将信号送到火灾报警装置，控制器输出信号打开雨淋阀，使整个保护区内的开式喷头喷水。同时启动水泵保证供水，压力开关、水力警铃一起报警。

雨淋喷水灭火系统由开式喷头、管道系统、雨淋阀、火灾探测器、报警控制组件和供水设施等组成。系统工作时所有喷头同时喷水，好似倾盆大雨，故称雨淋系统。该系统的特点是采用开式喷头，系统一旦动作，系统保护区内将全面喷水。雨淋系统可有效控制火势的迅猛发展和火灾的迅速蔓延。

图5-18为电动启动雨淋喷水灭火系统，图5-19为传动管启动雨淋喷水灭火系统。雨淋阀后的管道平时为空管，火警时由火灾探测系统自动开启雨淋阀，也可人工开启雨淋阀，由雨淋阀控制其配水管道上所有的开式喷头同时喷水，可以在瞬间喷出大量的水覆盖火区，达到灭火目的。

2. 水幕系统

水幕系统（Decher Dystems）由水幕喷头（或开式喷头、加密喷头）、管道；雨淋阀（或手动快开阀）、供水设备和探测报警装置等组成，如图5-20所示。

水幕系统的工作原理与雨淋系统基本相同，所不同的是水幕系统喷出的水为水幕状，而雨淋系统喷出的水为开花射流。采用雨淋报警阀组的水幕系统，须设配套的火灾自动报警系统或传动管系统联动，由报警系统或传动管系统监测火灾和启动雨淋阀。水幕系统中的报警阀，可以采用雨淋报警阀组，也可以采用通过常规的手段操作启闭的阀门。

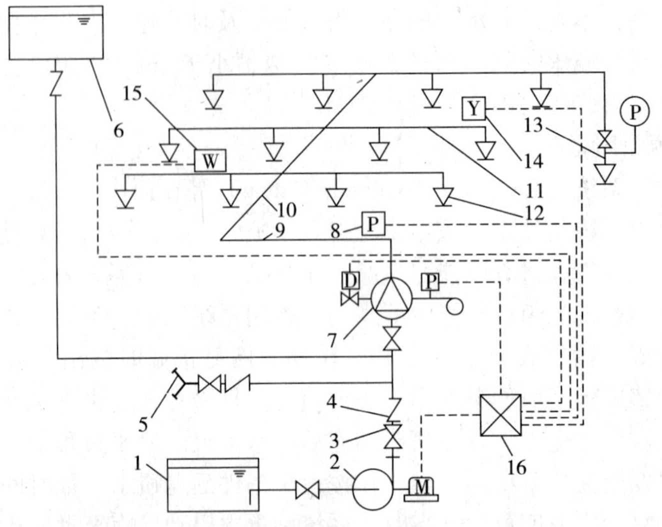

图 5－18　电动启动雨淋喷水灭火系统

1—水池；2—水泵；3—闸阀；4—单向阀；5—水泵接合器；
6—消防水箱；7—雨淋报警阀组；8—压力开关；9—配水干管；
10—配水管；11—配水支管；12—开式洒水喷头；13—末端试水装置；
14—感烟探测器；15—感温探测器；16—报警控制器

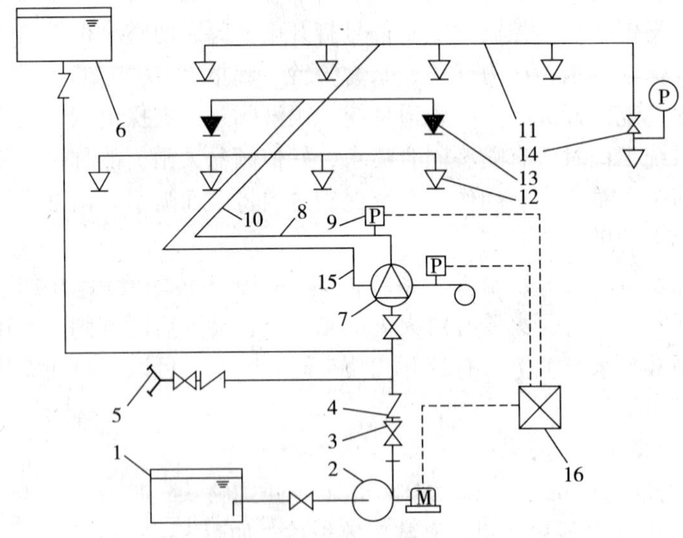

图 5－19　传动管启动雨淋喷水灭火系统

1—水池；2—水泵；3—闸阀；4—单向阀；5—水泵接合器；
6—消防水箱；7—雨淋报警阀组；8—配水干管；9—压力开关；
10—配水管；11—配水支管；12—开式洒水喷头；13—闭式喷头；
14—末端试水装置；15—传动管；16—报警控制器

水幕系统的特点是防止火灾蔓延到另一个防火分区，无论是防护冷却水幕还是防火分隔水幕，都是起到防止火灾蔓延的作用。水幕系统不具备直接灭火的能力，而是利用密集喷洒所形成的水墙或水帘，或配合防火卷帘等分隔物，阻断烟气和火势蔓延，因此属于暴露防护系统。密集喷洒的水墙或水帘，自身即具有防火分隔作用。而配合防火卷帘等分隔物的水幕，则利用直接喷向分隔物的水的冷却作用，保持分隔物在火灾中的完整性和隔热性。

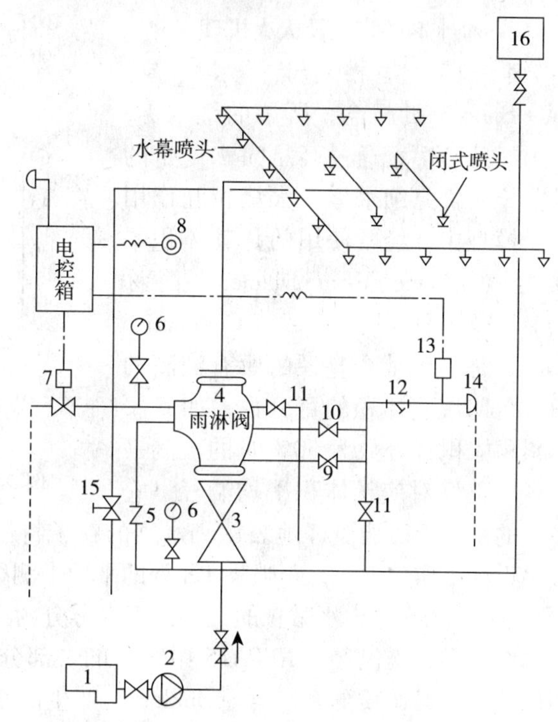

图 5－20　水幕系统

1—水池；2—水泵；3—供水闸阀；4—雨淋阀；5—止回阀；6—压力表；7—电磁阀；8—按钮；9—试警铃阀；10—警铃管阀；11—放水阀；12—滤网；13—压力开关；14—警铃；15—手动开关阀；16—水箱

3. 自动喷水—泡沫联用灭火系统

自动喷水—泡沫联用灭火系统（Combined Sprinkler-Foam System）是指在自动喷水灭火中配置可供给泡沫混合液的设备组成，既可喷水又可喷泡沫的固定灭火系统。自动喷水—泡沫联用系统按喷水先后可分为两种类型：一种是先喷泡沫后喷水，另一种是先喷水后喷泡沫。

自动喷水—泡沫联用灭火系统有三种功能：一是直接灭火功能；二是预防易燃液体的沸溢和溢流以及复燃作用；三是控制火灾燃烧，减少热量的传递。

自动喷水—泡沫联用系统的主要特点是利用泡沫灭火剂来强化灭火效果，前期喷水控火，后期喷泡沫强化灭火效果，或前期喷泡沫灭火，后期喷水灭火冷却防止复燃。自动喷水—泡沫联用系统可用于闭式系统，也可用于开式系统，如湿式系统—泡沫联用，预作用系统—泡沫联用，雨淋系统—泡沫联用等，设置该系统的目的是强化灭火效果。

二、细水雾与水喷雾系统

细水雾（Water Mist）应用于消防灭火始于20世纪40年代，当时作为传统的喷淋系统的备用设备只局限用于船舶等运输行业上。自90年代开始，随着卤代烷灭火剂（Halon）被淘汰，细水雾系统作为替代技术逐步得到完善。相关标准有《NFPA 15：Standard for Water Spray Fixed Systems for Fire Protection》，《NFPA 750：Standard on Water Mist Fire Protection Systems 2003 Edition》。其中NFPA750是指导性标准，它对细水雾的概念、系统类型、系统构成、适用范围进行了阐述和界定。由于我国目前尚无相关的国家技术标准，只有广东省地方性工程建设标准《细水雾灭火系统设计及施工及验收规范》。

（一）细水雾的定义及灭火机理[33,34]

“细水雾”是相对于“水喷雾”（Water Spray）的概念，所谓的细水雾，是使用特殊喷嘴，通过高压喷水产生的水微粒。在研究细水雾与火焰相互作用的理论模型中，经常使用的是其体积平均滴径（Volume Mean Diameter 简称 VMD）。累积体积百分数（Cumulative Volume）是小于某个直径的所有液滴的体积占全部液滴体积的百分数，如 $D_{v0.5}$ 表示累积体积百分数为 50% 时的液滴平均滴径，正好对应于体积平均滴径，它比单一的平均滴径能更好地表示细水雾的粒子特性。在 NFPA 750 中，细水雾的定义是：在最小设计工作压力下，距喷嘴 1m 处的平面上测得水雾最粗部分的水微粒直径 $D_{v0.99}$ 不大于 1000μm。按水雾中水微粒的大小，细水雾分为 3 级，如图 5－21 所示。在 NFPA750 中定义的细水雾，既包含了 NFPA15 中定义的一部分水喷雾系统（Water Spray），又包含了在高压状态下普通喷淋系统（Sprinklers）产生的水雾。一般情况下，细水雾是指 $D_{v0.9}$ 小于 400μm 的水雾。

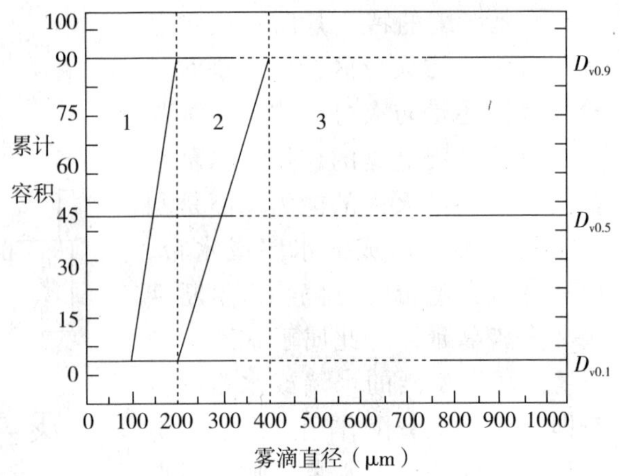

图 5－21 细水雾系统的直径分布以及划分

从图中可以看出，第 1 级细水雾为 $D_{v0.1}=100\mu m$ 同 $D_{v0.9}=200\mu m$ 连线的左侧部分，这些代表最细的水雾。第 2 级细水雾，是第 1 级细水雾的界限与 $D_{v0.1}=200\mu m$ 同 $D_{v0.9}=400\mu m$ 连线之间的部分。这种细水雾可由高压喷嘴、双流喷嘴或许多冲撞式喷嘴产生。由于有较大的水微粒存在，相对于 1 级细水雾，2 级细水雾更容易产生较大的流量。第 3 级细水雾为 $D_{v0.9}$ 大于 400μm，或者第 2 级细水雾分界线右侧至 $D_{v0.99}=1000\mu m$ 之间的部分。这种细水雾主要由中压、小孔喷淋头、各种冲击式喷嘴等产生。研究表明，扑灭 B 类火灾水雾颗粒小于 400μm 是必需的，而较大的颗粒对于 A 类火灾是有效的，这是由于燃料被浸湿。正因为如此，细水雾的定义包括了 $D_{v0.99}$ 为 1000μm。

细水雾灭火技术是利用其较大的比表面积和高密度两种特性来达到灭火目的的。主要有以下几方面灭火作用[35]：（1）汽化降温作用，将水雾直接导入火焰锋面，水会因蒸发而大量吸热。由于细水雾水滴尺寸很小，比表面积很大，因而水滴的表面换热系数增大。在火场高温环境下，水雾迅速汽化，吸收大量的热，降低火焰温度，最终使火焰熄灭。细水雾粒径很小，分布面很大，因此可迅速覆盖燃烧体表面，冷却其表面温度。（2）隔氧窒息作用。水滴在汽化过程中不仅吸收大量热量，同时体积迅速膨胀（约扩大 1700 多倍），从而起到隔绝氧气的作用。（3）热辐射的减弱，细水雾及蒸汽会吸收部分热辐射，降低对燃料的热回馈。（4）火焰的拉伸，火焰接受来自细水雾的动量转换被拉长，细水雾是由高压作用而产生的，因此喷射速度相当快，对于燃烧物表面有一个冲击作用，使其熄灭。但是细水雾灭火机理非常复杂，目前对它的认识并不完全清楚。

（二）细水雾系统的应用范围[36,37]

细水雾灭火系统是以水为介质，采用特殊喷头在特定的工作压力下喷洒细水雾进行灭火或控火的一种固定式灭火系统。细水雾灭火系统由于具有无环境污染（不会损耗臭氧层或产生温室效应），灭火迅速，耗水量少等优点，已经成为卤代烷灭火剂的主要替代产品之一。与气体灭火相比，细水雾灭火技术具有廉价、对人和环境没有危害的优点，同时也避免了哈龙等气体在灭火时，因与燃烧物发生链式反应而产生对人有害的气体，有利于火灾现场人员的逃离，也不会破坏臭氧层。由于细水雾的冷却和穿透能力较强，它在扑灭深位火灾时比气体灭火剂更有效。另外，细水雾具有表面冷却的优点，而气体灭火剂则没有，因而它可以扑灭机房和燃气涡轮机房中高温设备的表面火灾，同时保证不会出现气体灭火剂灭火过程中，由于灭火剂的浓度下降，高温设备的表面重新燃烧的现象。

细水雾灭火系统和水喷淋灭火系统比较具有耗水量大大降低的优点，水喷淋系统中包含了大量的水滴。这些水滴的直径足够大以至于能穿透火焰羽流进而湿润整个燃料的表面，因而传统水喷淋灭火系统的灭火机理主要是通过直接冷却效应来达到扑灭火灾。细水雾系统比传统水喷淋灭火系统的耗水量小一个数量级。这也潜在地降低了水灭火带来的破坏性和供水有限地方的灭火费用，同时耗水量低也为要考虑供水的体积以及重量的场合带来了一个明显的优点，这也是进行用细水雾来保护交通系统如轮船、飞行器的研究和测试的一个原因。

由于细水雾的灭火机理不同于水喷淋，也不同于气体灭火剂。细水雾灭火系统适用于B类火灾，应用场所包括：B类喷射火和池火；飞机舱室、轮船舱室及计算机和电子设备室等。对于A类火灾，只能控制火灾蔓延或扑灭明火火焰，很难消灭阴燃火。目前，细水雾灭火系统主要应用于油类和电气火灾。细水雾系统对于防治高技术领域和重大工业危险源的特殊火灾，诸如计算机房火灾、航空与航天飞行器舱内火灾以及现代大型企业的电器火灾等具有广阔的应用前景。由于其具有广阔的应用前景和巨大的社会效益和经济效益，目前已经成为国际火灾科学前沿热点之一。

《建筑防火设计规范》和《高层民用建筑设计防火规范》规定下列部位应设置水喷雾灭火系统。（1）单台容量在40MW及以上的厂矿企业可燃油油浸电力变压器、单台容量在90MW及以上的可燃油油浸电厂变压器或单台容量在125MW及以上的独立变电所可燃油油浸电力变压器；（2）燃油、燃气的锅炉房；（3）可燃油油浸电力变压器室；（4）充可燃油的高压电容器和多油开关室；（5）自备发电机房。

（三）水喷雾灭火系统组成以及分类[38]

细水雾是由水喷雾系统（Water Spray System）产生，水喷雾系统由水源、供水设备、管道、雨淋阀组、过滤器和水雾喷头组成，向保护对象喷射水雾灭火或者防护冷却的灭火系统。水喷雾系统根据需要可设计成固定式和移动式两种形式。固定式水喷雾自动控制系统一般有火灾探测自动控制系统、高压给水设备、控制阀门、雾状水喷头等组成，图5－22为温感闭式喷头自动控制水喷雾灭火系统示意图。

细水雾喷嘴，是含有一个或多个孔口，能够将水滴雾化的装置，它是系统中最为关键的部件。按不同的标准细水雾系统可分为下列系统：

（1）低压系统，工作压力小于12.1bar①（175psi）；中压系统，工作压力为12.1bar（175psi）～34.5bar（500psi）；高压系统，工作压力大于34.5bar（500psi）。

---

① 1bar = 10^5 Pa.

（2）局部应用系统（Local Application Systems），如保护蒸汽涡轮机组轴承，炼油厂的热油泵；整体淹没系统（Total Flooding Application Systems），保护整个防护区，如燃气涡轮机组机房。预制系统（Pre-Engineered Systems），如压缩气体钢瓶驱动的双流系统，钢瓶及水罐有若干种规格，都是在工厂加工好的，设计中根据防护区面积的大小来选择工程系统（Engineered Systems），其构成和工作方式类似常规的雨淋系统（Deluge Systems）。

（3）单流介质系统（Single Fluid Media Systems）和双流介质喷雾系统（Twin Fluid Media Systems）。单流介质系统，是仅以水为灭火剂，由一路管道供到喷嘴。系统由喷嘴，水泵雨淋阀，探测器及控制器组成。双流介质喷雾系统，水及雾化介质由不同的管路分别供给，并在喷嘴处混合、碰撞而产生水微粒子。

（4）根据进口的最低水压，水喷雾灭火系统一般可以分为中速水雾喷头和高速水雾喷头，中速喷头的压力为0.15～0.50MPa，水滴粒径为0.4～0.7mm，可用于暴露面的防护冷却。高速喷头的压力为0.25～0.80MPa，水滴粒径为0.3～0.4mm，用于灭火控火。

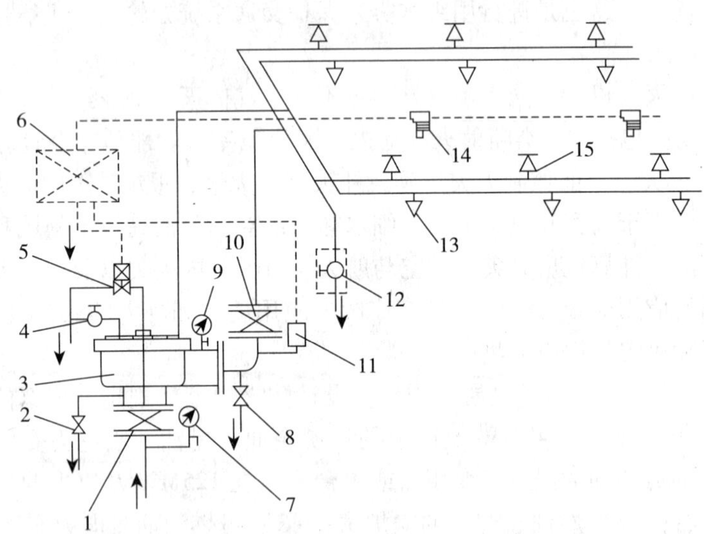

图5-22　温感闭式喷头自动控制水喷雾灭火系统示意图

1—蝶阀；2—截止阀；3—雨淋阀；4—球阀；5—电磁阀；6—报警灭火控制盘；7—压力表；8—截止阀；9—压力表；10—蝶阀（或截止阀）；11—压力开关；12—球阀；13—水雾喷头；14—火灾探测器；15—温感闭式喷头

（四）细水雾灭火系统设计

水喷雾灭火系统的主要特点是应用范围广，灭火时间短。表5-2列出了水喷雾灭火系统应用范围和喷雾时间。

水喷雾灭火系统的设计基本参数要根据防护目的和保护对象而定，设计喷雾强度和持续喷雾时间不能小于表5-2的规定。在设计时应注意：（1）水喷雾灭火的效果与防护对象的种类和其容器内部所装各种可燃物的性质（燃点、密度、黏度、混合性、水溶性）以及防护对象周围的状况有很大关系，因此在设计前要调查清楚；（2）水喷雾用于建筑物内某个设备的灭火时，则需将整个建筑物内部进行喷雾，可以采用全淹没式水喷雾系统。

水喷雾灭火系统设计喷雾强度与持续喷雾时间　　表 5－2

保护目的	保护对象		设计喷雾强度［L/（min·m²）］	持续喷雾时间（h）
灭火	固体火灾		15	1
	液体火灾	闪点 60～120℃的液体	20	0.5
		闪点≥120℃的液体	13	
	电器火灾	油浸式电力变压器、油开关	20	0.4
		油浸式电力变压器的集油坑	6	
		电缆	13	
冷却防护	甲、乙、丙类液体生产、储存、装卸设施		6	4
	甲、乙、丙类液体储罐	直径 20m 以下	6	4
		直径 20m 以上		6
	可燃气体生产、输送、装卸、储存设施和灌瓶间瓶库		9	8

（1）水雾喷头的流量　水雾喷头的流量可按式（5－1）计算：

$$q = K\sqrt{10P} \tag{5-1}$$

式中　q——水雾喷头的流量，L/min；

P——水雾喷头的工作压力，MPa；

K——水雾喷头的流量系数，由生产厂家提供。

（2）保护对象的水雾喷头的计算数量　保护对象的水雾喷头的计算数量应根据设计喷雾强度、保护面积和水雾喷头特性可按式（5－2）计算：

$$N = \frac{SW}{q} \tag{5-2}$$

式中　N——保护对象的水雾喷头的计算数量；

S——保护对象的保护面积，m²；

W——保护对象的设计喷雾强度，L/（min·m²）。

关于水雾喷雾的不知形式可以参考《细水雾灭火系统设计及施工及验收规范》。

研究表明，与抑制熄灭火灾有关的细水雾特性参数主要有雾化锥角、动量、滴径分布以及雾通量等等[39]。

（1）雾化锥角　把以喷口为原点的雾化流扩张角称为雾化锥角，它决定了细水雾液滴的空间分散范围，并影响细水雾速度乃至动量，是重要的雾化特性参数。

（2）动量　细水雾液滴的动量大小决定了其运动距离以及对火焰的穿透能力，特别在运动途中有障碍物时，该参数对细水雾灭火性能影响较大。当细水雾液滴喷出速度相同时，飞行阻力与滴径平方成比例，质量与滴径三次方成比例，其他条件相同时，液滴直径越大，穿透深度也越大。

（3）滴径分布　首先是测量点的液滴滴径描述。雾化形成的小液滴虽然直径大小不一，但其分布却有一定的规律性，可以用平均滴径或累积体积百分数 D_v 来表征。细水雾滴径的空间分布在很大程度上决定了其吸收热量并气化的能力，对火焰流场结构的影响很大。

（4）雾通量　细水雾的雾通量又称体积通量，是指单位时间内单位面积上通过的细水雾液滴的总体积，该参数决定了细水雾能够吸收的热量以及气化的多少，对细水雾与火焰的相互作用过程中有着重要的影响。

（五）细水雾系统数值模拟的研究

细水雾的发展和应用已经成为火灾科学领域的研究热点之一。但是细水雾系统灭火物理机制非常复杂，至今人们对它的认识并不完全清楚。因此研究细水雾与扩散火焰相互作用的机理及过程，将会促进细水雾灭火技术的发展（图5－23、图5－24）。许多学者研究喷洒水滴和火焰的相互作用，包括使用计算流体力学手段模拟水滴和气体的相互作用[41~43]。尽管有这些模拟利用水雾系统灭火的成果，分析气态—液态系统需要解决每一阶段的质量守恒方程、动量守恒方程和能量守恒方程。因为存在湍流和非线性物理特征，这种复合的现象是非常复杂的。尤其在预测房间中的整体淹式细水雾灭火系统（Total Flooding Water Mist System）的中仍有很多困难。因为没有压力显式方程，在模拟湍流、偏微分方程的离散化、以及求解速度－压力耦合方程都有局限性。火灾诱导空气流动和水喷洒相互作用的水滴阶段可以用两个不同的方法来处理即 Lagrangian 和 Eulerian 方法。采用该种技术完全跟踪大量粒子的运动状态是非常困难的。由于很难了解水滴的尺寸分布，所以即使在计算不同尺寸水滴的相互作用时作了许多假设，仍然很难完全了解水滴的运动。因此，建立一个简单的区域模型具有较高的工程应用价值。

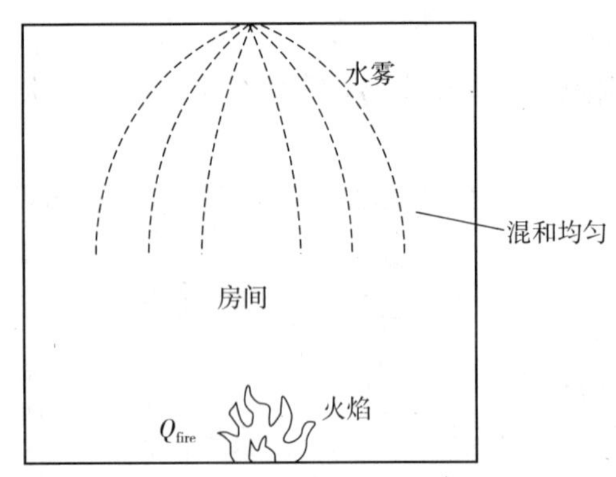

图5－23　细水雾系统示意图

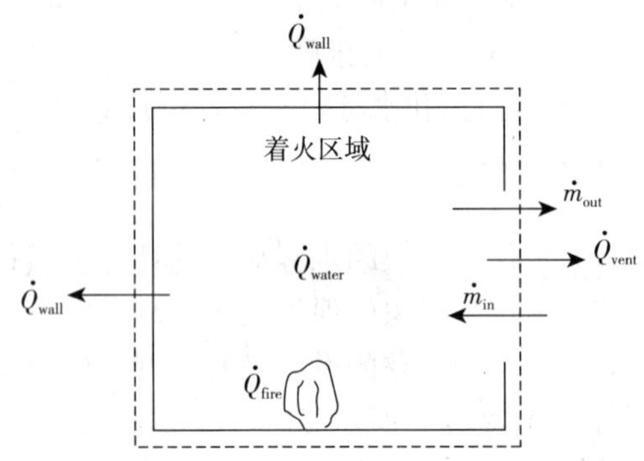

图5－24　细水雾系统作用下着火房间的能量交换

建立单区域模型依据是受限空间进行的全尺寸有障碍物火焰的灭火实验中，发现细水雾施加后在混合良好的情况下，受限空间的温度基本会达到一致。相对于双层区域模型，该类情况下更适用于把受限空间当做充分混合的情况处理，即采用单区域模型。目前已开发了几个单区域模型来研究细水雾灭火。Back[44]开发了准稳态模型来预测有限空间内细水雾系统熄灭火焰的情况，该模型假设试验房间的空气混和均匀而且水蒸气饱和。中国科技大学刘江虹等在实验研究的基础上建立了受限空间中细水雾灭火的准稳态模型[45]，上述两个模型不能区分具有相同的质量流量但具有不同的流速以及水滴直径分布细水雾系统的灭火效果。Varri[46,47]开发了瞬时单区域模型来描述在通风房间内整体淹没水雾灭火。李炎锋等[48~50]在对已有单区域模型进行分析基础上进行改进，主要包括：（1）细水雾水滴的尺寸特征通过水滴体积平均直径描述，这是因为直接与系统的质量流率相关；（2）选择临界氧气体积浓度（14%）来预测火焰熄灭，这更符合有限空间内有障碍火焰的熄灭情况。

受限空间内不同气体成分的质量守恒方程为：

$$\frac{\partial \rho_{x}}{\partial t}+\frac{1}{V}\oint_{s}\rho_{x}\vec{u}\mathrm{dS}=\dot{\rho}_{x}^{s} \tag{5-3}$$

上式中的第二项可以表示为：

$$\oint_{s}\rho_{x}\vec{u}\mathrm{dS}=\dot{V}_{out}\rho_{x}-\dot{V}_{in}\rho_{x,\infty} \tag{5-4}$$

$\rho_{x,\infty}$是周围环境中气体成分的密度，气体成分源项$\dot{\rho}_{x}^{s}$可以表示为

$$\dot{\rho}_{x}^{s}=\begin{cases}\rho_{w}\beta(t) & x=\mathrm{vap}\\ \dot{Q}_{fire}/(VH_{c}) & x=\mathrm{ox}\\ 0 & x=\mathrm{N}\end{cases} \tag{5-5}$$

式中 $\dot{Q}_{fire}$——火焰的发热量；

ρ——气相密度；

下标 vap，N，ox——房间中的水蒸气，氮气和氧气；

ρ_{w}——有限空间内单位体积内水滴的质量；

V——房间的体积；

$\beta(t)$——水滴的蒸发速率；

H_{c}——消耗1kg氮气释放的热量，其值为13.1MJ/kg[51]；

$\dot{V}_{out}$与$\dot{V}_{in}$——通过房间的开口流出和流入受限空间的气体的体积流量，它们与房间的通风因子$A\sqrt{H}$（A为开口面积，H为开口高度）有关，可以采用文献［52］提供的单区域模型中的通过开口气体体积流量的计算式。

受限空间单位体积内悬浮于空间的水滴质量ρ_{w}可以用下式进行计算：

$$\frac{\mathrm{d}\rho_{w}}{\mathrm{d}t}=(\dot{V}_{m}\rho_{w,\infty}-\dot{V}_{out}\rho)-\rho_{w}[\beta(t)+\gamma(t)]+\dot{m}_{w} \tag{5-6}$$

式（5-6）中右边第一项为房间换气的影响，第二项是水滴蒸发以及下落对ρ_{w}的影响，$\dot{m}_{w}$为细水雾系统的质量流量。

建立该模型同时基于有限房间中的能量平衡，其表达式为：

$$\frac{\mathrm{d}U}{\mathrm{d}t}=\dot{Q}_{fire}-\dot{Q}_{water}-\dot{Q}_{vent}-\dot{Q}_{wall} \tag{5-7}$$

式中，$\dot{Q}_{wall}$是通过受限空间边界的热量损失，$\dot{Q}_{vent}$是通风口的热量损失，它由两部分组成：一部分是将空气加热到受限空间温度所需的热量，另一部分是离开受限空间的气体所带走的热量，通过通风口的辐射热损失忽略不计。U是房间空气中以及悬浮水滴的内能，本文以0K为参考温度。在模拟过程中，火焰被认为是一个恒定的热源。此外，所有的内墙表面都用一个表面传热系数，通过房间边界的传热是一维的，则通过房间边界所损失的能量$\dot{Q}_{wall}$可以用下式来估计：

$$\dot{Q}_{\text{wall}} = h_{\text{eff}} A_{\text{t}} (T_{\text{g}} - T_{\text{wall}}) \tag{5-8}$$

式中　h_{eff}——边界有效表面传热系数；

A_{t}——墙体、顶棚和地面的总面积（不包括开口）；

T_{g}——房间空气温度；

T_{wall}——边界温度，K。

房间开口通风所造成能量损失 $\dot{Q}_{\text{vent}}$ 可以表示为：

$$\dot{Q}_{\text{vent}} = \dot{V}_{\text{out}} \rho_{\text{g}} c_{\text{g}} T_{\text{g}} - \dot{V}_{\text{in}} \rho_{\infty} c_{\text{a}} T_{\infty} \tag{5-9}$$

此处　c_{g}，c_{a} 分别为室内空气和房间周围空气的比热。由于着火房间中的气体主要成分为氮、氧和水蒸气，而且上述的气体成分比热几乎与常温下空气的比热相同，所以为了简化模拟，认为房间中的气体混和物比热与同温度下的空气相同，T_{∞} 为周围环境中空气的温度。

$\dot{Q}_{\text{water}}$ 是细水雾的吸收的热量，可以表示为：

$$\dot{Q}_{\text{water}} = \begin{cases} \dot{m}_{\text{w}} c_{\text{p,w}} (T_{\text{b}} - T_0) + \dot{m}_{\text{w}} \left\{ 1 - \Delta t \left[\gamma(t) + \dfrac{\dot{V}_{\text{out}}}{V} \right] \right\} [L + c_{\text{vap}} (T_{\text{g}} - T_{\text{b}})] & T_{\text{g}} \geqslant T_{\text{b}} \\ \dot{m}_{\text{w}} c_{\text{p,w}} (T_{\text{g}} - T_0) + V \rho_{\text{w}} \beta(t) \left[1 - \dfrac{\dot{V}_{\text{out}}}{V} \Delta t \right] L & T_{\text{g}} < T_{\text{b}} \end{cases} \tag{5-10}$$

式中　T_{b}——水的沸点温度；

T_0——喷嘴出口处的水温；

$c_{\text{p,w}}$——水的比热；

c_{vap}——水蒸气的比热；

L——水的汽化潜热；

Δt——时间间隔。

房间中空气及悬浮水雾的总内能可以表示为：

$$U = (m_{\text{tot}} c_{\text{g}} + V \rho_{\text{w}} c_{\text{p,w}}) T_{\text{g}} \tag{5-11}$$

此处 m_{tot} 是着火房间中的气体质量，它可以表示为：

$$m_{\text{tot}} = V(\rho_{\text{vap}} + \rho_{\text{N}} + \rho_{\text{ox}}) \tag{5-12}$$

单区域模型中假定悬浮于着火房间中的水滴温度变化与空气温度改变值相同。T_{g} 相对于时间 t 的变化可以由公式（5-5）~公式（5-10）推导得出：

$$\frac{\mathrm{d}T_{\text{g}}}{\mathrm{d}t} = \frac{\left\{ \dot{Q}_{\text{fire}} - \left[h_{\text{eff}} A_{\text{t}} (T_{\text{g}} - T_{\text{wall}}) + (\dot{V}_{\text{out}} \rho_{\text{g}} c_{\text{g}} T_{\text{g}} - \dot{V}_{\text{out}} \rho_{\infty} c_{\text{a}} T_{\infty}) + \dot{Q}_{\text{water}} \right] \right\}}{(m_{\text{tot}} c_{\text{g}} + V \rho_{\text{w}} c_{\text{p,w}})} \tag{5-13}$$

由于试验房间中压力和温度并不很高，可以认为气体是理想气体，而且根据道尔顿定律，气体的体积分数与摩尔分数相等。氧气的体积分数，即氧气的体积浓度可由下式计算：

$$C_{\text{ox}} = \varphi_{\text{ox}} = \frac{\rho_{\text{ox}} / w_{\text{ox}}}{\rho_{\text{ox}} / w_{\text{ox}} + \rho_{\text{vap}} / w_{\text{vap}} + \rho_{\text{N}} / w_{\text{N}}} \tag{5-14}$$

式中　C_{ox}——着火房间中的实际氧气体积分数；

φ_{ox}——氧气摩尔分数；

w——气体成分的摩尔重量。

在这个模型中，用0.14的氧气体积浓度作为判断火焰是否熄灭的标准。该模型中微分方程式（5－3）、式（5－6）、式（5－13）组成一个微分方程组，可以采用龙格－库塔方法求解。在给定着火房间参数（几何尺寸，壁面传热系数、开口储存）、通风状态参数、火焰强度、细水雾系统特性参数（质量流量、水滴直径分布）等条件后，时间间隔 dt 取0.1s，可以计算出房间气相温度、单位体积内的水滴质量、各种气相成分体积浓度等。

细水雾系统水滴尺寸分布遵守 Rosin-Rammler 经验分布公式，

$$1-q=\exp\left[-\left(\frac{d}{X}\right)^{n}\right] \tag{5-15}$$

其中，q 是直径小于 d 的水滴所占的体积份数，n 为尺寸宽度参数，X 是一个代表性直径，小于该直径的水珠体积占所有水珠总体积的63.2%，根据尺寸分布采用统计方法可以计算 VMD[20]。

第六章 性能化防火设计与火灾中人员逃生研究

第一节 性能化设计的基本概念与基本要求

目前，世界各国建筑物的防火设计都是根据各自国家有关部门制定的防火规范（Code for Fire Protection Design）进行的。有些针对某些特殊方面所制订的规定还常称为指南（Guidance）、规程（Regulation）或标准（Standard）。这些规范中的大多数规定是依照建筑物的用途、规模和结构形式等提出的，通常都详细地规定了防火设计必须满足的各项设计指标或参数，设计人员只需要按照规范条文的要求按部就班地进行设计，不用考虑所设计的建筑物具体达到什么样的安全水平，而是认为按规范要求进行的设计能够保证所设计的建筑物达到一个可以接受的安全水平。至于具体达到什么样的安全水平，规范里一般都没有明确地说明。这种设计方法被称为“处方式”的设计方法，源于英文“prescriptive”一词，因此也有的人称之为“规格式的”、“规范化的”或“指令性的”设计方法，这种规范称为处方式的规范（Prescriptive Fire Protection Design Code）。处方式的防火设计规范，是长期以来人们与火灾斗争过程中总结出来的防火灭火经验的体现，同时也综合考虑了当时的科技水平、社会经济水平以及国外的相关经验。因此，处方式的防火设计规范，在规范建筑物的防火设计、减少火灾造成的损失方面起到了重要作用。

随着科学技术和经济的发展，各种复杂的、多功能的大型建筑迅速增多，新材料、新工艺、新技术和新的建筑结构形式的出现对建筑物的防火设计提出了新的要求[1]。主要表现在：（1）建筑规模越来越大，功能越来越复杂，大量涌现高层建筑和超高层建筑。（2）新的建筑形式如地下商业街、城市地下公路交通、自动化停车库系统等的出现。（3）结构形式的个性化。例如国家大剧院的钢结构外壳，和国家游泳中心（又称“水立方”）的钢结构空间网架及ETFE“泡泡”构成的外部结构就是两个比较典型的例子。（4）中庭类建筑的出现。按照现有的处方式防火规范进行防火设计，其科学性、合理性和经济性均存在大量有待解决的问题。这些问题主要包括：（1）处方式防火设计规范，通常都详细地规定了设计必须满足的各项设计指标或参数，这严重束缚了建筑师和设计人员的创造性，限制了新技术的应用，往往导致设计千篇一律。（2）尽管规定是按照建筑的用途、规模、结构形式等进行划分的，但是不能否认这只是在某一范围内对各个不同的建筑物比较粗的划分。这使得在规范应用中会出现一些不应有的偏差，对一些建筑物要求过严，而对另一些建筑物则过松。（3）规范的制定或修订过程的周期较长，从准备修订到正式出版一般需要一年甚至更长的时间，因此执行的规范与实际的设计需要之间存在时间上的滞后，在一定程度上限制了新技术、新材料、新工艺、新建筑形式的应用和发展。（4）难以达到“安全性”和“经济性”的合理匹配。处方式防火设计规范一般不明确指出合理的安全目标或标准是什么，而是给出设计的最低标准。比如，防火分区面积不能超过1000m^2，疏散距离不能超过30m，中庭的排烟量按照每小时4次或6次换气量计算等。因此，这种设计很难综合考虑整个建筑物的防火安全水平，可能导致防火安全有效性较低或存在安全设施重复建设的现象。

尽管处方式防火设计规范有局限性，但应该认识到防火设计规范都是根据一定时期的社会经济水平，建筑技术水平和防火技术水平提出的。因此处方式的防火设计规范具有一定的局限性是无可厚非的。另外，建筑消防的各个环节是一个有机的整体，单纯孤立强调某一环节并不能保证整个建筑物的安全，因此迫切地需要建立一种依据特定建筑物火灾特性的更安全、合理的新型建筑防火设计方法。性能化防火设计方法在这种情况下应运而生。

一、性能化设计的基本概念[2,3]

"性能化设计"源于英文词汇"Performance-Based Design"，它是以某一（或某些）安全目标为设计目标，基于综合安全性能分析和评估的一种工程方法。性能化防火设计是建立在火灾科学和消防工程学基础之上的。该方法运用消防安全工程学的原理与方法，根据建筑物的结构、用途和内部可燃物等方面的具体情况，由设计者根据建筑的各个不同空间条件、功能条件及其他相关条件，自由选择为达到消防安全目的而应采取的各种防火措施，并将其有机地组合起来，构成该建筑物的总体防火安全设计方案，然后用已开发出的工程学方法，对建筑的火灾危险性和危害性进行定量的预测和评估，从而得到最优化的防火设计方案，为建筑结构提供最合理的防火保护。

与"处方式"设计相比较，性能化设计方案更关注是否能够实现"保证人员疏散和灭火救援不受火灾烟气影响"这一"目的"，而不是拘泥于满足规范要求的最低排烟量。性能化的消防设计方案通过科学的论证，能够提供比处方式消防规范更为安全的设计表现效果，比较起来，性能化设计方案具有设计成本有效性、设计选择多样性及设计效果更为优化性的特点。表 6－1 给出了处方式设计和性能化设计的主要差异。

处方式设计和性能化设计的主要差异 **表 6－1**

处方式设计	性能化设计
1. 直接从规范中选定参数和指标，不必提任何问题	1. 依照规范性能要求能被证明，允许给出任何解释
2. 主要关心怎么建造建筑	2. 主要关心建筑火灾行为
3. 原则上规范中没有规定的不做	3. 所提供的性能只要证明是合适的，允许采用任何革新设计
4. 重视细节，忽略整体	4. 强调消防系统的综合集成

二、性能化设计的基本要求

性能化设计的基本特征体现在[1,4,5]：

1. 目标的确定性

所谓目标的确定性是指公众和整个社会要求不同类型的建筑物在火灾中应达到的基本安全水准，以确保建筑物内的人员和财物不受到较大的伤害。安全目标是防火设计应该达到的最终目标或安全水平，除非规范中有明确的规定，一般需要建筑业主、建筑使用方、建筑设计单位、性能化防火设计咨询单位会同消防主管部门协商确定。安全目标确定后，设计人员根据建筑物的各个不同空间条件、功能要求及其他相关条件，按照工程学的方法针对建筑物内部发生火灾时的火势、烟气扩散等火灾特性、人员的疏散行动、建筑物各部分的情况进行分析和评估，判断已有设计方案是否达到期望的安全目标，最终选择达到防火安全目标而应采取的各种防火措施，并将其有机地结合起来，构成建筑物的总体防火设计方案。有的文献中将安全目标分为三类，即总体目标、功能目标和性能目标。防火安全的总体目标包括：保护生命安全、保护财产安全、保护建筑的使用功能或服务的连续性、保护环境不受火灾的有害影响。不过这只是一个比较广泛的概念，至于如何达到总体目标是通过功能目标来说明的。功能目标的要求常常可以在性能化规范中找到。例如，“使不临近起火位置的人员有足够的时间到达一个安全的地方，而不受火灾的危害”。性能目标是对建筑及其系统应具备的性能要求的表示。为了实现防火总体目标和功能目标，建筑材料、建筑构件、系统组件以及建筑方法等必须满足一定性能水平的要求。性能水平是可以量化的，在性能化设计中还将对其进行计量和分析计算。例如，在性能化规范中，为了保证人员的生命安全，可能会遇到这样的性能目标，如“将火灾的传播限制在起火房间内，在火灾烟气蔓延出起火房间之前通知所有的现场人员，保证疏散通道处于可以使用的状态，直到建筑物内的所有人员到达安全地点”，该性能目标将对建筑的防火分隔、火灾探测与报警系统、防排烟系统，甚至自动喷水灭火系统的性能提出要求。

2. 方法的灵活性

在建筑安全水准确定的前提下，设计师可以选择不同工具、不同的方法来保证目标的实现。这些方法包括：改变建筑平面布局、减少建筑内火灾荷载密度、调整消防设施、强化消防管理等。当然也可以对各因素进行综合考虑。

3. 评估验证的必要性

对具体的设计结果，应采用一些公认较成熟的数学模型进行理论验证。这些验证模型可以评估出建筑物的火灾危险程度，可以计算出人员到达心理承受极限状态时所需的时间以及烟气运行的状态等。防火设计方案的安全性评估是建筑物性能化防火设计的核心。防火安全评估不仅是为了验证设计方法及其结果是否能够达到与现行规范规定的同等防火安全水平或者与该建筑相适应的防火安全水平，同时也为进一步改进和完善现有的设计方案提供有力的依据。设计方案的安全性评估包含建筑物的火灾危险性分析和火灾危害分析两方面的内容。

（1）火灾危险性分析　主要是对特定火灾从点燃、发展到充分燃烧，直至熄灭整个过程中建筑内环境和火灾可能造成的破坏的分析和描述。分析建筑物的火灾危险性，首先要了解建筑的结构特点，例如防火防烟分区的划分、建筑结构的防火措施、建筑构件的耐火极限等，然后根据可燃物的分布、数量与性质大体确定危险源的位置和危险程度。可燃物的分布位置和着火特性不同，其着火的可能性和着火后的危险性也不同，所以应当按照可能出现的最危险的情况进行分析，保证火灾产生的危害都不超过评估中所考虑的情况。

（2）火灾危害分析　是针对建筑物内部发生火灾时的规模、烟气扩散等火灾特性、人们的疏散行动、建筑物各部分的情况等，按照消防工程学的方法进行分析和预测，并判断其结果是否满足规定的防火设计的目标和评价标准。在性能化防火设计中，这两部分的工作过程分别称为火灾场景的设计和设计方案的评估。

火灾场景，源于英文词汇“Fire Scenario”，描述了影响火灾后果的各种关键因素。一个火灾场景代表一组对建筑本身、建筑内的人员、建筑内的物品的安全性产生影响的工况。每个火灾场景都应该涉及火灾特性、建筑物特性和人员特性三部分的内容[6]。

1）火灾特性具体包括火灾位置、起火源、可燃物特性，火灾增长规律等。

2）建筑物特性包括建筑布局、建筑结构、建筑材料、建筑的运营管理情况、门窗的状态、通风条件、消防系统的状况以及其他环境条件等。

3）人员特性包括建筑内人员的数量、人员的分布、人员的状态（睡眠或清醒）、对环境的熟悉程度、人员的类型（老人、中青年、儿童、残疾）等。

在性能化防火设计中，火灾场景并不是用来描述建筑内的真实的火灾是如何发生发展的，而是用来评估在该火灾条件下防火设计方案的安全水平是否达到设计的要求，因此所选择的火灾场景应具有典型性和代表性，并应该使得所采用的防火措施具有一定的安全裕度。

性能化防火设计方法包括确立消防安全目标、建立可量化的性能要求、分析建筑物及内部情况、设定性能设计目标、建立火灾场景和设计火灾、选择工程分析计算方法和工具、对设计方案进行安全评估、制定设计方案并编写设计报告等步骤，是一个比较复杂的体系，其应用需要社会环境和技术条件的支持。一般地说，性能化设计的流程如图 6－1 所示[7]。

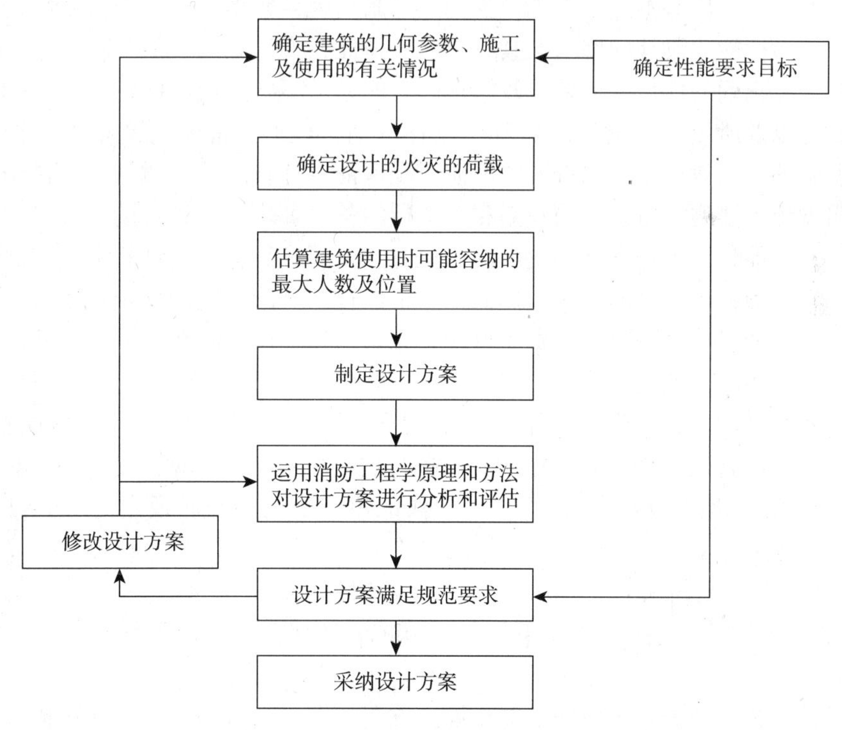

图 6－1　性能化设计的流程图

由性能化设计的流程图看出，实现性能设计首先要有性能规范确定防火安全的系统目标。包括社会性目标，即希望建筑物能够满足社会安全所需要达到的基本目标。功能性目标，即为实现社会性目标而在建筑功能设计中所采用的技术方法、性能要求，即为了实现社会性目标和功能性目标所必须达到的具体的性能标准。

其次，要有与性能规范相配套的技术指南提供一些比较成熟的设计方法供设计人员参考，其中还包括实现规范中的性能目标所应达到的性能参数的取值范围。如澳大利亚消防工程设计指南包含了如下主要内容：概念设计、制定初步设计方案、定量分析、火灾场景分析、设计方案的评估、设计方案的确定和编写设计报告。

最后，要用建立在科学实验、计算模型和概率分析基础上的评估模型对设计方案在建筑火灾中的实际应用效果进行测算和模拟，并判断其是否能实现既定的性能目标。在火灾安全评估中有许多评估模型，其中有两种较复杂的评估模型被认为是评价性能设计的最重要的评估模型：区域模型和场模型。

国外的研究与运用结果表明[8~10]，性能化防火设计方法具有以下一些优点：1）设计方案更加合理，能有效地保证建筑设计达到预期的防火安全目标；2）设计方法更加灵活，有利于充分发挥设计人员的才能和创造能力；3）可以在保证相同火灾安全的基础上降低建筑成本；4）有利于新技术、新材料、新产品的开发、推广和应用；5）有利于设计规范和标准的国际化等。概括起来，性能化设计方法可使建筑物的防火安全目标、火灾损失目标和设计目标实现良好统一。与传统的处方式设计方法相比，这种设计方法能够大大改进建筑防火设计的科学性和合理性，从而可带来良好的社会效益和经济效益。

性能化设计也有许多不足。首先，受到主观制约因素较多。防火安全系统设计者的素质差别很大，而性能化设计的要求又具有很大的弹性，人们难以（至少在一定时间内）对他们的素质给出正确的评价。如果行政管理部门的人员不熟悉或不同意所选用的方法、分析、设计目标以及所用工具的确定性和可用性的话，他们可能不愿意批准这种设计。因此，必须明确项目的设计者和审查者的素质以及保证设计合理性的质量控制措施。在推行性能分析与设计方法的同时，应当建立相关人员的教育、培训和管理的良好机制。与处方式设计相比，性能化设计过程需要更多的工程时间以便进行分析、计算和准备文件。这样做似乎要使建筑商付出更多的费用，然而在整个工程项目的有效的安全使用寿命期中，它所导致的在建造或操作面所节省的费用可能是原有工程费用的数倍。其次，性能化设计必须随建筑物的占用状况或使用性质的变更而发生改变，这直接与性能化设计所要求的应具备清楚的技术文件相关，因为该文件中包含了所作的全部关键假设及承险人的损失目标，也与进行火灾安全管理（即检查、试验和维护）的需要相关。根据这种需要，必须保证消防系统能够如所预想的那样运行，这样才能保证建筑的使用与所设定的防火目标或目的一致。

第二节　国内外建筑防火规范的比较

防火设计方法从处方式规范向性能化设计方向的发展，自 20 世纪 70 年代首次提出以来在许多国家都取得了很大的进展。英国、日本、加拿大、新西兰、美国、澳大利亚等国家都进行了大量的关于性能化设计方法的研究，确定了各自相应的性能化设计的内容，并在火灾调查、火灾模型、火灾风险评估等领域取得了大量的研究成果[11]。一些著名的火灾防治研究机构和大学开展了许多与性能化设计有关的研究课题，如关于设定火灾的研究、火灾过程的计算机模化、火灾风险分析、火灾中的人员行为分析等，这些为发展性能化设计方法与制定相应的规范创造了条件。国际上一些主要的火灾科学学术刊物上均登载了大量关于性能化设计与规范方面的文章，例如火灾安全学报（Fire Safety Journal）、火灾与材料学报（Fire and Materials）、火灾技术（Fire Technology）、燃烧与火焰（Combustion and Flame）、火灾科学学报（Journal of Fire Science）、应用火灾科学学报（Journal of Applied Fire Science）、建筑与环境（Building and Environment）、建筑工程学报（Journal of Architectural Engineering）、工程性能化火灾规范学报（International Journal on Engineering Performance-Based Fire Codes）等，并探讨了如何将有关的火灾科研成果应用于解决工程实践的问题。

一、国外性能化建筑防火规范比较

日本是研究性能化设计方法比较早的国家之一。1982 年日本建设省制定了一个名为"建筑物综合防火设计方法的开发"的五年计划，并在其研究成果的基础上，编辑了一套体现以火灾性能为指导的设计方法。此后，英国（1985 年）、新西兰（1991 年）、瑞典（1994 年）、澳大利亚（1996 年）陆续颁布了体现性能化设计思想的防火设计规范。1998 年日本又对防火规范进行了一次较大的修订，更加充实了以火灾性能为基础的设计思想。美国在性能化设计方法研究方面做了大量工作，而且也是建造"超规范"建筑最多的国家。他们已形成了一系列比较成熟的火灾安全评估模型和性能化设计程序，不过目前还没有制定出适用于全国的性能化设计规范方案。不过近年来他们也开始有新的动作，例如在 2001 年出版的美国消防协会的标 NFPA 1 中，专门增加了可以采用性能化设计方法的说明。自 1985 年起，国际标准化组织（International Organization for Standardization，ISO）和国际建筑协会（International Council for Building Research Documentation，CIB）也积极参与了性能化设计方法的研究。

1996 年、1998 年、2000 年和 2002 年分别在加拿大、美国、瑞典和澳大利亚召开了 4 届"国际性能化设计规范与设计方法研讨会"，这标志发展从火灾性能为基础的设计方法及其相应的规范已成为国际化趋势。

下面就简要介绍一些国家发展性能化设计规范的情况。

1. 英国[12~14]

1973 年，英国对大部分建筑法规进行了统一化的工作，形成了国家级的防火设计规范。这一方案已经开始体现出性能化设计的初期思想。即在采用"放宽规范"合理程序的基础上，可以通过改进"替代方案"来满足规范的要求。表现为只要负责建筑物安全的官员认为设计者采用的消防措施所提供的安全水平至少与处方式设计规范规定的措施所提供的水平相当，设计者可以选用任意的消防措施。

1985 年和 1991 年，英国又先后两次对建筑规范进行了修订，明确提出可以将性能化设计方法作为一种可选的防火设计方法，率先实现了建筑防火设计由处方式设计规范向性能化设计规范的转变。

为了稳妥地推行性能化防火设计，建立一种为大家共同认可的性能化设计说明，在 1997 年，又正式发布了英国标准《建筑火灾安全工程》BS DD240（Fire Safety Engineering in Buildings）（草案）。

该文件包括：《火灾安全工程学原理的应用指南》和《对第一部分中所列方程的评

注》两个部分。第一部分是该标准的主体，包括16章和4个附录。它将性能化设计过程概括为4个基本步骤，即：定性设计审查（Qualitative Design Review）、定量分析（Quantitative Analysis）、与性能化判据的比较（Assessment Against Criteria）和编制设计报告（Reporting and Presentation of Results）。

定性设计审查是由防火安全工程师对建筑师提出的建筑设计初步方案进行定量化的审查，包括对建筑物、环境和有关人员的特点进行定性化的描述、建立防火安全目标及疏散总体方案、确定量化判据和火灾危险、提出初步的防火设计方案等，并明确防火分析过程中应包括的人员。定量分析主要是运用火灾科学和有关的工程学原理和方法，结合预设的火灾场景，讨论可采用的各种消防设施以及它们的组合形式，而后对这些设施在火灾过程中的作用进行分析，从而对防火设计方案的合理性和科学性做出定量的评价。

在定量分析过程中，需要按照确定性和随机性的方法，建立定量化的火灾场景，计算烟气的发展过程及轰燃时间，分析火灾对人的危害程度和烟气向外蔓延的时间。然后将有关的方案进行比较，以确定最佳设计方案。

最后，将有关的分析与计算结果对照与防火性能判据进行比较，分别就人员生命、财产和环境安全等得出分析结果，并形成报告文件。

为了更好地实施性能化设计规范，英国还组织编写了一些基础教育教材，并在大学和研究生中施教。

2. 澳大利亚[15~17]

澳大利亚开展性能化设计研究始于20世纪70年代末。他们先开始进行建筑火灾危险评估模型的研究，以进行建筑物的火灾安全功能和消防费用分析。之后，澳大利亚的主要研究单位维多利亚理工大学与加拿大国家研究院合作，进一步开发了这一模型，分别形成了澳大利亚的CESARE-RISK程序和加拿大的FIRECAM程序。

经过多年的研究，澳大利亚于1989年起草了《全国建筑防火系统规范草案》（NBFSSC）。该法规对英国及部分北欧国家产生了重要影响，同时也被国际标准化组织（ISO）采用。

1996年，澳大利亚正式颁布了本国的第一部性能化建筑防火设计规范——《Building Code of Australia——1996》，简称BCA 96。并于1997年7月1日起，被各州陆续采用。为推广实施性能化设计规范，澳大利亚的“建筑规范委员会”（ABCB）与工业及研究部分联合会组成了一个新的机构——防火规范改革中心（FCRC），其任务是为开展性能化防火安全设计并改革现行规范开发一种经济有效的工程方法。

BCA 96包括A~I，共九个部分，基本上是按目标、功能说明、性能要求和解决方案等四个方面设计的。

（1）目标　通常指保护人类生命和相邻建筑或其他财产安全的需要。

（2）功能说明　指如何期望建筑达到目标的要求（或社会的期望）。

（3）性能要求　给出了一个合理的性能水平。建筑材料、组件、设计和施工方法等都必须达到这个水平，从而使建筑既能满足相关的功能要求，又能达到相关的目标。

（4）解决方案　指满足性能要求所采用的方法和手段。

经过一段时间的使用，人们发现BCA 96也存在一些缺陷，主要有：①该规范是从原先的处方式设计规范——BCA 90修改而成的，有些部分没有进行评估，不同的子系统的要求不够一致；②有些功能描述完全是定性的，这样对如何达到安全目标无法认可；③对特殊构件或组件有多种说明，致使有些地方相互冲突；④为了显示设计方法与规范一致，只规定了一种可接受的方法，在一定程度上也影响了设计的灵活性。

1996 年，防火规范改革中心（FCRC）推出了《防火工程指南》（Fire Engineering Guidelines）。该指南以落实性能化设计规范为中心，制定出一套三等级的防火工程系统评估方法。第一级称为子系统的相当性评估（Sub-System Equivalence Evaluation，SEE）。此方法适用于评估防火系统工程中某一部分的运行性能，并将此部分与一个已知的符合建筑法规的部分相比较。第二级称为系统性能评估（System Performance Evaluation，SPE）。这一评估方法用于分析整个防火工程系统中的各个子系统的相互作用。在分析过程中选择一个或多个有代表性的最危险的场景，以保证足够的安全系数。运用这一等级的评估方法可以得出直观的安全量值，也可以得出当前系统同一个已知的符合传统的处方式设计规范的系统的比较值。第三级是综合性的评估方法，也就是系统风险性评估（System Risk Evaluation，SRE）。适用于分析或评估大型综合建筑或高度创意的建筑。这一方法以概率论为基础，综合考虑一连串可能发生的火灾事件以及它们发生的频率，联系各种消防措施的可靠性和有效性，最后对总体设计的安全性和合理性作出综合评估，这一方法的复杂程度要高于前两种方法，但它为工程设计提供了一个更灵活和更宽广的平台。

3. 新西兰[18,19]

新西兰从 20 世纪 80 年代末开始性能化规范的研究工作，在 1992 年，颁布了第一部建筑安全法规（NZBC，New Zealand Building Codes）。该法规基本上围绕以下几个方面编写：

（1）设计目标　本规范有一个突出变化，就是它从强调财产保护转变为更加强调生命安全保障。例如，在逃生通道部分的设计目标包括：①保证人们在逃生时不会因火灾而受伤；②保证灭火援救行为的顺利进行。就是说规范对建筑物使用者的生命安全保障的要求大大增强了，而相应地减少了对建筑物业主的财产保护。不过对该建筑的邻近建筑业主的财产保护没有明显改变。

（2）性能要求　新规范的主要性能要求有：①提供人员安全疏散的措施；②提供消防队员安全的措施；③防止火灾蔓延至邻近区域；④保护环境安全，使之免受火灾的不利影响等。

（3）设计方法　达到新建筑规范的性能要求主要有以下三种途径：①经认可的验证方法；②在被批准文件中所规定的“可行的解决方法”；③用于某种特殊防火工程设计的“可供选择的解决方法”。

到目前为止，对于防火安全设计还没有一种经认可的验证方法，即没有运用特殊的防火工程计算来证明的方法；大多数建筑的防火安全设计都是使用了“可行的解决方法”，这是一种符合新规范的性能要求的处方式解决方式；没有采用“可行的解决方法”制定出来的设计方案都被称为“可供选择的设计方案”。这种设计方案必须通过特殊的消防工程计算来验证，而这类工程计算是在对大量的火灾场景进行分析的基础上进行的。

（4）方案的设计、评审和执行　现在，新西兰是将“可行的解决方法”的形成及确定大多数“可供选择的解决方法”作为设计出发点的。这项工作都还必须由具有相应资质的防火安全工程师来设计和评审。调查表明，提交的设计方案大约有 80% 是由城市委员会成员进行审查的。在大部分城市中都具有这样的高比例；但也有少数城市委员会宁可将大部分申请审查的设计方案交给有关专家或咨询人员去处理。

新西兰这部规范的结构形式与英国规范类似，但在性能要求方面比英国规范详细、具体。首先，它要求设计人员在进行建筑防火设计时，必须从以下四个方面予以考虑：火灾发生、逃生通道、火灾蔓延以及火灾中的结构稳定性。其次，对于上述四个方面中的每个方面都给出了目标、功能要求和性能等三个层次的要求。

4. 美国[20~22]

美国是开展性能化防火设计研究最早的国家之一，从20世纪70年代起，他们便开始了较系统的研究，但是当时并没有提出以性能化为基础的概念。美国通用事务管理局（General Service Administration 简称 GSA）利用事件逻辑图示法提出了“以目的为基准的建筑防火系统方法指南”（Interim Guide for Goal-Oriented System Approach to Building Fire Safety）。后来形成 NFPA 550（Guide to System Concepts for Fire Protection）以及 NFPA101（Guide on Alternative Approaches to Life Safety）。其中建立的防火安全评估系统已经明显体现了以火灾性能为基础的思想。

20世纪80年代，美国国家标准与技术研究院（National Institute of Standards and Technology，NIST）、美国消防协会（National Fire Protection Association，NFPA）等多个机构参加开发可用于建筑物内部的基于防火目的的、综合的和被广泛使用认同的火灾风险评估方法，形成了 FRAMWORKS 模型。该模型可将特定火灾场景下评估特定产品的量化方法与给定火灾场景下相关的火灾死亡人数的统计方法相结合，这样新的或替代产品的影响也可以按基准场景进行评估，从而决定有关产品的改变对风险相对值变化的影响。目前，NFPA 采用的基本上是处方式设计方法和性能化设计方法并存的双轨制，防火安全工程师可以依据项目的特殊需要选择所依据的标准。近年来，NFPA 的标准也开始发展体现性能化防火分析与设计思想的标准。例如，《美国火灾报警规范》NFPA 72、《购物中心、中庭及大面积建筑的烟气管理系统指南》NFPA 92B，它们均要求按火灾发展特性决定有关消防设施的设计。同时 NFPA 也在为正式制订性能化设计规范进行积极准备。1995年他们发布了《NFPA 性能化入门——规范与标准准备》（NFPA Performance-Based Primer-Codes & Standards Preparation）第一版；1999年又发布了该文件的第二版。该文件对性能化方法的特点及应用进行了较深入而全面的论述，并对性能化规范的结构框架、设计所需要的输入参数与验证、设计方案的采用与批准等问题作了讨沦，有些观点很有参考意义。

美国防火工程师协会（Society of Fire Protection Engineers，SFPE）于1988年编辑出版了综合性和实用性均很强的大型工具书《SFPE 防火工程手册》（Handbook of Fire Protection Engineering）。在不断吸收新的研究成果的基础上，2002年发行到第三版。2000年，SFPE 又编写了《建筑物性能化防火分析与设计工程指南》（The SFPE Guide to Performance-Based Fire Protection Analysis and Design）。该书对美国推荐的性能化防火设计步骤作了更清晰的概括，现已成为各国开展性能化防火方法研究的重要参考资料。

由于特殊的历史原因，美国没有一部适用于全国范围的建筑规范，而是并行存在三种国家级的规范，它们是主要适用于美国东北部、中西部和大西洋海岸中部的国家建筑规范（BOCA）、主要适用于美国南部的南方建筑规范（CSBC）和主要适用于美国西部的通用建筑规范（UBC），它们均在州这一层次应用。此外，美国消防协会在制定标准方面也很有影响，NFPA 标准在很大程度上起到了权威性规范的作用。近年来，上述三个规范组织的代表和 NFPA 等机构的代表组成了一个新的“国际规范理事会”（ICC），其目标是制定统一的适用于全美范围的关于机械、木材加工、建筑与防火的规范，目前有关工作仍在进行之中。

5. 瑞典[3,14,23]

瑞典从 20 世纪 90 年代初开始用性能化设计的思想修订规范。其性能要求和设计指南均包含在性能规范的文本中。该规范提高了设计的灵活性，所规定的边界条件都将满足建筑防火和人员安全的要求。

瑞典隆德（Lund）大学的马格纽森（Magnusson）等在火灾模拟方面引入了随机性分析，在火灾性能化计算中包括了大量的确定性和随机性的方法。在性能化设计中，使用了可靠性理论和定量风险分析（Quantitative Risk Analysis，QRA），并且还研究了如何降低其火灾危险性（Fire Hazard）。

6. 日本[24,25]

自 20 世纪 50 年代起，日本就开始采用高度指令性的建筑规范体系。到 70 年代末，日本政府也认识到这种规范的不足。于是在 1982 年日本建设省制订了发展性能化防火设计的 5 年研究计划。该计划的目标是发展一个建筑火灾安全方面的国家级评价方法。该方法以日本建筑基准法第 38 条的等效条款为基础，通过建设省的特殊审批体系而广泛应用于建筑防火设计中。这一项目的研究结果是汇编形成了一套内容广泛、全面的文件。现在该汇编已被译成中文，并以《建筑物综合防火设计》为书名出版。

该汇编文件包括综合防火安全、预防火灾的发展和蔓延、烟气的控制、人员疏散和结构耐火设计 5 个子系统。每个子系统包括基本要求、工程评估的技术标准、相关火灾现象的计算方法和测试方法 4 部分，且均提供了用计算评估、防火安全的判据是由一些具有工程概念的参数组成。例如，温度、气体组分和烟气浓度等。

1996 年，日本开始修改《建筑基准法》并向性能化规范转变，并于 2000 年 6 月发布实施。该基准法既有性能化方法，也有处方式方法。对以下几方面更加重视：①烟气控制和人员安全疏散；②火灾发生与发展的预防；③建筑结构的耐火；④火灾向其他建筑蔓延的预防。

二、中国性能化建筑防火设计发展[1,5,8,10,26~28]

在香港，性能化防火设计的基本思想同其他国家相符。在香港消防安全条例中，有明文说明消防性能化设计是其中的一种可以采用的方法。特别是对一些大型的、复杂的、特别功能的或用途的建筑物，消防性能化设计是惟一的方法。香港的消防安全法规对于性能化设计有概要的论述，但没有任何具体的指导。目前在香港与消防有关的法规主要有四个，它们分别是：（1）最低限度之消防装置及设备守则与装置及设备之检查、测试及保养守则；（2）逃生信道守则；（3）防火建筑守则；（4）灭火和拯救信道守则。第一个守则由消防处制定和负责执行，其他的守则由屋宇署负责制定及执行。如果性能化设计只涉及消防局的法规，那么报告申请只需向消防处提出。消防处有工程师负责审理，通常在两个星期左右就可以得到答复。性能化设计如与屋宇署守则有关，则通常会在一个月或二个月之内得到答复。通常这类申请需通过特别认可人士并且连同设计图纸一起递交，审理时间视申请类别而定。通常第一次设计图纸申请和以后的重大修改需要两个月。较小的修改则只需要一个月时间，这些时间是由明文规定的。在申理程序上，与屋宇署有关的申请则需要通过一个特别委员会的审理，这个特别委员会叫消防安全委员会，主要由屋宇署的高级官员，消防处的官员和消防专业人员组成。香港理工大学屋宇设备工程学系消防工程研究中心在周允基教授主持下，进行大量的消防研究和工程实际应用研究成果。消防性能化设计在很多大型的建筑上得到了应用，例如香港的新机场，所有的火车站，标志香港信息产业进入新阶段的数码港等。

国际上对性能化建筑防火设计方法的研究与讨论，对我国的消防安全管理部门、建筑设计部门和火灾科研机构已产生了重大影响。我国性能化规范与设计研究工作，早在20世纪80年代初就已开始，但后来一度中断。1996年国家开始组织有关单位和人员系统地开展相关研究，目前已取得一些成果。经建生等[2]翻译并介绍了美国在性能规范方面的研究进展。李引擎等[1]明确表述了性能化设计的概念，对传统的规格式设计规范与性能化设计规范间的区别进行比较，并提出开展性能化设计所需要优先考虑的一些基础性工作。汪箭、吴振、范维澄等[28]系统分析了国际上火灾安全工程性能化设计的研究情况，提出了发展我国火灾安全工程性能化设计的设想和软件体系框架。上述成果都有力推动了建筑防火性能化设计研究在我国的开展。首次明确提出研究建筑防火性能化设计的是2001年"十五"科技攻关项目前期课题"城市火灾与重大化学灾害事故防范与控制技术的研究"。该项目针对建筑防火性能化设计的关键技术进行系统的基础研究和技术开发，取得了重大进展，编制完成了《建筑物性能化防火设计导则（草案）》文本。中国科学技术大学火灾科学国家重点实验室、中国建筑科学研究院防火所进行了大量工作，出版了《性能化建筑防火分析与设计》[3]、《火灾风险评估方法学》[29]以及《建筑防火性能化设计》[2]等专著阐述火灾安全性能评价新方法。但是，我国的建筑防火性能化设计研究总体而言处于起步，其应用还处于摸索阶段。

建筑防火性能化设计在进行基础研究的同时，其工程应用也得到了逐步开展。我国较早典型的性能化设计工程体现于上海的金茂大厦，它的消防设计是由美国设计单位完成的。该工程带来了国外先进的防火设计理念和风格，促进了建筑防火性能化设计在国内的工程应用。随后国内有关科研单位相继独立完成了济南遥墙国际机场新航站楼、国家大剧院、国家奥林匹克体育馆、北京五棵松体育文化中心、青岛颐中皇冠假日大酒店等性能化设计或评估工程，为建筑防火性能化设计方法走向应用进行了积极的探索。随着现代建筑结构的复杂化、功能的综合化、风格的多样化，对性能化防火设计的需求将越来越大，其应用也必将越来越广泛。

在性能化防火设计的规范化方面以及在实际工程应用中，仍有许多需要解决的问题。严格界定性能化防火设计的应用范围、制定严格的性能化防火设计执行流程、规范从业人员的资质要求、进行性能化设计的有效性分析等等，都是性能化防火设计规范化过程中的重要内容，也是工程应用中需关注的地方。

第三节　建筑火灾中人员的疏散

火灾中人员的安全疏散指的是在火灾烟气未达到危害人员生命状态之前，将建筑物内的所有人员安全地疏散到安全区域的行动。

一、疏散基本条件[3,30]

建筑物发生火灾后，其中的人员能否安全疏散主要取决于两个特征时间，一是火灾发展到对人构成危险所需的时间，或称可用安全疏散时间（Available Safety Egress Time 简称 ASET），一个是人员疏散到达安全区域所需要的时间，或称所谓安全疏散时间（Require Safety Egress Time 简称 RSET）。如果人员能在火灾达到危险状态之前全部疏散到安全区域，便可认为该建筑物的防火安全设计对于火灾中的人员疏散是安全的。在此过程中，保证建筑物内人员安全疏散的关键是楼内所有人疏散完毕所需的时间必须小于火灾发展到危险状态的时间。下面结合图 6－2 所示的时间线概念说明这些问题。

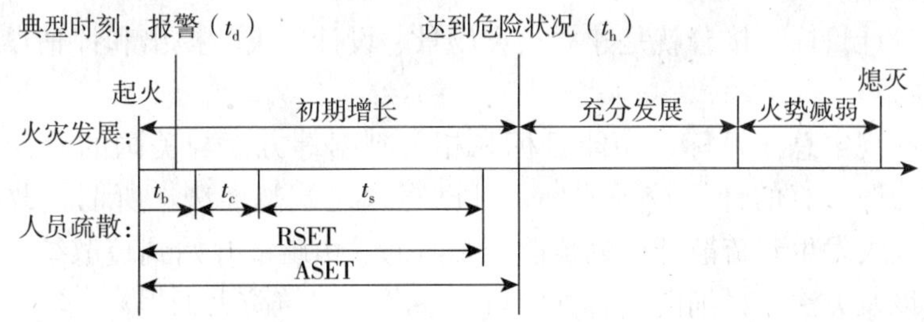

图 6－2　通用的人员安全疏散时间判断

国际上大致将疏散过程分成三个阶段，觉察（Awareness）、行为反应（Behavior and Response）、移动（Movement），如图 6－2 所示。三段时间对应的是 t_b、t_c、t_s，则可用于安全疏散的时间为：

$$\text{RSET} = t_b + t_c + t_s \tag{6-1}$$

在火灾过程中，从起火到探测到火灾并给出报警的时间 t_d 和从发出报警到火灾对人构成危险的时间 t_f 具有重要意义。它们分别代表人员觉察火灾前阶段和觉察火灾后到建筑物内所有人员全部安全疏散出建筑物的阶段。这一阶段包括确认火灾、行动准备、疏散行动等部分。为了保证人员安全疏散，必须使所有人员疏散完毕的时间小于火灾到达危险状态的时间，即可用安全疏散时间（ASET）。

ASET 就是从起火到火灾构成危险状态的时间间隔，即：

$$\text{ASET} = t_h + t_d \tag{6-2}$$

因而保证人员安全疏散的基本条件是：

$$\text{ASET} > \text{REST} \tag{6-3}$$

火灾中的人员安全是针对整个建筑物而言的，因此建筑物内每个可能受到火灾威胁的区域都应满足式（6－3）的要求。

二、基于性能化设计的建筑安全疏散

我国目前民用建筑安全疏散的规定主要按照处方式规范进行设计，主要依据是《建筑设计防火规范》（GB 50016—2006）、《高层民用建筑设计防火规范》（GB 50045—95）（2005 版）。在两个标准中，对安全出口的数量、安全出口距离、门和走道的宽度、疏散楼梯形式以及消防电梯、高层建筑的避难层以及辅助疏散设施等进行了明确详细的规定。

在大空间建筑、超高层建筑、地下建筑设计中，性能化疏散设计正在兴起和得到广泛应用。主要参考美国性能化疏散设计的思路，该设计思路说明如下：

（1）人员安全疏散出建筑物是美国性能化设计规范中的一个总体目标。

（2）为人员提供到达安全地方而不被火灾吞噬的时间。这就提供了更详细的规定：即必须保护人员不受热、热辐射和烟的侵害等。

（3）限制起火房间内的火灾蔓延。如果火灾没有蔓延到起火房间之外，那么起火房间外的人员就不会暴露在热辐射或高温中，他们受到的烟的影响也会降低。

（4）可以制定出防止起火房间发生轰燃的性能指标。

（5）工程师可以建立一个设计目标，从而将上层烟气温度限制在500℃，该温度以下不大可能发生轰燃。

一旦建立设计目标，接着就是建立火灾场景、设计火灾、提出和评估设计方案并编制报告和说明。

其他各国在规定总体目标、功能目标和相关判据等方面与美国的设计程序是有差异的。日本关于疏散预算的计算较为明确，且已写入建筑基准法。所谓疏散时间的预测方法，是表示由火灾发生到疏散开始的疏散开始时间、由疏散开始到疏散结束的疏散行动时间的计算程序以及方法。详细的内容介绍可以参考《建筑防火工程》[30]。

在我国，可以采用简化计算疏散时间，经验公式如下：

水平通道：$t_1 = t_0 + s/v$ （6－4）

式中 t_0——人员疏散前的预备时间，s；

s——离出口最远处人员到出口的距离，m；

v——人员行走速度，m/s，表6－2给出人员行走速度的参考值。

楼梯：$t_2 = \dfrac{S}{v\ (1.57R/B)^{1/2}}$ （6－5）

式中 S——楼梯的长度，m；

R——楼梯的阶高，m；

B——楼梯的阶宽，m。

对于多人沿楼梯下疏散，Pauls 等人根据试验数据得出的经验公式为[2]：

$$t_2 = \left(\frac{8.04P}{W}\right)^{1/1.37} \quad (6-6)$$

式中 P——使用该楼梯人员的数目；

W——楼梯的有效宽度，m。

门口：$t_3 = \dfrac{P}{r(W - W_1)n}$ （6－7）

式中 P——建筑物内需要疏散的人数；

W——门口的实际宽度，m；

W_1——为门口不可利用的宽度，m；

r——单位时间、单位门口宽度通过的人数；

n——门口的数目。

建筑物出口宽度通常小于室内走道宽度，当较多人员拥到出口向外疏散时会出现阻塞，此外出口宽度不能完全用于人员通行，一般认为，有效使用宽度大约比实际宽度窄0.3m。

人员行走速度参考值 **表6-2**

行走状态	男人（m/s）	女人（m/s）	儿童或老人（m/s）
紧急状态、水平行走	1.35	0.98	0.65
紧急状态、由上向下	1.06	0.77	0.40
正常状态、水平行走	1.04	0.75	0.50
正常状态、由上向下	0.4	0.3	0.20

人们的日常行动是为了满足一定的目的和欲望而采取的活动状态。通常这些活动具有某些固有特性，用科学的手段加以量化和分析，可找到其共同规律性（行为特性）。人员疏散可定量地表示为三个基本特征，分别为人员密度ρ、流量f和速度v，这三个变量与通道的宽度W互相关联[29]，即：

$$f=\rho vW \tag{6-8}$$

显然，人员的移动速度和密度密切相关，引入人员水平投影面积P的概念，它可以根据人员体检时统计数据获得，这样就得到人流面积投影密度的表达式：

$$D=P\cdot\rho \tag{6-9}$$

水平方向上人员行走速度与人流面积投影密度之间的经验公式为：

$$v=112D^4-380D^3-434D^2-217D+57 \tag{6-10}$$

在三个基本运动特征的基础上，火场中的人员可以表现出不同的运动特点或者说是行为。但是由于火灾的威胁性，使得火灾时人员的运动特点与正常时有很大的区别，主要表现为非适应性行为表现为不关门离开着火房间以及只顾自己逃生等；恐慌行为表现为拥挤、从众和趋光等；再进入行为、灭火行为、穿过烟气行为等。

火灾中人员疏散行为规律的研究，源于20世纪初。初期阶段多采用观察描述、访问研究等定性分析的方法。20世纪80年代中期以来，火灾中人的行为研究开始进入计算机模拟研究阶段。国内外研究人员运用网络技术、虚拟现实等技术手段，在二维或三维建筑空间开发了许多火灾中人员应急疏散行为的计算机模型。

人员逃生模型的研究是建立在对人在正常情况和紧急情况下运动的量化研究的基础之上，国内外的研究人员开发了一系列各具特色的人员逃生模型，这些模型有其各自的适用场所。据统计，近年来正在应用或处于开发的大约有20多个不同的逃生模型。人员逃生模型共有四种分类方法[32]：

第一种分类方法按照逃生模型的应用特征分为优化类模型、模拟类模型和风险评估类模型。优化类模型假定人员疏散是按照最有效的方式进行，而忽略了外部环境和人员的其他非疏散的行为；模拟类模型可以表现实际的疏散行为和运动，不仅能得到较为准确的结果，也能较真实地反映疏散时所选择的逃生路线和所作的决定；风险评估模型能对事故风险进行量化，并通过多次重复模拟估算人员疏散中相关的统计数据。

第二种分类方法主要针对建筑中人员特征的表示方法：个体分析模型和群体分析模

型。其中群体分析模型不考虑人员的个体特性，只是将模型中所有人作为具有共同特性的群体加以分析和模拟，这些模型很难模拟火灾等紧急情况下的各种事件对个体的影响；个体分析模型一般允许设定或由随机方法确定模型中人员的个体特性，以模拟人员的决定和运动过程。

第三种分类方法是根据模型中人员的行为决定方法分为无行为准则模型、函数模拟行为模型、复杂行为模型、基于行为准则的模型和基于人工智能的模型。其中无行为准则的模型完全依赖人群的物理运动和建筑空间的物理表达来决定人员的疏散情况并做出相应的预测和判断；函数模拟行为模型中人的运动和行为完全由单个或者一组方程控制，人员的运动和行为也可以对这个或这些方程有修正作用；复杂行为模型并不明确表示人员的行为决定准则，而是通过一系列统计数据（心理和社会的影响）含蓄地处理人员的行为；基于行为准则的模型则明确承认人员具有个体特性，允许人员按照事先确定的行为准则来做出决定和运动，这些准则将在一些特殊场合下起作用；基于人工智能的模型则把人员设计成能对周围环境进行智能分析的智能人，从而准确地表现模型中人员的决定过程。

最后一种分类方法基于模型物理空间的模化方法，把模型分为粗糙网络模型、精细网络模型和连续性模型（社会力模型）三类。粗糙网络模型不注重详细的建筑布局和大小，采用每个网格节点都可以表示一个房间或走廊，并按照建筑中的实际情况，用代表出口的弧线将这些网格节点连接起来，弧线上的权值表示该出口的疏散能力，粗糙网络模型常用来模拟高层建筑的人员疏散；精细网格模型把建筑平面空间划分为瓦片状的网格或者网点，可以准确地表示建筑平面空间的几何形状及其内部障碍物的位置，在疏散模拟过程中任一时刻模型中的每个人都有准确的位置；连续性模型基于多粒子自驱动系统的框架，假定人员个体具有思考和对周围环境作出反应的能力，使用一般的力学模型模拟步行者恐慌时的拥挤动力学，其代价是花费了大量的计算时间，模拟计算效率较低。

目前各国已发展了多种计算机避难计算模型，各种不同模型具有不同的设计理念、假设条件、适用场合、操作方式及输入输出参数值的差异。表 6－3 列出的是国际上常用的人员疏散计算模拟软件[1]。

常用人员疏散计算模拟软件　　表 6－3

软件名称	设计开发者	应用特征	数理方法
DONEGAN'S ENTROPY MODEL	Donegan 等	适用于单一出口的多层建筑，可应用于调查建筑物避难上的相对复杂性问题	模拟
EXIT89	NFPA	用于模拟大量人员的移动（上限至 700 人），人员由区域移动至最近出口的方法是应用最短路径演算法	模拟
PAXPORT	Halcrow Fox	用于大量旅客的移动（上限至 30000 人）的模拟，以用来设计航站大厦内的旅客容量与流量	模拟
EXITT	Levin	针对住宅避难者设计，模拟人在火灾中所作的决策和不连续行动的状态	模拟
EVACSIM	澳洲环境安全与危险工程中心（CESARE）	以不连续事件来模拟高层建筑火灾的逃生模型，仍考虑人的行为特性	模拟
E-SCAPE	Kendik	模拟行动的结果成功与否，检验完成行动所需的时间	模拟

续表

软件名称	设计开发者	应用特征	数理方法
MAGNET MODEL	Okazakim 与 Matsushita	用库仑定律的磁场来代表避难空间，个体个人依据避难空间磁场强弱选择逃生路径	模拟
SIMULEX	Edinburgh 大学设计，苏格兰发展	看重个体空间、碰撞角度及避难时间等生理行为，同时考虑个人和其他避难者	模拟
BGRAF	Michigan 大学	利用图解的界面工具，来模拟疏散时认知过程的随机模型	模拟
EXDOUS	Greenwich 大学	可在个人电脑或工作站系统中运行，用来模拟大型空间内大量人员避难的软件。对于避难者的避难时间、移动现象、人群摩擦冲突情形及逃生人数皆可在电脑中显示出来	模拟
EGRESS	AEA	以人工智能技术来计算单一或多层建筑物避难的模式，使用六角形坐标系统，在移动角度表现上更显精细	模拟
VEGAS	Colt VR	以虚拟现实技术所发展的逃生性能模式，适用在单一或多层建筑中，使用者必须提供每个人员的指定路径	模拟
EVACNET +	Florida 大学	以 FORTRAN 语言写成，分析多层建筑物避难模式，输出值有避难者流率、人群滞留长度即平均等待时间等	最佳化
TAKAHASHI'S MODEL	日本建筑研究所	以 FORTRAN 语言写成，假设避难者以群流形式移动的概略网络模式，适用在个人电脑运算，其假设人群同质性且如流体般在每一空间内移动	最佳化
WAYOUT	澳洲联邦科学即工业研究组织	消防安全工程套装软件 FireCALC3.0 的一部分，合并交通流量的模式，可适用于单一或多层建筑物	危险度评估
CRISP II	UKFRS	运用区域火灾模型计算火灾生成物的传播，适用于住宅楼的危险度评估	危险度评估

三、火灾产物对人员疏散的影响[3,30,33,34]

火灾发展过程中将释放大量的热能、热辐射、烟气（包括一般热烟气和有毒有害气体），当建筑物中的人看到平常适应的环境由于火灾而变得面目全非时，不可避免地会产生恐惧心理。火灾产物中的温度、烟气层以及有毒气体会对火场中人员的生理和心理产生极大的影响，从而影响疏散路线的选择和疏散准备时间，最终影响疏散效率。火灾中的临界危险状态是指火灾环境可对室内人员造成严重伤害的火灾状态。现在一般根据以下几种因素判定火灾对人员构成的危险：火焰和烟气层的热辐射、烟气的高温以及烟气中的有毒气体的浓度。

1. 火场空气温度

由于辐射热数据很难得到，所以通常采用临界火场温度确定危险时间。因为水蒸气是燃烧产物之一，火灾烟气湿度增大将使极限时间降低。表 6－4 列出了日本《避难设计》提出的空气温度与临界时间的数据。

对于健康的着装的成年男子，Caree 推荐温度和极限忍受时间的关系式：

$$t = \frac{4.1 \times 10^8}{\left(\frac{T - B_2}{B_1}\right)^{3.61}} \tag{6-11}$$

式中　t——极限忍受时间，min；

T——空气温度，℃；

B_1，B_2——常数，分别为 1.0 和 0。

试验表明：当人体接受的热辐射通量超过 2500W/m² 时，将造成严重灼伤。当上部烟气层的温度高于 180℃时，它对人体的辐射危害就会达到这种程度。

火灾烟气温度达到威胁人员安全的来临时间为 t_1。

空气温度与临界时间　　**表 6-4**

空气温度（℃）	临界时间（min）	空气温度（℃）	临界时间（min）
50	>60	130	15
70	60	200～250	5

2. 结合烟气层高度考虑

当烟气层低于人眼特征高度（通常为 1.2～1.8m，一般取 1.5m）时，对人的危害是直接灼伤，这种危险状态应使用另一个略低的烟气层温度表示。根据某些试验，此值约为 110～120℃。火灾烟气层高度达到威胁人员安全的来临时间为 t_2。

3. 烟气中有害气体含量

根据某种有害燃烧产物的临界浓度判定是否达到了危险状态，例如当 CO 浓度达到 0.25% 就可对人构成严重危害。一般认为 CO_2 浓度为 3% 或者 O_2 浓度为 15% 时，达到了危险程度。对于其他有毒气体如甲醛、氯化氢、氢化氰等对人体有害气体，允许的浓度分别为：氯化氢（HCL）允许浓度为 0.1mL/m³；氢化氰（HCN）允许浓度为 0.02mL/m³；氨气（NH3）允许浓度为 0.3mL/m³。烟气有害气体浓度达到威胁人员安全的来临时间为 t_3。

4. 能见度（Visibility）

烟气的减光作用造成火场的能见度下降，影响人的疏散。随着减光度的增大，人的行走速度减慢，在刺激性烟气的作用下，行走速度减慢更加厉害。当减光度为 0.5m⁻¹时，即能见度为 2m 时，人的行走速度降至 0.3m/s，相当于蒙上眼睛的行走速度。这种条件可以作为临界状态的标准之一。能见度影响到人员步行速度的来临时间为 t_4。

以上四种条件在防火规范中都会体现。例如澳大利亚《Fire Engineering Guideline》中有关生命安全标准规定：离地面或露面 2m 以上空间平均温度不大于 200℃；2m 以下空间烟气不超过 60℃，且减光度小于 0.1m⁻¹（或能见度大于 10m）。

在某场火灾中，火场的危险情况的来临时间应综合考虑上述因素的影响。这四种危险状况哪种先到达就采取相应的来临时间作为判断依据，即。

$$T_{crit} = \min(t_1, t_2, t_3, t_4) \tag{6-12}$$

在性能化火灾危险分析中，对于某种场合是否达到危险状况应当通过定量计算来确定，这是体现所作分析是否科学、客观的标志。量化计算的工具有多种形式，有根据实验数据整理出来的经验公式，也有成熟的计算程序。目前人们经常采用区域模拟计算，这主要是因为区域模拟程序具有一定的精度，而且计算的工作量又不太大。采用的软件包括ASET程序、CFAST程序等均可较快地计算出室内火灾中达到危险状态所需的时间。另外，采用CFD技术研究建筑火灾烟气的蔓延规律正在得到广泛应用。

在上海地方标准《民用建筑防排烟技术规程》（DGJ 08—88—2000）中，烟气层高度计算公式为：

$$H_q = 1.6 + 0.1H \tag{6-13}$$

式中 H_q——最小清晰高度，m；

H——排烟空间的建筑高度，m。

设置建筑防排烟系统：一方面良好的防排烟系统可以有效的控制烟气层厚度，即可以增加ASET。另一方面，保证疏散通道上的烟气浓度在安全范围内，使人员在火灾中仍能保证较快的行走速度，减少人员的移动时间（相对于烟气弥散状态）t_s，因而使REST减小。

四、自动喷水灭火系统使用

自动灭火系统是建筑防火体系重要部分。从疏散角度，自动灭火系统可以同等替代部分疏散规定。但是自动水喷淋系统会对烟气层产生影响。在火灾扩大的过程中，自动洒水设备动作后会立即产生大量烟雾，特别是在区划空间内。此时状况是因洒出的水滴接触到火焰或燃烧物的表面造成蒸发膨胀所致。但是，在火灾初期阶段，由于可燃物燃烧发热速度较为和缓，故上述发烟量会在短时间内蒸发结束；自动洒水设备工作后，也会迫使火灾区划空间内烟层下降，其原因是水滴吸收了烟层中的热，而让火源生成的烟温度降低；但在建筑物避难安全验算时，为确保避难者生命安全，其考虑的指标就在于烟层高度，而烟层下降对火灾区划内的避难者而言是不利的。但是，总体上由于自动洒水设备工作可控制火灾成长，并使燃烧发热速率降低，同时也减少了大的火灾的发烟量，避难者此时从事避难活动的安全性也就高于洒水设备未动作时的情况。

在隧道或者地下空间中，对于是否设置水喷淋系统各国做法不一致，只有日本的隧道消防设计设水喷淋系统。总体上讲，如果人员在预作用系统喷水之前能够安全逃生，从而避免水喷淋产生的水蒸气伤害人员并减少可视率，设置水喷淋系统将有助于控制火灾蔓延，并保护建筑结构。

五、安全疏散管理[30,35]

在火灾过程中，安全疏散指挥与引导是减少人群慌乱挤压、踩踏酿成重大人员伤亡事故的重要措施。2002年5月，我国正式实施《机关、团体、企业、事业单位消防安全管理规定》，通过各单位与消防部门相互协助管理完成消防管理、防火检查、火灾隐患整改、消防教育培训、疏散预案编制等消防安全事项，从而逐步建立“隐患自除，责人自负，风险自担”的社会化消防安全管理机制。火灾疏散指挥与管理应围绕以下几方面工作展开：

（1）火灾发生时立即安抚、平静火场中人员，避免混乱局面造成，同时进行初期扑救。在组织疏散时，应当号召火场中人员相互救助，并注意阻止某些人员因贪恋财物、趁火打劫而重返火场。

（2）负责疏散的工作人员应立即指挥火场中人员就近逃生，而非局限于安全通道。在通过安全通道时，工作人员应竭力维持好秩序，以保证疏散人员迅速通过。

（3）如发现人员跌倒应立即上前扶助，以保证后面疏散人员的顺畅通行；如有人员身体着火应立即采取相应措施上前扑救，切勿因此发生惊慌混乱局面；而一旦有人员因烟雾或气体中毒，应首先帮助其脱离火场，并呼叫救助。

（4）工作人员在离开火场后应带领人员迅速寻找避难场所，以确保人员安全，并迅速协助其他救火人员的扑救工作。

（5）在包含有大量不熟悉疏散通道和设施的公共场所（如旅馆），要求在显眼部位有明确的疏散指示图。

在安全疏散预案和管理指挥方法落实的情况下，对工作人员要进行防火安全疏散预案的学习，并定期进行人员疏散演习训练，尤其是在人员密集的公共场所，包括地铁站、学校、高层综合建筑等，从而培养群众的安全防范意识，提高自救自护能力，减少在突发事故时的人员损伤，尽可能避免群死群伤事件的发生。

第七章　建筑火灾安全技术研究展望

一、建筑火灾研究要以服务于社会为目标

火灾现象复杂多变，包含着湍流流动、相变、传热传质和复杂化学反应等物理化学作用，是一种涉及物质、动量、能量和化学组分在复杂多变的环境条件下相互作用的三维、多相、多尺度、非定常、非线性、非平衡态的动力学过程；包含火灾确定性动力学系统的复杂性和火灾的随机性。一方面，必须加强火灾科学的基础研究，积极通过实验模拟和计算机模拟探索和认识火灾现象及其过程的机理和规律。同时，必须重视火灾科学的应用研究，积极服务于社会。目前，建筑火灾已经成为火灾科学体系的一个重要领域，它包括火灾防治技术和火灾安全工程学。

将火灾科学基础理论及火灾防治技术与社会经济有机结合，以期达到火灾防治的科学性、有效性和经济性的完美统一是火灾安全工程学研究的目的。它包括：火灾安全工程设计、火灾系统科学管理和火灾防治方案决策。在建立科学合理的火灾安全日常管理体系的同时，能够很好地确定火灾安全工程投资方案的决策和火灾扑救战术方案的决策。总之，火灾科学应用研究的发展，不仅表现在研究队伍、研究成果的迅速发展，而且还表现在火灾科学应用研究成果被社会承认并广泛采纳。

二、建筑火灾安全研究要结合建筑设计与防灾的新理念

有人提出20世纪的建筑设计主要的竞争体现在造型和功能方面，21世纪的建筑设计行业的核心竞争力将体现在预防灾害发生方面。由此提出新的防灾设计理念，体现在以下几点：(1) 目标的确定性和方法的多样性，即建筑防灾的安全水准和目标应该是明确的、高水平的，发生灾害的概率十分小。但确保安全水准实现的方法则是多种多样的。(2) 人与建筑的互为支撑。考虑人是否会受益或实现这些防灾设计的目标，以及灾害发生时，人对各种防灾设施的使用、利用的可靠程度。(3) 灾害过程的虚拟模拟设计。以数学分析和数理统计方法构成一系列的描述灾害过程的数学模型，并利用计算机求解灾难全过程所涉及的各种物理参数，进而预测灾害所产生的各种环境条件。设计师无需对模化的原理和方法有太多的了解，就能通过虚拟建筑提供的现场感觉，依据有关的建筑知识、技术法规和安全防范设施对建筑物进行最有效、最合理、最经济的防灾安全系统设计。

建筑防火发展要注意结合建筑节能、建筑智能化以及绿色建筑技术的发展以及由此带来的建筑新材料、新技术、新规范的应用。尤其建筑火灾安全研究要紧密结合新型建筑材料的应用，注意到结构承重性能与装饰美观性能相统一；轻的质量与高的强度相统一；保温节能功能与防火耐高温性能相统一；重点专用型和广泛通用型相统一。

建筑防火设计必须紧密结合建筑设计方式的变革方向。现代建筑要满足人类对舒适和美的追求，并且符合可持续性发展的潮流。表现在：具有个性化空间的建筑将得到更多的

体现；以管理为中心的设计思路将被以服务为中心的理念所替代；建筑设计概念和信息将被共享，居住者将可能参与建筑设计的全过程。

三、建筑防火性能化设计的发展

性能化防火设计是一种新型的防火系统设计思路，是建立在更加理性条件上的一种新的设计方法。由处方式（指令式）规范向性能化规范的转型不是一蹴而就的。目前国际上所谓的性能化规范都只是包含部分性能化规范，并没有百分之百的性能化规范。指令性规范与性能化规范不是简单的替代，而是在相当长的时期内并存或互补，这样既不妨碍新技术的应用，又能够保持当前的安全程度。性能化设计是一个非常复杂的体系，它的实现需要各种社会环境和技术条件的支撑。

目前，性能化防火设计在我国处于起步探索阶段，我国建筑防火性能化设计研究和应用很多都是借鉴国外的研究成果和经验。虽然性能化防火设计中有些内容具有共性，如性能化防火设计的方法与步骤、烟气运动模拟、人员与建筑结构的安全判据等等。但是，有些内容则具有明显的差异，如建筑物内的火灾荷载密度、消防设施的有效性、人员密度分布、人员行为的基本特征等等。因此，必须尽快建立和完善适合我国国情的性能化防火设计技术法规体系，从火灾科学和消防安全工程学的基础理论、性能化防火设计的方法与工具、设计规范与技术标准等几方面来构建我国性能化防火设计技术法规体系。

火灾科学和消防安全工程学的基础理论是性能化防火设计的“灵魂”，因此加强基础研究的投入义不容辞。要加快发展性能化防火设计的方法与工具，能够准确预测火灾发展模式及预期损害度的分析评估。发展能将火灾成长、扩展、烟移动及对人员的影响予以定量化的决定性程序（Deterministic Procedure）。开放和完善估算发生某种不预期火灾情景（Fire Scenario）的可能性、火灾模式的概率性程序（Probabilistic Procedure），从而进行火灾风险评估、分析事件树（Event Tree）与概率，使人们因火灾而丧命的风险降低。

重视对火灾的定量评估的研究，至少要建立起火空间内火灾发生与发展的过程模拟、烟及有毒气体蔓延规律的模拟、火势沿起火空间之外空间的蔓延、火灾报警、灭火及防排烟系统综合工况的模拟、消防救援行为介入状况的模拟、人员安全疏散的路径与行为的模拟分析子系统。

建立消防安全设计数据库尤其是各类建筑物的火灾荷载数据库。可以通过实际调查和实验确定各类建筑材料和设施的燃烧热值，用概率统计的方法处理火灾荷载的分布形式。基础数据库应主要包括：建筑物和场所的典型火灾荷载的组成与分布，材料及建筑物构件的火灾特性参数（着火条件、释热率、生烟率、表面火焰传播速率、烟气毒性等），建筑物和场所使用者的特征数据（密度、年龄分布、行为能力等），建筑物和场所火灾发生及火灾损失的概率分布，消防设施可靠性。

建设和完善设计规范和标准，规范从业人员资质，建立合理、有效的评审机制。世界上许多国家都在开展以建立具有明确和定量目标的性能规范代替规格式防火设计规范研究对于性能规范的形式，首先应该包括一组明确的定量目标，其次建立确保这些目标得以满足的方法。我国传统防火设计规范指定或规定了建筑设施各方面的具体要求，包括建筑结构、耐火要求、电气系统以及消防系统等等。而在性能化设计规范中，上述具体要求通过政策性的消防安全目标和性能要求来表述。性能化计算的结果需要使用性能化标准进行评判，以确定设计方案是否符合火灾安全等级。设计规范与技术标准应该包括：性能化防火设计规范，性能化设计应用指南以及有关建筑材料、构件与建筑防火产品的性能试验与方法标准。

由于建筑物的防火安全直接关系到人民群众的生命、财产安全，要求从事性能化防火设计的技术人员应当同时具备良好的职业道德和精湛的业务能力，通过不断学习和实践，能够系统了解和掌握火灾科学和消防安全工程学的基础理论，熟悉消防法规相关内容，具有火灾风险分析与决策能力。

国内应该建立一套严格的性能化防火设计执行流程，明确其设计的基本步骤，明确性能化防火设计的相关责任。同时，紧密结合国外的消防审查机制的发展和消防技术的发展，建立一套公平的、合理的、高效的建筑消防审查机制和评审体系，从而推动我国性能化防火设计健康、稳步地发展。

参考文献

第一章

[1] 李引擎. 建筑防火工程. 北京：化学工业出版社，2004.

[2] 范维澄，孙金华，陆守香. 火灾风险评估方法学. 北京：科学出版社，2004.

[3] 霍然，袁宏永. 性能化建筑防火分析与设计. 合肥：安徽科学技术出版社，2003.

[4] 霍然，胡源，李元洲. 建筑火灾安全工程导论. 合肥：中国科学技术大学出版社，1999.

[5] Nelson H E，Maclennan H A. SFPE Handbook of Fire Protection Engineering. National Fire Protection Association，Quincy，MA，2002.

[6] 范维澄，廖光煊，钟茂华. 中国火灾科学的今天和明天. 中国安全科学学报. 2000，10（10）：11－16.

[7] 范维澄，刘乃安. 中国火灾科学基础研究进展与展望. 中国科学技术大学学报. 2006，36（1）：1－8.

[8] Wang H. H，Fan W C. Progress and Program of Fire Protection in China. Fire Safety Journal. 1997，28（3）：191－205.

[9] Zhong Maohua，Fan Weicheng. China：Some Key Technology and the Future Developments of fire Safety Science. Safety Science. 2004，42（7）：627－637.

第二章

[1] 李引擎. 建筑防火性能化设计. 北京：化学工业出版社，2005.

[2] 范维澄，孙金华，陆守香. 火灾风险评估方法学. 北京：科学出版社，2004.

[3] 翁文国，范维澄. 建筑火灾中轰燃现象的突变动力学研究. 自然科学进展. 2003，13（7）：725－729.

[4] McCaffrey BJ，Quintiere JG，Harkleroad MF. Estimating Room Fire Temperature and the Likelihood of Flashover using Fire Test Data Correlation. Fire Technology. 1981，17（2）：98～119.

[5] 霍然，胡源，李元洲. 建筑火灾安全工程导论. 合肥：中国科学技术大学出版社，1999.

[6] Karlsson B，Quintiere JG. Enclosure Fire Dynamics. Washington DC：CRC Press，2000.

[7] National Fire Protection Association，NFPA92B，Guide for Smoke Movement System Malls，Atria and Large area. Quancy，Mass. 2000.

[8] Porch M，Morgan HP. Entrainment by Two-Dimensional Spill Plumes. Fire Safety Journal. 1998，30（1）：1－19.

[9] Watanabe J，Shimomura S. Analyzing Method of Ceiling Jet Temperature and Smoke Density for Predicting Fire Detector Operations. NEW Technical Report. 2009，79（11）：46－53.

[10] Alpert RL. Calculation of Response Time of Ceiling-Mounted Fire Detectors. Fire Technology. 1972，8（1）：181－185.

[11] Grant GB，Jagger SFr，Lea CJ. Fires in Tunnels，Philosophical Transactions：Mathematical，Physical and Engineering Sciences. 1998，356：2873－2906.

[12] 马丽. 关于狭长通道火灾顶棚射流的数值模拟及探讨. 消防技术与产品信息，2007，4：18－20.

[13] Drysdale DD. An introduction to Fire Dynamics，2nd Edition. New York：Wiley，Chichester，1999.

[14] 张树平. 建筑防火设计. 北京：中国建筑工业出版社，2001.
[15] 张吉光，史自强，崔红社. 高层建筑和地下建筑通风与防排烟. 北京：中国建筑工业出版社，2005.
[16] 冯慧，李安桂. 高层建筑楼梯间烟囱效应实测分析. 山西建筑. 2007，33（12）：21－22.
[17] 周慈，杨振宏，郭进平. 高层建筑火灾烟气流动性状的数值模拟. 辽宁工程技术大学学报. 2003，22（4）：524－526.
[18] 叶尔骅，张德平. 概率论与随机过程. 北京：科学出版社，2005.
[19] 冯猛，邹祖军. 室内火灾烟气流动随机性研究述评. 结构工程师. 2006，22（5）：82－86.
[20] 范维澄，王清安，姜冯辉，周建军. 火灾学简明教程. 合肥：中国科学技术大学出版社，1995.
[21] 钟茂华. 火灾过程动力学特性分析. 北京：科学出版社，2007.
[22] 郑昕，袁宏永. 受限空间火灾模型研究进展. 中国工程科学. 2004，6（3）：68－74.
[23] Tanaka T，Nakamura K. A model for Predicting Smoke Transport in Buildings-Base on Two Layer Zone Concept. Building Research Institute. No. 123. BRI，MOC，1989.
[24] Keichi S，Kazunori H，Takeyoshi T. A multi－layer Zone Model for Predicting Fire Behavior in a Single Room. Fire Safety Science. Proceedings of 7th International Symposium，2002. Worcester Polytechnic Institute，Worcester，Massachusetts，USA，851－862.
[25] Steckler KD，Quintiere JG，Rinkinen WJ. Flow Induced by Fire in a Compartment. National Bureau of Standard. 1982，82－2520.
[26] Brani DM，Black WZ. Two-Zone Model for a Single-Room Fire. Fire Safety Journal，1992，19（2－3）：189－216.
[27] Walter WJ，Glenn PF，Richard DP，Paul AR. A Technical Reference for CFAST：An Engineering Tools for Estimating Fire Growth and Smoke Transport. BFRL，NIST，Gaithersburg，MD 20899. March 2000.
[28] Deal S，Beyler C. Correlating Preflashover Room Fire Temperatures. Journal of Fire Protection Engineering，1990. 2：33－48.
[29] 舒中俊，孙华玲. 火灾区域模拟原理及 CFAST 软件应用. 武警学院学报. 2004，20（2）：30－32.
[30] Brani DM，Black WZ. Two-Zone Model for a Single-Room Fire. Fire Safety Journal. 1992，19（2）：189－216.
[31] 胡隆华，霍然，李元洲. 大尺度空间中烟气运动工程分析的多单元区域模拟方法. 中国工程科学. 2003，5（8）：59－63.
[32] 邱旭东，高甫生，王砚玲. 建筑火灾烟气运动数值模拟方法的回顾与评价. 自然灾害学报. 2005，14（1）：132－138.
[33] Pantankar SV. Numerical Heat Transfer and Fluid Flow. New York：Hemisphere McGraw-Hill，1980.
[34] 陶文铨. 数值传热学（第二版）. 西安：西安交通大学出版社，2001.
[35] Novozhilov V. Computational Fluid Dynamics Modeling of Compartment Fires. Progress in Energy and Combustion Science. 2001，2（6）：611－666.
[36] S. Nam，G. B. Jr. Robert. Numerical Simulations of Thermal Plumes. Fire Safety Journal. 1993，21（3）：231－256.
[37] W. Rodi. Turbulent Buoyant Jets and Plumes. New York：Pergamon Press，1982.
[38] Kevin McGrattan. NIST Special Publication 1018 Fire Dynamics Simulator（4）Technical Reference Guide. National Technical Information Service（NIST），U. S. Department of Commerce，USA，2005.
[39] McGrattan KB，Baum HR，Rehm RG. Large Eddy Simulations of Smoke Movement. Fire Safety Journal. 1998，30：161－178.
[40] McGrattan KB，Baum HR，Rehm RG，Forney GP，Floyd JE，Prasad，K，Hostikka S. Fire Dynamics

Simulator (Version 4), Technical Reference Guide. Technical Report NISTIR 6783, 2005. Edition, National Institute of Standards and Technology, Gaithersburg, Maryland, Nov. 2005.

[41] 李烈，孙建军，智会强，路世昌. 中庭火灾烟气流动的大涡模拟. 暖通空调. 2006, 36 (12): 5-8.

[42] 蒋勇，邱榕，刘乃安. 湍流反映研究中的大涡模拟. 消防科学与技术. 2005, 24 (1): 15-18.

[43] 杨锐，蒋勇，纪杰，范维澄. 建筑火灾中基于大涡模拟的场区复合数值模拟模型及其应用. 自然科学进展. 2003, 13 (6) 637-641.

[44] Chow WK. Application of the Software Fire Dynamics Simulator in Simulating Retail Shop Fires. Fire Safety Science. 2004, 13 (1): 18-28.

[45] Cheung SCP, Yeoh GH, Cheung ALK, Yuen RKK, Lo SM. Flickering Behavior of Turbulent Buoyant Fires Using Large-Eddy Simulation. Numerical Heat Transfer, Part A: Applications. 2007, 52 (8): 679-712.

[46] Zhang, Wei, Roby, Richard. Large eddy Simulation of Combustion in Compartment Fires. ASHRAE Transactions. 2003, 109 (2): 174-184.

[47] 李炎锋，朱滨，孙旋，李俊梅，杜修力. 利用大涡模拟研究地铁区间火灾的烟气扩散. 北京工业大学学报. 2007, 33 (10): 1060-1065.

[48] McGrattan KB, Baum HR, Rehm RG. Large Eddy Simulations of Smoke Movement. Fire Safety Journal. 1998, 30: 161-178.

[49] Woodburn PJ, Britter RE. CFD Simulation of a Tunnel Fire-Part I. Fire Safety Journal. 1996, 26: 35-62.

[50] Woodburn PJ, Britter RE. CFD Simulation of a Tunnel Fire-Part II. Fire Safety Journal. 1996, 26: 63-90.

[51] 黄槐荣. 地铁火灾中车站区烟气扩散规律的模拟研究. 北京工业大学硕士学位论文, 2007.

[52] Xin Y, Gore J, McGrattan KB, Rehm RG, Baum HR. Large Eddy Simulation of Buoyant Turbulent Pool Fires Source. Proceedings of the Combustion Institute. 2002, 29 (1): 259-265.

[53] 姚建达，范维澄，佐藤晃由. 建筑火灾中场区网数值模型的应用. 中国科学技术大报. 1997, 27 (3): 304-308.

[54] Yao JD, et al. Verification and Application of Field-Zone-Network Model in Building fire . Fire Safety Journal. 1999, 33 (1): 35-44.

第三章

[1] Drysdale DD. An introduction to Fire Dynamics, 2nd Edition. New York: Wiley, Chichester, 1999.

[2] Karlsson B, Quintiere JG. Enclosure Fire Dynamics. Washington DC: CRC Press, 2000.

[3] Zukosi EE. Development of a Stratified Ceiling Layer in the Early Stage of a Closed Room Fire. Fire and Materials. 1978, 2 (2): 54-62.

[4] J Li, WK Chow. On Designing Horizontal Ceiling Vent in an Atrium. Journal of Applied Fire Science. 2002-2003, 11 (3): 229-254.

[5] 张树平. 建筑防火设计. 北京: 中国建筑工业出版社, 2001.

[6] 刘小舟. 中庭建筑烟气流动控制分析与防排烟. 消防技术与产品信息. 2005, (9): 11-15.

[7] 郭瑞璜. 建筑火灾烟气流动的分析及控制. 消防技术与产品信息. 2007, (5): 70-73.

[8] 张靖岩，霍然，王浩波，纪杰，胡隆华，易亮. 高层建筑中利用竖井进行排烟的可行性分析. 工程力学. 2006, 23 (7): 147-154.

[9] 霍然，胡源，李元洲. 建筑火灾安全工程导论. 合肥: 中国科学技术大学出版社, 1999.

[10] Luo, Mingchun, He Yaping, Beck, Vaughan. Application of Field Model and Two-Zone Model to Flashover Fires in a Full-Scale Multi-Room Single Level Building. Fire Safety Journal. 1997, 29 (1): 1－25.

[11] Walter W, Jones, Glenn P, Forney, Richard D, Peacock, Paul A, Reneke. A technical Reference for CFAST: An Engineering Tools for Estimating Fire Growth and Smoke Transport. Technical Note1431. BFRL, NIST, Gaithersburg, MD 20899. March 2000.

[12] McCaffrey BJ. Entrainment and Heat Flux of Buoyant Diffusion Flames. National Bureau of Standards (U. S.), NBS IR 82－2473 (1982).

[13] Cetegen BM. Entrainment and Flame Geometry of Fire Plumes. National Bureau of Standards (U. S.) GCR 82－420. 1982.

[14] 钟茂华. 火灾过程动力学特性分析. 北京：科学出版社，2007.

[15] 钟茂华，厉培德，卢兆明，熊建明. 多层多室建筑火灾烟气运动的网络模拟火灾科学. Fire Safety Science. 2002.

[16] 姚建达，范维澄，佐藤晃由等. 建筑火灾中场区网数值模型的应用. 中国科学技术大学学报. 1997，27 (3)：304－308.

[17] 李恕和，王义章. 矿井通风网络图论. 北京：煤炭工业出版社，1984.

[18] 冯炼. 地铁网络系统环境控制数值模拟研究. 成都：西南交通大学博士论文. 2001.

[19] 汪鹏. 多室建筑火灾烟流性状预测的场－网络模型结合研究. 重庆大学硕士学位论文. 2005.

[20] 范维澄，孙金华，陆守香. 火灾风险评估方法学. 北京：科学出版社，2004.

[21] 李辛夷. 大空间建筑火灾数值模拟研究. 重庆大学硕士学位论文. 2003.

[22] 李国强，杜咏. 大空间建筑顶部火灾空气升温的参数分析. 消防科学与技术. 2005，24 (1)：19－22.

[23] 刘小舟. 中庭建筑烟气流动控制分析与防排烟. 消防技术与产品信息. 2005，(9)：11－15.

[24] 游宇航，李元洲，霍然，王浩波. 夏季大空间热空气层对火灾烟流的影响. 中国科学技术大学学报. 2006，36 (10)：1069－1074.

[25] 李元洲，霍然，周建军，金旭辉，崔锷，周允基. 中庭内火灾烟气流动规律的研究. 消防科学与技术. 1999，0 (3)：4－8.

[26] 方俊，疏学明，袁宏永，郑昕. 稳定线性热分层环境下火灾烟气羽流积分解及实验分析. 中国工程科学. 2004，6 (1)：37－43.

[27] 袁理明，范维澄. 大空间建筑火灾中热烟气层发展规律的理论分析. 自然灾害学报. 1998，7 (1)：21－26.

[28] Zukoski EE, Kubota T, Cetegon B. Entrainment in Fire Plumes. Fire Safety Journal. 1981，3 (2)：107～121.

[29] 张人杰，袁理明. 侧壁对受限空间烟羽流准稳态结构的影响. 中国科技大学学报. 1995，25 (4)：506－511.

[30] Law M. A Note on Smoke Plumes From Fires in Multi-Level Shopping Malls. Fire Safety Journal. 1986，(3) 10：197～202.

[31] J Li. A Critical Study on Fire-Induced Aerodynamics and Design on Smoke Management System for Atria. PhD Thesis, The Hong Kong Polytechnic University, 2004.

[32] 钟委，霍 然，王浩波. 中庭式建筑内回廊排烟方法有效性的研究. 安全与环境学报. 2007，16 (3)：107－109.

[33] 袁理明，Cox G. 二维线性烟气羽流质量流率的测量. 火灾科学. 1995，4 (3)：1－6.

[34] 袁理明. 二维线性火羽流的实验研究. 燃烧科学与技术. 1996，2 (2)：175－180.

[35] Delichatsios MA. Modeling of Aircraft Fires. Factory Mutual Research Report, FMRCJ. I. OHOJ2. BV, 1984.

[36] J Li, WK Chow. Line Plume Approximation on Atrium Smoke Filling with Thermal Stratified Environment.

ASME Journal of Heat Transfer. 2003, 125: 289 - 300.

[37] Morton BR. Forced Plumes. Journal of Fluid Mechanics. 151 - 163.

[38] Lee L, Emmons HW. A Study of Numerical Convection Above Line Plumes. Journal of Fluid Mechanics. 1961, 11: 353 - 368.

[39] 李烈，孙建军，智会强，路世昌. 中庭火灾烟气流动的大涡模拟. 暖通空调. 2006, 36 (12): 4 - 7.

[40] 刘方. 火灾烟气流动与烟气控制研究. 大学博士学位论文. 2002.

[41] 付祥钊. 火灾烟气流动数值模拟. 安全与环境学报. 2001, 1 (5): 33 - 36.

[42] K Chow, J Li. Simulation on Natural Smoke Filling in Atrium with a Balcony Spill Plume. Journal of Fire Sciences. 2001, 19 (4): 258 - 283.

[43] 秦挺鑫，郭印城，林文漪. 大型室内体育场馆火灾烟气充填及排烟措施研究. 工程热物理学报. 2005 , 11 (6): 1061 - 1064.

[44] Chen JG, Chen HX, Fu S. Numerical Investigation of the Fire Smoke Transport in a Sports Centre. Heyrothsberge: Scientific Sino-German Seminar on Fire Research, 2003.

[45] Chow WK. Application of the Software Fire Dynamics Simulator in Simulating Retail Shop Fires. 火灾科学, 2004, 13 (1): 18 - 28.

[46] 王荣辉，张村峰，宾雄由，王浩波，钟伟，霍然. 中庭建筑回廊排烟方法的模拟实验研究. 火灾科学. 2006, 15 (3): 178 - 183.

[47] Li YF, Chow WK. Application of Computational Fluid Dynamics for Simulation Fire-induced Airflow in a Large Space Building. International Journal of Architecture Science. 2004, 5 (1): 20 - 34.

[48] 李炎锋，邹高万，孙萍，王雪竹，贾衡. 规则大空间内烟气填充的研究. 暖通空调. 2005, 35 (1): 65 - 68.

[49] 吴凤，邓军. 地下商业街火灾烟气流动实验研究. 中国安全科学学报. 2005, 15 (12): 60 - 64.

[50] 张晓鸽，郭印诚，地下车库火灾过程及消防措施的研究. 工程热物理学报. 2006, 27 (增刊 2): 171 - 174.

[51] 肖淑衡，梁栋. 地下车库火灾烟气运动的数值模拟. 安全与环境工程. 2005, 12 (2): 83 - 85.

[52] 张吉光，史自强，崔红社. 高层建筑和地下建筑通风与防排烟. 北京: 中国建筑工业出版社, 2005, 142 - 152.

[53] 杨立中，邹兰. 地铁火灾研究综述. 工程建设与设计. 2005, (11): 8 - 12.

[54] 杨立中，邹兰. 地铁火灾研究综述 (续). 工程建设与设计. 2005, (121): 32 - 35.

[55] 傅祝满. 建筑火灾区域模拟的计算与实验研究. 中国科学技术大学博士学位论文. 1995.

[56] 那艳玲. 地铁车站通风与火灾的 CFD 仿真模拟与实验研究. 天津大学博士学位论文. 2003.

[57] 伍作朋，吴丽琼. 火灾模化与相似理论. 消防科技. 1997, 3: 7 - 9.

[58] 王春. 地铁车站通风与火灾三维数值模拟研究. 西南交通大学博士学位论文. 2005.

[59] WK Chow. Simulation of Tunnel Fires Using a Zone Model. Tunneling and UndergRound Space Technology. 1996, 11 (2): 221 - 236.

[60] 童艳，何嘉鹏，尤朝阳. 双层地铁车站防排烟的数值模拟研究. 暖通空调. 2005, 35 (12): 47 - 50.

[61] Chen FG, Guo SC, He YC, Shen WC. Smoke Control of Fires in a Subway Stations. Theoret. Comput. Fluid Dynamics. 2003, 16: 349 - 368.

[62] Simcox S, Wilkies NS, Jones IP. Computer Simulation of the Flows of Hot Gas From Fire at King's Cross Underground. Fire Safety Journal. 1992, 18: 49 - 73.

[63] 杜红兵，戚宜欣，袁绪忠，马国超. 运行列车车厢内火灾烟气特性与温度场分布的实验研究. 中国铁道科学. 1999, 20 (3): 31 - 37.

[64] 冯炼，刘应清. 地铁火灾烟气控制的数值模拟. 地下空间. 2002, 22 (1): 61 - 64.

[65] Wu Y, Bakar M. Control of Smoke Flow in Tunnel Fires Using Longitudinal Ventilation Systems-a Study of the Critical Velocity. Fire Safety Journal. 2000, 35 (5): 363-390.
[66] 李存夫. 设计中如何选定地铁火灾强度. 地下工程与隧道. 1995, (1): 40.
[67] 钟委, 霍然, 王浩波. 地铁火灾场景设计的初步研究. 安全与环境学报. 2006, 6 (3): 32-35.
[68] 杨昀, 曹丽英. 地铁火灾场景设计探讨. 自然灾害学报. 2006, 15 (4): 121-125.
[69] Kumar S, Pahuja DD, Bakre A, Saha SK. Prediction of Unsteady Heat Gains Using SES Analysis in an Interchange Subway Station of the Delhi Metro. Luzern, Switzerland: International Symposium on Aerodynamics and Ventilation of Vehicle Tunnels, 2003, 1: 411-426.
[70] 赵耀华, 胡家鹏, 樊洪明, 张达明, 杜修力. 地铁火灾 CFD 模拟时边界条件的研究. 工程热物理学报. 2007, 28 (2): 310-312.
[71] 季经纬, 程远平. 矿井火灾中火场能见度的估算方法. 中国矿业大学学报. 2006, 35 (2): 149-153.
[72] 黄槐荣. 地铁火灾中车站区烟气流动规律的模拟研究. 北京工业大学硕士学位论文. 2007.
[73] 黄槐荣, 李俊梅, 李炎锋, 樊洪明, 赵耀华, 贾利彬. 北京某地铁车站火灾通风模式的模拟分析. 第一届全国城市与工程安全减灾学术研讨会论文集-城市与工程安全减灾研究与进展. 唐山, 2006, 167-172.

第四章

[1] 杨淑江, 徐志胜, 易亮. 有风条件下火灾自然排烟的临界失效风速分析. 中国安全科学学报. 2008, 18 (4): 82-86.
[2] 易亮, 杨淑江, 徐志胜. 有风条件下自然排烟准稳态的双区域模型分析. 中国矿业大学学报. 2007, 36 (6): 728-733.
[3] 龙惟定. 对自然排烟防烟"自然条件"的可靠性分析. 暖通空调. 2008, 38 (10): 45-48.
[4] 康健. 民用建筑自然排烟系统的设计与应用. 武警学院学报. 2007, 23 (12): 43-46.
[5] 刘朝贤. 对加压送风防烟中同时开启门数量的理解与分析. 暖通空调. 2008, 38 (2): 70-74.
[6] 刘朝贤. 高层建筑加压送风防烟系统软、硬件部分可靠性分析. 暖通空调. 2007, 37 (11): 74-80.
[7] 中华人民共和国公安部. GB 50016—2006. 建筑设计防火规范. 北京: 中国计划出版社, 2006.
[8] 中华人民共和国公安部. GB 50045—95. 高层民用建筑设计防火规范. 北京: 中国计划出版社, 2005.
[9] 北京市消防局, DBJ 01—623—2006. 自然排烟系统施工及验收规范. 北京: 中国计划出版社, 2006.
[10] 张吉光, 史自强, 崔红社. 高层建筑和地下建筑通风与防排烟. 北京: 中国建筑工业出版社, 2005.
[11] 程远平, 朱国庆, 陈亮, 张孟君. 机械加压送风防烟系统合理送风量的理论分析. 消防科学与技术. 2003, 22 (2): 94-96.
[12] 王砚玲, 高甫生, 邱旭东, 王群, 刘国际. 高层建筑防烟楼梯间正压值与门洞风速试验及分析. 中国安全科学学报. 2003, 13 (7): 16-21.
[13] 边俞铭. 对高层建筑加压送风防烟系统的设计. 铁道运营技术. 2001, 7 (1): 30-31.
[14] 殷平, 中庭防烟排烟设计方法. 暖通空调. 1996, 25 (5): 55-59.
[15] 廖曙江, 付祥钊, 庞煜. 中庭建筑分类及其火灾防治措施. 重庆建筑大学学报. 2001, 23 (2): 7-11.
[16] 刘勇, 付祥钊, 谢斌. 对不同类型中庭建筑防排烟措施的探讨. 制冷与空调. 2002, 2: 11-14.
[17] 蒋建科. 论当代中国体育建筑的发展. 山西建筑. 2005, 31 (4): 9-10.
[18] 李引擎. 建筑防火工程. 北京: 化学工业出版社, 2004.
[19] 李引擎, 建筑防火性能化设计. 北京: 化学工业出版社, 2005, 08.
[20] 陈建国, 陈海昕, 符松. 体育场馆火灾烟气运动数值模拟中发现的 2 个典型现象. 科学通报. 50

(20)：2305 – 2308.

[21] 秦挺鑫，郭印诚，林文漪．大型室内体育场馆火灾烟气充填及排烟措施研究．工程热物理学报．2005，11（6）：1061 – 1064.

[22] 牛晓霞，刘茂，朱坦．车站、机场、码头火灾风险管理定量方法的研究．安全与环境学报．2003，3（1）：75 – 77.

[23] Im SM，Chow WK．三个机场候机厅的火灾安全分区评述（英文）．火灾科学．2001，10（3）：184 – 192.

[24] Ng MY，Chow WK．香港新机场候机厅的基本几何结构特点及其火灾安全分区的简短回顾．火灾科学．2001，10（3）：178 – 184.

[25] 张和平，张庆文，姚斌，庄磊，王蔚，朱五八．老山自行车馆大厅自然排烟系统性能研究．中国工程科学．2006，8（4）：76 – 79.

[26] Chow WK，Li J. On Atrium Smoke Management System Design. ASHRAE Transactions. 2005，111（Part I）：395 – 406.

[27] 刘天川．超高层建筑空调设计．北京：中国建筑工业出版社，2004.

[28] 李思成，杜红．中庭防排烟系统性能化设计．暖通空调．2003，33（4）：71 – 74.

[29] 王婉娣，李引擎，李磊，孙旋，肖泽南．体育建筑大空间场所排烟系统的优化设计．节能技术．2006，24（4）：326 – 329.

[30] 郄雪红，刘传聚，洪丽娟，刘东．地铁区间隧道事故通风数值模拟研究．都市轨道交通．2005，18（2）：67 – 71.

[31] 王永宏．隧道与火灾．消防技术与产品信息．2004，10：10 – 14.

[32] 杨立中，邹兰．地铁火灾研究综述．工程建设与设计．2005，(11)：8 – 12.

[33] 韩国大邱重大地铁火灾事故［EB/ OL］. http：/ /www. cn. news. yahoo. com/ 030303/ 83/ 1hm90. html.

[34] 北京城建设计研究总院．GB 50157—2003 地铁设计规范［S］．北京：中国计划出版社，2003.

[35] 罗燕萍，王迪军，李梅玲．地铁车站防排烟系统．制冷空调电力机械．2004，3：42 – 43.

[36] 张雄．地铁车站防排烟设计中若干问题的探讨和建议．铁道勘测与设计．2007，3：14 – 18.

[37] 广州市地下铁道公司，广州市地下铁道设计研究院．广州地铁二号线设计总结．北京：科学出版社，2005.

[38] 苏立勇．地铁车站防排烟系统设计刍议．暖通空调．2005，35（8）：92 – 93.

[39] 毕庆焕．地下铁道防排烟系统简介．暖通空调．2000，30（6）：65 – 66.

第五章

[1] 中华人民共和国公安部．GB 50016—2006 建筑设计防火规范．北京：中国计划出版社，2006.

[2] 中华人民共和国公安部．GB 50045—95 高层民用建筑设计防火规范．北京：中国计划出版社，2005.

[3] 霍然，胡源，李元洲．建筑火灾安全工程导论．合肥：中国科学技术大学出版社，1999.

[4] 李引擎．建筑防火工程．北京：化学工业出版社，2004.

[5] 刘伯贤，刘伽．高分子装饰材料的阻燃及抑烟技术．新型建筑材料．2005，08：29 – 31.

[6] 徐加艳，胡源，王清安，范维澄，宋磊．阻燃材料工业中的绿色化学与技术．高分子材料科学与工程．2002，18（1）：17 – 21.

[7] 欧育湘，吕连营，刘治国．重视阻燃技术，持续地发展我国阻燃剂工业．兵工学报．2005，26（6）：1 – 5.

[8] 欧育湘，房晓敏．美国、西欧、日本阻燃剂市场的特点和发展动向．阻燃材料与技术．2007，1：1 – 4.

[9] 季宝华．膨胀型钢结构防火涂料的阻燃机理．消防技术与产品信息．2007，11：40 – 42.

[10] 汪源，朱金华，陈兆文，文庆珍. 防火涂料的研究现状与发展趋势. 材料保护. 2006, 39 (3): 39-44.
[11] 王冬，周丹. 建筑防火设计中有关防火分区问题的几点看法. 消防技术与产品信息. 2006, 8: 19-21.
[12] 杨纪功. 建筑内部防火分区的划分. 安防科技，2004，10: 41-42.
[13] 郭卫华，朱志强. 垂直与水平防火防烟分区的提法和建议. 消防技术与产品信息. 2005, (12): 9-11.
[14] 李绍军. 如何合理划分防烟分区. 科技资讯. 2006, 6: 34.
[15] 张树平. 建筑防火设计. 北京：中国建筑工业出版社，2001.
[16] 黄镇梁. 建筑设计的防火性能. 北京：中国建筑工业出版社，2006.
[17] 覃文清，李风. 材料表面土层防火阻燃技术. 化学工业出版社，2004.
[18] 秦怀侠，李良波，孟平蕊. 膨胀封堵型防火复合材料的研制. 房材与应用. 2004, 5: 4-5.
[19] 王凌东. 基于火灾安全工程理论的安全疏散分析. 重庆大学学报（自然科学版）. 2004, 27 (12): 68-72.
[20] 程远平，李增华. 消防工程学. 徐州：中国矿业大学出版社，2005.
[21] 张英，吕鉴. 新编给水排水工程. 北京：中国建筑工业出版社，2004.
[22] 李亚锋，马学文，张恒. 建筑消防技术与设计. 北京：化学工业出版社，2005.
[23] 丁瑞金. 吸气式感烟探测技术. 消防技术与产品信息. 2005, (5): 45-47.
[24] 李北海. 中庭式大空间建筑火灾探测与排烟. 智能控制系统研究，重庆大学.
[25] 袁宏永，苏国锋，李英. 高大空间火灾探测及灭火新技术. 消防技术与产品信息. 2003, 10: 71-72.
[26] 袁宏永，刘申友，苏国锋，刘炳海，赵建华，安志伟. 大空间建筑早期火灾智能探测报警技术. 消防技术与产品信息. 1999, 12: 29-31.
[27] 陈南. 智能建筑火灾监控设计. 北京：清华大学出版社，2001.
[28] 卿晓霞. 建筑设备自动化. 成都：重庆大学出版社，2000.
[29] 梁延东. 建筑消防系统. 北京：建筑工业出版社，1997.
[30] 龚延风，陈卫. 建筑消防技术. 北京：科学出版社，2006.
[31] 中华人民共和国公安部. GB 50084—2001 自动喷水灭火系统设计规范. 北京：中国计划出版社，2005.
[32] National Fire Protection Association. NFPA 13: Standard for the Installation of Sprinkler Systems, Quincy, Massachusetts, USA. 1999.
[33] Mawhinney JR, Dlugogorski BZ, Kim AK. A Closer Look at the Fire Extinguishing Properties of Water Mist, Proc. 4th Internal. Symp. on Fire Safety Science, Ontario, Canada, 1994, 47-60.
[34] 刘志，刘志波，刘方，赵克伟. 细水雾灭火系统—卤代烷灭火系统替代技术. 消防技术. 3-6.
[35] 刘江虹，廖光煊，范维澄，秦俊. 细水雾灭火技术及其应用. 火灾科学. 2001. 10 (1): 34-38.
[36] 刘江虹，廖光煊，范维澄，秦俊，陆强. 细水雾灭灭火技术研究与进展. 科学通报. 2003, 48 (4): 761-767.
[37] 苏海林，蔡小舒，许德敏，虞先煌. 细水雾灭火机理探讨. 消防科学与技术. 2000, (4): 13-17.
[38] 周义德，吴杲. 建筑防火消防工程. 郑州：黄河水利出版社，2004.
[39] Liu Z. A Review of Water Mist Fire Suppression Systems-Fundamental Studies. Journal of Fire Protection Engineering. 2000, 10 (3): 32-50.
[40] Nam S. Development of a Computational Model Simulation the Interaction Between a Fire Plume and a Sprinkler Spray. Fire Safety Journal. 1996, 126: 1-33.
[41] Chow WK, Yao B. Numerical Modeling for Interaction of Water Spray with Smoke Layer. Numerical Heat Transfer, Part A. 2001, 139: 267-283.
[42] Kung HC. Cooling of Room Fires by Sprinkler. Journal of Heat Transfer. 1977, 199: 353-359.

[43] Back GG. A Quasi-Steady state Model for Predicting Fire Suppression in Space Protected by Water Mist Systems. Fire Safety Journal. 2000, 135: 327 – 362.

[44] 刘江虹，廖光煊，历培德，陆强. 受限空间中细水雾灭火的准稳态模型 [J]. 燃烧科学与技术. 2003, 9 (4): 381 – 385.

[45] Vaari J. A transient One-Zone Computer Model for Total Flooding Water Mist Fire Suppression in Ventilated Enclosures. Fire Safety Journal. 2002, 37: 229 – 257.

[46] Vaari J. A study of Total Flooding Water Mist Fire Suppression System Performance Using a Transient One-Zone Computer Model. Fire Technology. 2002, 137: 327 – 342.

[47] Li YF, Chow WK. A Zone Model in Simulating Water Mist Suppression on Obstructed Fire. Heat Transfer Engineering. 2006, 27 (10): 99 – 115.

[48] Li YF, Chow WK. Modeling of Water Mist Fire Suppression Systems by a One-Zone Model. Combustion Theory and Modeling. 2004, 18 (3): 555 – 566.

[49] 李炎锋，李俊梅，周允基，孙育英. 细水雾系统在建筑灭火应用中的理论研究. 北京工业大学学报. 2006, 32 (9): 802 – 807.

[50] Karlsson B, Quintiere JG. Enclosure Fire Dynamics. Washington DC: CRC Press, 2000.

[51] Drysdale DD. An Introduction to Fire Dynamics. 2nd ed. New York: Wiley, Chichester. 1999.

[52] Lefebvre AH. Atomization and Sprays. Washington DC. USA: Hemisphere Publishing Corporation, 1989.

第六章

[1] 李引擎. 建筑防火的性能设计及其规范. 建筑科学. 2002, 18 (5): 53 – 55.

[2] 李引擎. 建筑防火性能化设计. 北京：化学工业出版社，2005.

[3] 霍然，袁宏永. 性能化建筑防火分析与设计. 合肥：安徽科学技术出版社，2003.

[4] 韩新，沈祖炎，曾杰. 大型公共建筑防火性能化评估方法基本框架研究. 消防科学与技术. 2002, (2): 6 – 12.

[5] 方正，程彩霞. 性能化防火设计方法的发展及其实施建议. 自然灾害学报. 2003, 12 (1): 63 – 67.

[6] 陈俊敏，郑雪松，付永胜. 性能化防火设计中火灾场景设计的内容和方法 [J]. 西南交通大学学报. 2006, 41 (4): 438 – 441.

[7] SFPE Engineering Guide to Performance-Based Fire Protection: Analysis and Design of Buildings (2nd Edition) National Fire Protection Association and Society of Fire Protection Engineers, USA. 2005.

[8] 庄 磊，黎昌海，陆守香. 我国建筑防火性能化设计的研究和应用现状. 中国安全科学学报. 2007, 17 (3): 119 – 126.

[9] Cluster RLP, Meacham BJ. Introduction to Performance-Based Fire Safety. National Fire Protection Association, Quincy, MA, 1997.

[10] 赵龙德. 香港消防性能化设计的简略介绍. 火灾科学. 2001, 10 (4): 241 – 244.

[11] Chow WK, Xia Lingcao. Building Fire Codes and Performance-Based Design in China: Mainland and Hong Kong. Journal of Applied Fire Science. 14 (3): 223 – 238.

[12] M. Law. Fire Safety Design in the United Kingdom-New Regulations. Proceedings of the Conference on Fire Safety Design in the 21st . Century. Worcester Polytechnic Institute, 8 ~ 10 May, Worcester, MA, USA. 1991.

[13] British Standard DD 240, Fire Safety Engineering in Building , Part 1, Guide to the Application of the Fire Safety Engineering Principles, 1997.

[14] Morgan HP. Moves Towards Performance-Based Standards in the U. K. and in the European Committee for Standardization (CEN). International Journal on Performance – based Fire Code, 1999, 11 (3).